彩图1　超　宝

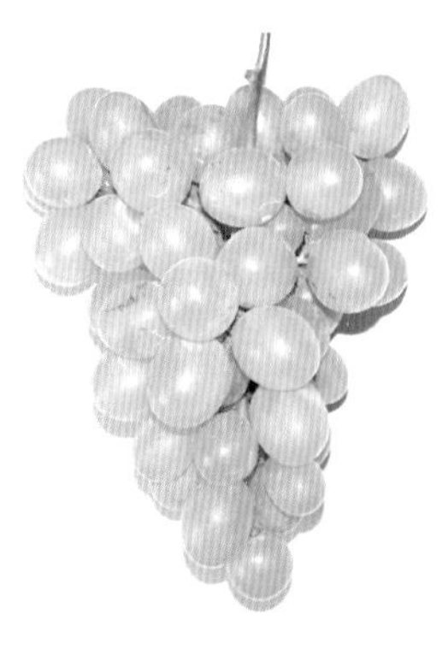

彩图2　郑州早玉

彩图3　维多利亚

彩图4　粉红亚都蜜

彩图5　京　亚

彩图6　90-1

彩图9　户太8号

彩图10　金手指

彩图8　藤　稔

彩图7　峰　后

彩图11　红地球

彩图12　圣诞玫瑰

彩图13　美人指

彩图14　香　悦

彩图15　江苏无锡V形水平架

彩图16　陕西西安H形大棚架

彩图17　河南郑州套袋生草葡萄园

彩图18　黑痘病为害叶片

彩图19　霜霉病为害叶片

彩图20　白腐病病穗

彩图21　炭疽病为害果实

彩图22　灰霉病为害叶片

彩图23　白粉病病叶

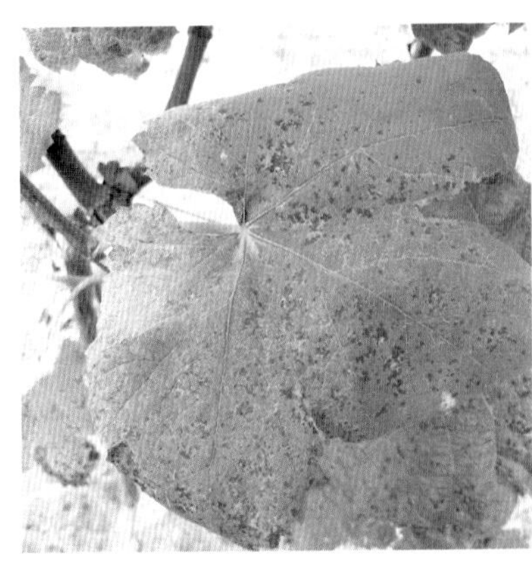
彩图24　葡萄褐斑病

彩图25　葡萄房枯病（陈谦拍摄）

彩图26　树势较弱，贮藏营养不足

彩图27　缺钾和缺铁叶片症状

彩图28　葡萄果实日烧病

彩图29　绯红葡萄的裂果症状

彩图30　冬季干旱和冻害造成的主蔓开裂

彩图31　高温伤害

彩图32　炼焦厂废气污染

彩图33　斑衣蜡蝉为害枝蔓（庞建拍摄）

彩图34　葡萄根瘤蚜

彩图35　葡萄虎天牛

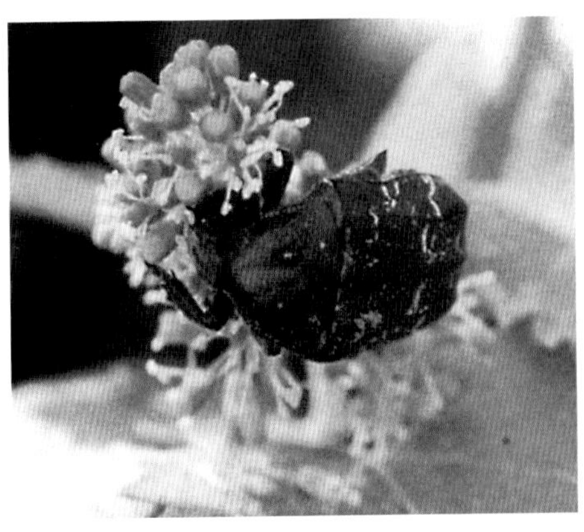

彩图36　白星花金龟

彩图37　东方盔蚧

彩图38　白粉虱

彩图39　葡萄星毛虫

图40　百菌清药害

彩图41　赤霉素使用不当造成的大小粒现象

彩图42　避雨栽培

彩图43　竹木结构避雨棚

彩图44　小型多功能耕作机

彩图45　风送弥雾机

彩图46　葡萄绑蔓机

葡萄专业户实用手册

高登涛　主编

中国农业出版社

图书在版编目（CIP）数据

葡萄专业户实用手册/高登涛主编.—北京：中国农业出版社，2012.5
ISBN 978-7-109-16750-6

Ⅰ.①葡…　Ⅱ.①高…　Ⅲ.①葡萄栽培—手册　Ⅳ.①S663.1-62

中国版本图书馆 CIP 数据核字（2012）第 086150 号

中国农业出版社出版
（北京市朝阳区农展馆北路 2 号）
（邮政编码 100125）
策划编辑　舒　薇　黄　宇
文字编辑　吴丽婷

中国农业出版社印刷厂印刷　　新华书店北京发行所发行
2012 年 9 月第 1 版　　2012 年 9 月北京第 1 次印刷

开本：850mm×1168mm　1/32　　印张：11.5　　插页：4
字数：280 千字　　印数：1～8 000 册
定价：30.00 元

编写单位 国家葡萄产业技术体系资源与育种研究室

主　　编 高登涛

副 主 编 刘启山　赵增渠　李　民

编写人员（按姓氏笔画排序）

王忠跃　司　鹏　刘启山

刘崇怀　孙海生　李　民

赵增渠　侯　珲　高登涛

郭景南　涂洪涛　魏志峰

前　言

葡萄具有适应性强、易栽培、果实营养丰富和用途广泛等显著特点，因而成为世界上最重要的水果之一。我国是世界葡萄主产国之一，是世界第一大鲜食葡萄生产国。葡萄也是深受我国人民喜爱的一种传统果树，在我国拥有悠久的栽培历史和广泛的分布范围。

近年来，随着人民生活水平的提高、市场需求的快速增长，葡萄生产开始走上快速发展阶段，许多地方都把发展优质葡萄生产作为调整农村产业结构、促进农民增收、发展现代农业的重要途径。葡萄专业户在各地大量出现，这些专业户的特点是以葡萄种植生产为专职，规模较大，具有一定的投资能力和抗风险能力，具有较强的市场意识，是各地农业产业化的先行者。由于现代葡萄专业户的这些特点，在葡萄生产及果园管理方法上也具有特殊性，需要掌握相应的新知识、新技术。由于社会的发展和技术的进步，葡萄产业也出现了一些新特点，如南方葡萄栽培区域及面积迅速扩大，避雨栽培、促成栽培及延后栽培等新技术广泛应用等。为此，我们根据需要，组织相关人员编写了《葡萄专业户实用手册》一书。在编写过程中我们力求全面、简洁、实用地介绍葡萄种植过程中的相关问题，为葡萄专业户提供帮助。

《葡萄专业户实用手册》共分为19章，第一章介绍了葡萄生产概况与植物学特性；第二章到第五章从葡萄园选址、品种与砧木选择、育苗和建园技术等方面阐述了从规划到建园的一些注意事项；第六章到第八章主要介绍了整形修剪、树体管理、花果管理等知识；第九章简述了土肥水管理技术；第十章到第十三章介绍了葡萄主要病虫害的化学及综合防治技术，并对农药的安全、合理使用进行了简述，介绍了40种杀菌剂、27种杀虫剂和11种杀螨剂的使用技术；第十四章介绍了采收与采后处理技术；第十五章介绍了化学调控技术；第十六章和第十七章对促成栽培、延后栽培和避雨栽培等设施栽培技术和根域限制、一年两收及替代农业等实用技术进行了介绍；第十八章主要介绍了果园栽植和管理的标准化、机械化、轻简化及品牌创建等现代营销策略；第十九章以郑州地区某简易避雨葡萄园为例，对葡萄园的投资与收益进行了简单分析。

总的来说，本书定位为手册类指导书，因此涵盖内容广泛，果农朋友可通过阅读本书对葡萄从种植到收获的生产过程有一个较为全面、系统的了解，如有更详细的技术需求，可参考其他专业书籍。

本书编写过程中参考了国内外的资料和图书，已在参考文献中列出，特对原作者致以谢意！由于作者水平有限，书中的缺点和错误难免，敬请广大读者批评指正。

编　者

2011年12月

目　　录

第一章　葡萄生产概况与植物学特性

一、世界葡萄生产概况

葡萄是世界上分布范围最广的果树之一，目前葡萄栽培几乎遍及全球，主要分布区域位于南纬 30°～45°，北纬 20°～52°的温带地区。

葡萄的栽培面积位居世界第一，产量排在西瓜、香蕉、橙和苹果之后位居第五（表 1-1），在世界水果市场上具有重要地位。由于葡萄酒产业的发展，世界葡萄栽培主要以酿酒葡萄为主。欧洲的葡萄面积和产量均居世界首位，亚洲居第二，其他依次为北美洲、南美洲、非洲和大洋洲（图 1-1）。

表 1-1　2009 年世界主要水果面积和产量（联合国粮农组织）

水　果	面积（万公顷）	水　果	产量（万吨）
葡萄	759.9	西瓜	9 805
香蕉	492.4	香蕉	9 738
苹果	492.2	苹果	7 129
橙	419.6	橙	6 848
西瓜	341.4	葡萄	6 756
梨	158.1	梨	2 246
桃和油桃	156.8	桃和油桃	2 032
橘	121.8	橘	1 132

注：柑橘类包括橙、葡萄柚、橘、柠檬和酸橙等，本表中仅列出了橙和橘的相关数据。

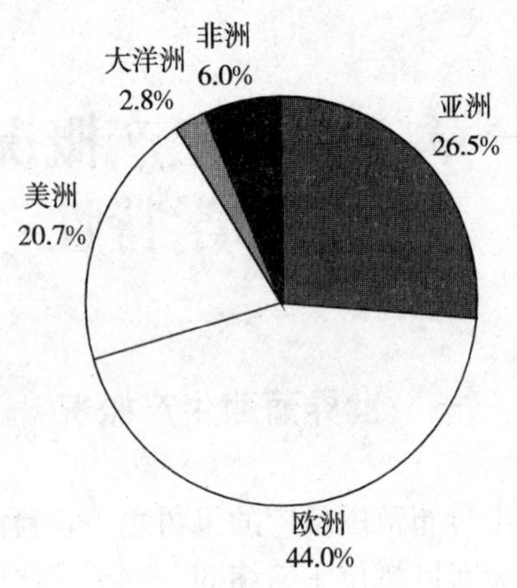

图 1-1　2009 年世界葡萄栽培分布图

目前世界葡萄生产的总趋势是欧洲的葡萄产量和面积持续下降，而亚洲等新兴市场的产量和面积持续增加；欧美大国保持领先，中国继续崛起；酿酒葡萄产量和面积比较稳定，鲜食葡萄栽植比重逐渐扩大。

二、我国葡萄生产概况

葡萄在我国的栽培历史悠久，据史料记载，我国汉代张骞出使西域，从大宛（今塔什干地区）带回葡萄栽种，至今已有2 000多年的历史。此后，葡萄通过“丝绸之路”从南疆进玉门关，过河西走廊传入内地，在漫长的历史年代中，葡萄在我国流传很广，在大江南北遍地开花结果。

我国是世界葡萄主产国之一，据联合国粮农组织统计，2009年我国葡萄栽培面积近 71 万公顷，位居世界第四位，产量 804 万吨，位居世界第二（表 1-2）。其中我国鲜食葡萄栽培面积和产量均位居世界第一位。

表 1-2　2009 年世界葡萄主产国葡萄栽培面积和产量

国　家	面积（万公顷）	国　家	产量（万吨）
西班牙	110	意大利	824
意大利	80.2	中国	804
法国	79.3	美国	641
中国	70.6	法国	610
土耳其	47.9	西班牙	557
美国	38.1	土耳其	426
伊朗	30.8	智利	250
葡萄牙	22.3	阿根廷	218
阿根廷	22.3	印度	188
智利	19	伊朗	188

我国葡萄生产区域极广，目前全国各地均有栽培，基本形成了西北新疆、甘肃、宁夏干旱区，黄土高原干旱半干旱区，环渤海湾区，黄河中下游地区，以长三角为主体的南方栽培区和东北及西北低温冷凉区 6 个相对集中的栽培区域。

当前我国葡萄生产的主要特点是栽培面积不断增加，产量持续增长；栽培区域不断扩大，栽培方式多样；发展重心向优势产区集中；产业化程度不断增强，管理水平持续提高；南方地区葡萄生产异军突起，发展迅速。

近十年来，我国国内市场鲜食葡萄的销售额年增长率为 7%～8%，产量增加也很快，但目前我国葡萄人均占有量仅为世界平均水平的 1/5（FAO，2008）。随着人民生活水平的提高，鲜食葡萄的消费量将会逐步上升，因此，鲜食葡萄生产在我国有很大的发展空间，消费市场潜力很大。

三、葡萄生产的意义和特点

1. 葡萄适应性强、栽培范围广　葡萄是适应性很强的果树，

全世界从热带到亚热带、温带、寒带都有葡萄的分布，其抗旱性、抗盐碱性都较强，对土壤条件要求不严，适栽范围广，我国各地均有栽培。

2. 葡萄易栽培、结果早、易丰产 葡萄栽培形式灵活多样，苗木繁殖容易，栽培成活率高，露地、庭院、设施条件下均可栽培，一般栽后第二年即开花结果，第三年亩* 产就可达到 1 000 千克以上，早果性和丰产性好，见效快，能及时收回投资，种植者经济压力较小。

3. 葡萄营养丰富、用途广泛 葡萄果实中含有丰富的葡萄糖、果糖、氨基酸等营养物质，营养价值很高。近些年发现葡萄中含有的白藜芦醇等物质具有抗癌作用，更使得葡萄具有很好的保健功能。以葡萄为原料制成的葡萄酒是历史悠久的保健饮料，葡萄酒产业是世界著名的优势产业。葡萄除鲜食外，还可以制汁、制干，其皮渣中还能提取很多有价值的物质。

4. 种植葡萄经济效益高 近十年来，葡萄由于结果早、产量高、价格好、需求旺盛等特点，使其成为综合效益较高的果树，未来 15～20 年，我国葡萄的需求量仍会持续扩大，葡萄种植将在较长时期内保持较高的经济效益。

四、葡萄的植物学特性

(一) 根系

葡萄根系分为实生根和扦插根。实生根是播种后由种子的胚根发育形成的根系，它包括主根、侧根、二级侧根、三级侧根及幼根，在根和茎交界处有根颈。扦插根（图 1-2）是扦插、压条、嫁接后从土中茎蔓生出的不定根，没有主根，只有粗壮的骨干根和分生的侧根及细根。

---

* 亩为非法定计量单位。1 亩≈667 米^2，余同。——编者注

葡萄根系发达，主要分布在20～60厘米土层中，离主干1米左右的范围里，旱地葡萄根系深可达3～5米以上，离主干2～3米。葡萄根系具有很强的再生能力，当移栽折断时，从伤口处可迅速发生大量新根，特别在晚秋时节和施肥后。葡萄的根系为肉质根，可贮藏大量的营养。

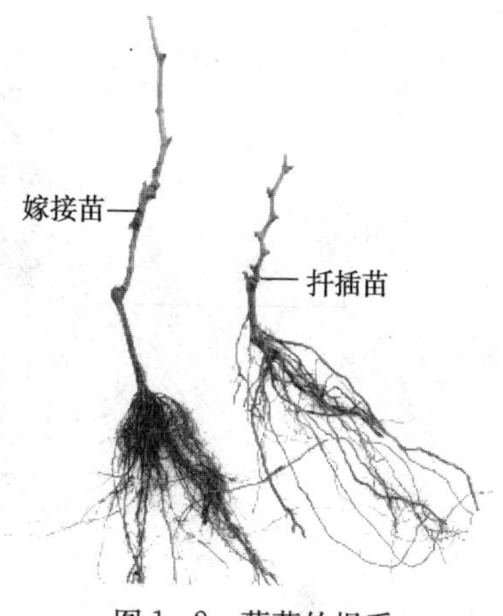

图1-2　葡萄的根系

葡萄根系在适合的条件下全年均可生长，最适宜的生长温度为15～25℃，超过25℃根系生长受到抑制。葡萄根系从开始生长到停止生长，要经过2～3个生长高峰期，6～7月出现第一个生长高峰，其次是夏末秋初出现第二次生长高峰，在南部温暖地区还会出现第三次生长高峰。随着秋、冬的来临，温度下降，根系被迫休眠，停止生长。

（二）枝蔓

葡萄枝蔓由主干、主蔓、一年生结果枝、当年生新枝、副梢等组成（图1-3、图1-4）。

主干（老蔓）：从地面发出的单一树干称为主干。

根颈：果树从根过渡到地上部树干的交接部位。

主蔓：主干上的分枝称为主蔓。如果植株从地面发出几个枝蔓，在习惯上均称之为主蔓。

侧蔓：主蔓上的多年生分枝。

新梢：由结果母枝的冬芽长出的带有叶片的当年生枝。

副梢：葡萄新梢的叶腋内的芽再次萌发而成的新梢，也称为二次梢。

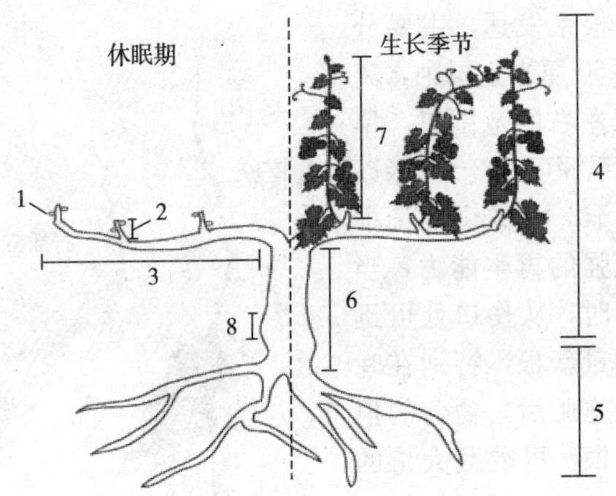

图 1-3　葡萄的枝蔓结构

1. 休眠芽　2. 结果母枝　3. 主蔓　4. 接穗　5. 砧木
6. 主干　7. 新梢　8. 砧穗结合部

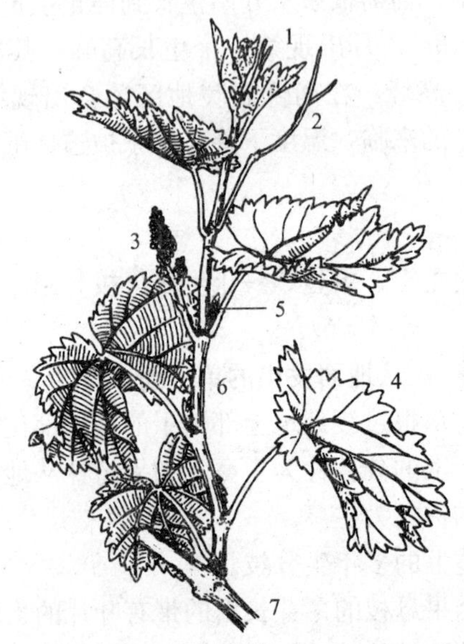

图 1-4　葡萄新梢各部位术语

1. 梢尖　2. 卷须　3. 花序　4. 叶片　5. 副梢　6. 节间　7. 结果母枝

一年生枝（当年生枝）：落叶前逐渐变为红褐色的成熟新梢。

二年生枝：一年生枝长至第二年即成为二年生枝，此后成为多年生枝。

结果枝：带有花序（着生果穗）的新梢。

结果枝组：主蔓或侧蔓上着生结果枝或营养枝的部分即为结果枝组。

发育枝（生长枝、营养枝）：不带花序（果穗）的新梢。

结果母枝：一年生枝修剪后留作次年结果，称结果母枝。

对新梢反复摘心，使新梢80%以上达到径粗0.7～1.0厘米，可显著促进新梢成熟、花芽分化，提高抗寒能力。如有80%的新梢径粗在0.5厘米以下，说明长势弱。

（三）芽

葡萄芽是混合芽，有夏芽、冬芽和隐芽之分。夏芽是在新梢叶腋中形成的，当年夏芽萌发，抽生的枝为夏芽副梢。在新梢顶芽摘除后，夏芽可形成花芽，抽生出带花序的副梢，形成二次果（图1-5）。

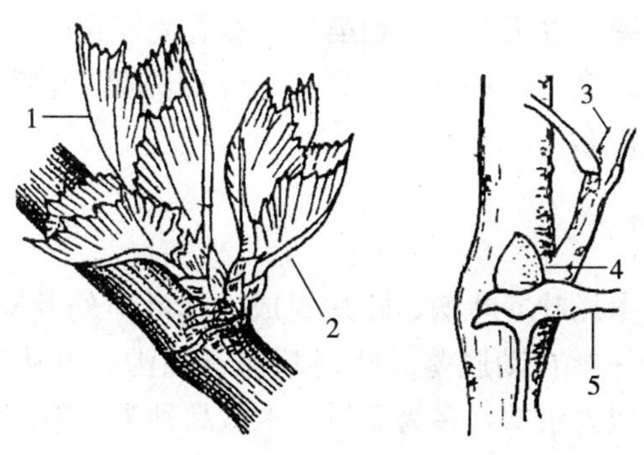

图1-5　生长期芽眼

1. 萌发中的主芽　2. 萌发中的副芽　3. 夏芽副梢　4. 冬芽　5. 叶柄

冬芽是在副梢基部叶腋中形成的，当年不萌发（一般需通过越冬至次年春才能萌发）。冬芽外包被有两片鳞片，鳞片上密生绒毛。冬芽由1个主芽（位于中央最大的一个芽）、2～8个副芽组成（图1-6）。一般仅主芽萌发，主芽在受到伤害、冻害、虫害时副芽才萌发，形成枝条。从冬芽萌发形成的副梢称冬芽副梢。及时抹去冬芽主芽，可使副芽也形成花芽，发育成花序。隐芽是在多年生枝蔓上发育的芽，一般不萌发，寿命较长。

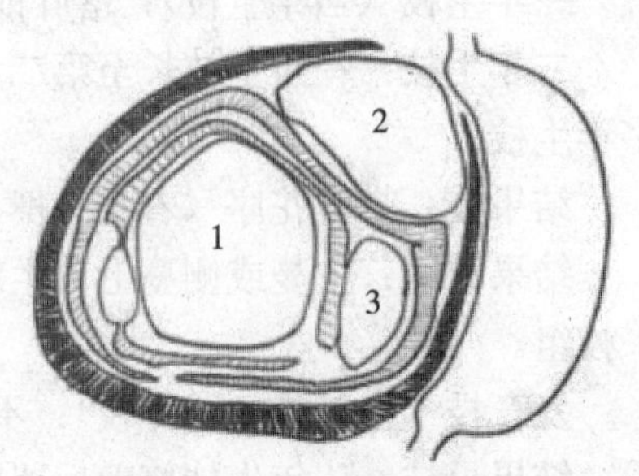

图1-6　葡萄混合芽的结构

1. 主芽　2. 第二副芽　3. 第三副芽

葡萄混合芽在春季萌发，大量生出新梢，然后在新梢第3～5节的叶腋处出现花序。只要环境条件适宜，冬芽、夏芽都能形成花序。

花芽分化是植物由营养生长向生殖生长转化的过程，即植物茎生长点由分生出叶片、腋芽转变为分化出花芽的过程。花芽分化通常是前一年春天开始，到第二年春天完成花序分化。通过增加肥水、适时摘心，只要温度适宜、光照充足，花芽分化就好，花序大，花蕾多。

（四）叶

葡萄叶由托叶、叶柄、叶片组成。托叶对幼叶有保护作用，叶片长大后托叶自动脱落。叶柄基部有凹沟，可从三面包住新梢。叶片形似人手掌，多为5裂，少数品种为3裂。叶片表面有角质层，一般叶面有光泽，叶背面有茸毛。叶片大小、形状与颜色、裂刻深浅、锯齿形状是否尖锐等，是鉴定葡萄品种的重要依据（图1-7）。叶的功能是进行光合作用、制造有机营养物质，并有呼吸作用、蒸腾作用，也有一定的吸肥和吸湿能力。叶片多少与产果量和果实品质有密切关系。

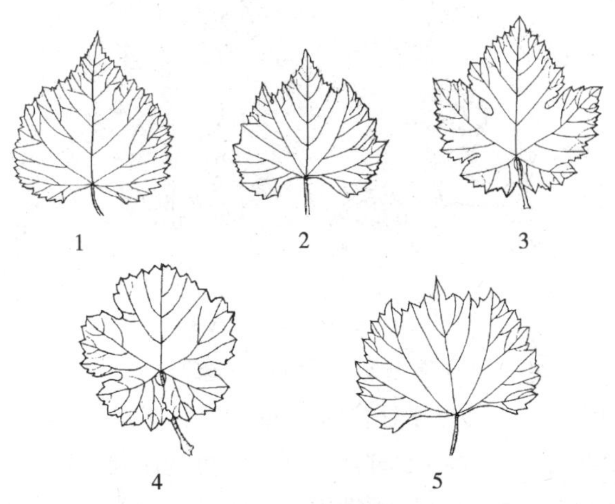

图 1-7　葡萄成龄叶片的类型

1. 心脏形　2. 楔形　3. 五角形　4. 近圆形　5. 肾形

（五）卷须

成年葡萄植株新梢一般在第 3～6 节处长出卷须，副梢一般在第 2～3 节长出卷须（图 1-8）。卷须是葡萄攀附其他物体、支撑茎蔓生长不可缺少的器官。不同品种葡萄的卷须着生规律不同。美洲葡萄品种枝蔓各节均能长出卷须，欧洲葡萄品种枝蔓断断续续长出

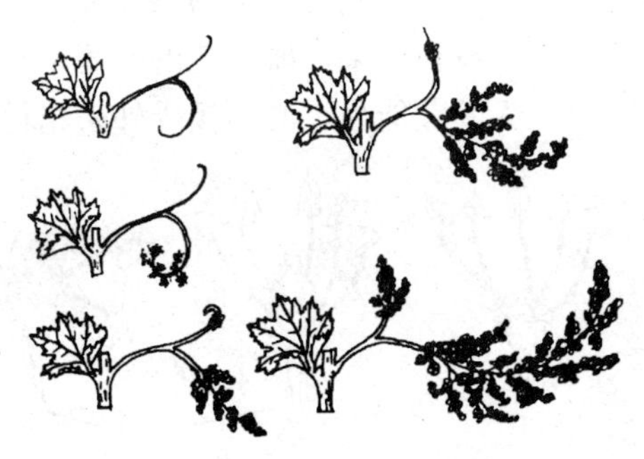

图 1-8　带有卷须的花序与带有花序的卷须

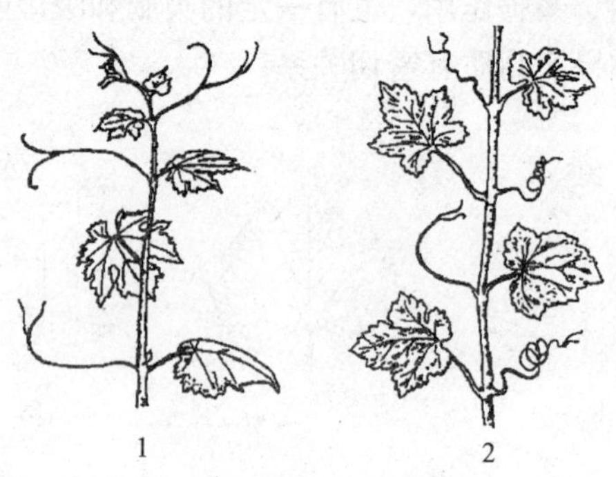

图 1-9　新梢卷须分布

1. 间断分布　2. 半连续或连续分布

卷须（图 1-9）。当花芽分化时，如果营养充足，卷须原基可逐步分化成花序；营养不足时，花序原基可变成卷须，生产上常见到卷须状花序。因此栽培管理中，为节约养分常掐掉卷须。

（六）花序和花

葡萄花序为圆锥状花序，由花梗、花序轴、花朵组成，通称花穗。葡萄的花由花梗、花托、花萼、花冠、雄蕊和雌蕊组成。

葡萄的花分为两性花、雌能花和雄能花（图 1-10）。两性花又称完全花，具有发育完全的雄蕊和雌蕊，雄蕊直立，有可育花粉，能自花授粉结果。雌能花的雌蕊正常，但雄蕊向下弯曲，花粉不育，无发芽能力，必须接受外来花粉才能结实。雄能花的雌

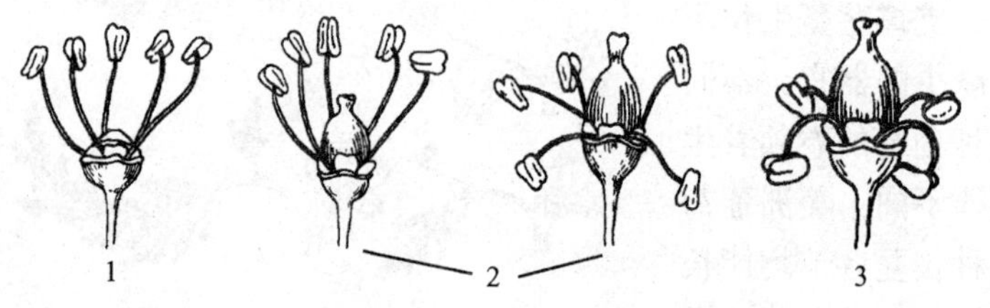

图 1-10　葡萄的花

1. 雄能花　2. 两性花　3. 雌能花

蕊退化，没有花柱和柱头，但雄蕊正常，有花粉。生产上种植的绝大多数是两性花品种，开花期常通过风和昆虫传播授粉结实。

（七）果穗

葡萄果穗由穗轴、穗梗和果粒组成。葡萄花序开花授粉结成果粒之后，长成果穗。花序梗变为果穗梗，花序轴变为穗轴。果穗因各分枝发育程度的差异而形状不同，有圆柱形、圆锥形等形状（图 1－11、图 1－12）。

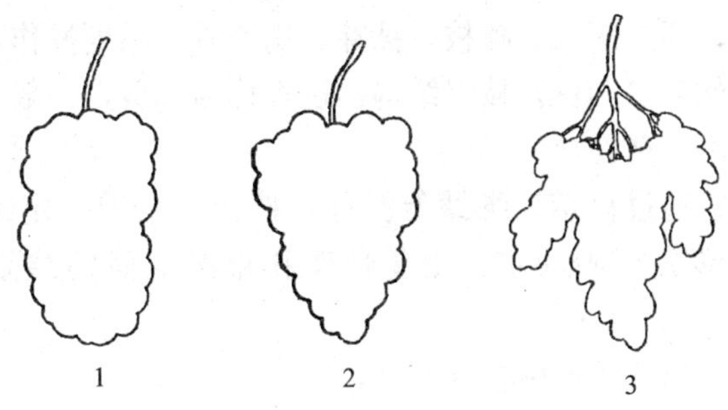

图 1－11　果穗基本形状

1. 圆柱形　2. 圆锥形　3. 分枝形

果粒由子房发育而成。果粒形状有近圆形、扁圆形、椭圆形、卵形、倒卵形等。果皮颜色因品种不同而各异，其着色亦随果实成熟度而变化。果肉中含有大量水分故称浆果。评价品种表现的优劣，主要看果形大小、果粒紧密度、果皮厚薄及是否易与果肉分离、果肉质地、可溶性固形物含量、糖酸比、色素及芳香物质含量等。一般鲜食葡萄以穗大、粒大、果粒不过密为最佳。

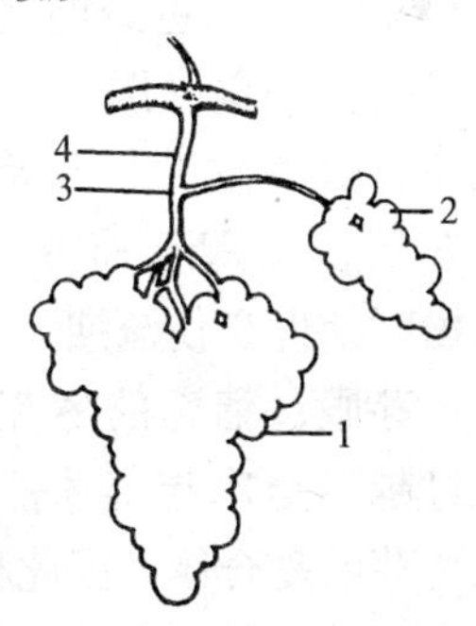

图 1－12　葡萄果穗结构

1. 主穗　2. 副穗

3. 穗梗节　4. 穗梗

（八）种子

子房胚珠内的卵细胞受精后发育成种子。葡萄果粒中一般含1～4粒种子，多数为2～3粒。有的品种果粒没有种子，即无核葡萄。通过选种无核品种、授粉刺激、环剥枝蔓、花前或花后赤霉素处理等方法，可获得无核葡萄。

五、常见名词解释

修剪：通过短截、疏枝、抹芽、摘心等一系列操作，使葡萄保持合理的枝量和良好枝组结构的过程称为修剪，一般分为冬季修剪和夏季修剪。

整形：通过修剪、绑缚等操作，按架面培养一定结构的树形，使其形成牢固的主、侧蔓骨架和布满架面的结果枝组的过程。

伤流：当春季土壤温度回升，葡萄根系开始活动时，如果剪截或碰伤葡萄枝条，则会自剪口或伤口处溢出无色透明的汁液，这就是伤流现象（图1-13）。伤流现象自春季葡萄根开始活动，树液开始流动起至萌芽展叶时止，这段时期即是伤流期。

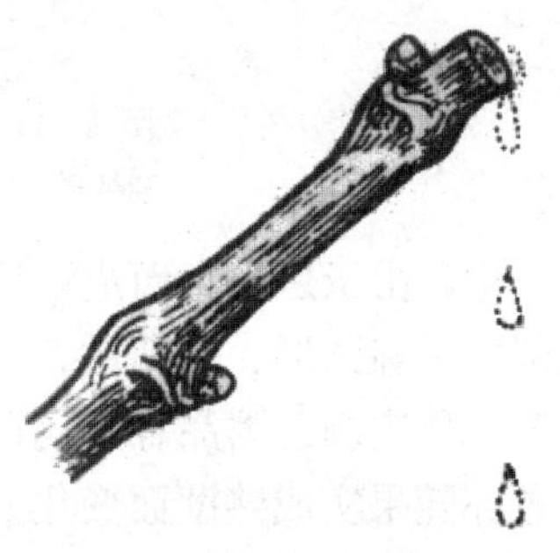

图1-13 伤 流

芽眼：葡萄的冬芽（一般需通过越冬至次年春才能萌发）是几个芽的复合体，因此称为芽眼，冬芽内位于中央最大的一个芽称为主芽，其周围的芽称为后备芽。

二次梢：也称为副梢，是由新梢的芽再次萌发形成的新梢，夏芽发出的副梢称为夏芽二次梢，由冬芽发出的二次梢称为冬芽二次梢。

抹芽和疏枝：新梢长度在 10 厘米以下时将其抹去称为抹芽，10 厘米以上时将其去除称为疏枝。

摘心（又称打尖、掐尖）：将新梢的顶端摘去 5～10 厘米。

轻摘心：即在 5～7 月，摘去枝条顶端嫩梢 5 厘米左右。

重摘心：在花前 7～10 天，结果枝于花以上保留 6～7 片叶，营养枝保留 10～12 片叶摘心，但主蔓延长枝头不动。

剪梢：将新梢顶端过长部分剪去 30 厘米以上称为剪梢。

"单叶绝后"处理：主梢摘心后，对每一副梢都留 1 片叶摘心，同时将该叶的腋芽完全掐除，使其丧失发生 2 次副梢的能力（图 1-14）。

图 1-14　"单叶绝后"处理

短截：短截是指将葡萄一年生枝剪去一部分（冬剪）。根据修剪程度分为极短梢修剪、短梢修剪、中梢修剪、长梢修剪和极长梢修剪。

极短梢修剪：只留 1 个芽进行短截。

短梢修剪：一般留 2～3 个芽短截。

中梢修剪：留 4～7 个芽短截。

长梢修剪：留 8～10 个芽短截。

极长梢修剪：一般留 11 个芽以上进行短截。

疏枝（**疏剪**）：从基部剪掉无用的一年生枝、老弱枝组、侧

蔓等称为疏枝（疏剪）。疏枝原则是疏除衰老枝、病弱枝、过密枝等。

半木质化：用剪刀横剪开葡萄嫩枝时，从断面上看到髓部中心已有白色。

萌蘖：从葡萄树的基部生长出来的新梢。

嫁接：把植株营养器官的一部分，也就是枝或者芽，嫁接在另一植株上，使两者愈合、生长在一起而成为一个新个体的繁殖方法。被取用的枝或芽称为接穗，承受接穗的部分称为砧木。

叶果比：叶片数与果实数的比值，是用于衡量结果负载量的一项指标。

一次果：由冬芽在第二年春萌发的新梢所结的果实称为一次果。

二次果：利用当年形成的冬芽或夏芽萌发形成的新梢所结的果实称为二次果。

可溶性固形物含量：即所谓的“含糖量”，它不是真正意义上的可溶性糖含量。但其含量却与可溶性糖含量呈正相关，它是从折光仪的刻度尺上直接读出的，表示葡萄汁中能被折光仪光折射的固体物质的百分数。

葡萄可溶性糖含量：指在实验室中将葡萄汁用斐林试剂滴定，所得数据经换算而得的百分数。

葡萄可滴定酸的含量：指在实验室中将葡萄汁用氢氧化钠滴定，所得数据经换算而得的百分数。

自然休眠：也称生理休眠，是指即使给予适宜生长的环境条件，仍不能发芽生长，而需要经过一定的低温条件，解除休眠后才能正常萌芽生长的现象。

被迫休眠：由于不利的外界环境条件（低温、干旱等）限制而暂时停止生长，逆境消除即恢复生长的现象。

根外追肥（叶面施肥）：通过地上部分器官补给树体营养元素的技术措施。

有机葡萄：在遵循自然规律和生态学原理，建立种植业与养殖业之间的有机协调，保护和恢复生物多样性，合理循环利用农业资源的原则下生产的葡萄。其整个生产过程，禁止使用化学合成的农药、化肥、含饲料添加剂的有机肥、生长调节剂等物质，禁止使用基因工程技术获得的葡萄品种。获得有机食品认证机构的认证（图1-15）。

图1-15　有机食品认证标志

无公害葡萄：产地环境符合生产无公害葡萄的环境质量标准，在生产过程中允许使用限定的化肥、农药等化学合成物质。通过了认证机构认证，并颁发无公害农产品证书，允许使用无公害农产品标志的葡萄称为无公害葡萄（图1-16）。

图1-16　无公害农产品认证标志

绿色葡萄：是遵循可持续发展原则，按特定生产方式生产，经有关专门机构认证和许可使用绿色食品标志的无污染的安全、优质葡萄。绿色葡萄分为AA级绿色葡萄（相当于有机葡萄）和A级绿色葡萄（图1-17）。

图1-17　AA级绿色食品认证标志

植物检疫：植物检疫是国家或地方行政机构，利用法规的形式禁止或限制危险性病、虫、草人为地从一个国家或地区传入、传出或传入后采取一定措施，以限制其传播。这是防治

病虫害的一项积极有效的方法。

顶端优势：葡萄在同一枝条或植株上，处于顶端和上部的芽其萌发力和成枝力明显强于下部的现象，又称极性。

芽变品种：葡萄植株某一个芽或枝条发生自然变异，具有超出亲本的性状，如成熟期变早等，由发生变异的芽长成枝条或植株，通过选择鉴定而获得的品种称为芽变品种，如户太8号就是奥林匹亚的芽变。

黑提：此种叫法来自美国，其最初原因是因葡萄可以通过手拎而提起来，所以黑葡萄称之为“黑提”依次类推。黑提同“红提”和“青提”一样均是几个葡萄品种名称的合称，是一种商品名称，并非葡萄的品种名称。目前生产上所称黑提包括：瑞必尔、秋黑、黑玫瑰、黑大粒等黑色品种；红提包括：红地球、京秀、圣诞玫瑰、粉红亚都蜜；青提：指无核白鸡心。

葡萄套袋：将经过特殊工艺处理后的纸袋，在果实生长的适合时期套于果穗的表面之上的做法称为葡萄套袋。

石硫合剂：由生石灰、硫黄加水熬制而成的一种葡萄上常用的杀菌剂。

波尔多液：由硫酸铜、生石灰水和水按比例制成的溶液，是葡萄上常用的杀菌剂。

真菌病害：由真菌引起的病害，在被害部位产生各种病症，如各种色泽的霉状物、粉状物、棉毛状物、菌索、伞状物等。

细菌病害：由细菌引起的病害，其病害的症状有斑点、条斑、溃疡、萎蔫、腐烂、畸形等。

病毒病害：植物病毒病多数为系统性发病，少数局部性发病。病毒病的特点是多呈花叶、黄化、畸形、坏死等。症状以叶片和幼嫩的枝梢表现最明显。

第二章　葡萄园选址

葡萄是多年生果树，栽植后其经济寿命可以长达几十年，并且建园过程中需投入大量人力、物力、财力，因此，栽植前园址的选择十分重要。

一、气候条件

总体上来说，适宜葡萄栽培地区最暖月份的平均温度要在16.6℃以上，最冷月份的平均温度应该在－1.1℃以上，年平均温度8～18℃；无霜期120天以上；年降水量在800毫米以内为宜，采前1个月内的降雨量不宜超过50毫米；≥10℃的年活动积温2 100℃以上，年日照时数2 000小时以上。近些年，由于设施栽培技术的发展，葡萄的种植范围大大扩展了，目前我国各地区均有葡萄栽植。

（一）对光照的要求

葡萄是喜光植物，对光的反应很敏感。良好的光照，是树体正常生长所必需的，光照不足会引发很多问题。衡量葡萄光照是否充足的主要指标是光照强度（指单位面积上所接受的光照量，用勒克斯表示，可用照度计测量）和日照时数（单位时间中接受太阳直射的小时数）。光照强度主要影响叶片的光合作用，葡萄正常生长发育需要有全光照60％以上的光照强度，光照强度低于30％就会影响生长。不同品种要求的光照强度不一样，欧亚种品种比美洲种品种要求光照条件更高。例如康拜尔等品种在散

射光条件下能很好着色，而玫瑰香、里扎马特、赤霞珠等品种则要求直射光才能正常上色，制干品种无核白对光照要求更高。日照时数的长短，对浆果品质有明显的影响，尤其是7～9月份的日照时数。日照时数长的地区，浆果含糖量高、风味好。如我国著名的葡萄之乡吐鲁番地区由于晴热少雨，全年总日照时数平均达3 000小时以上，而四川盆地由于地形原因，年平均日照时数不到1 400小时。

因此，在葡萄园规划设计时必须依照当地的光照条件合理考虑株行距、架式、架向；科学运用整形、修剪技术，夏季对枝蔓适当进行处理，使架面通风透光，确保植株正常生长发育，以期获得优质、高产。

（二）对温度的要求

1. 对积温的要求 葡萄是喜温植物，温度不仅决定葡萄各物候期的长短，并在影响葡萄生长发育和产量品质的综合因子中起主导作用。不同葡萄品种从萌芽开始到果实充分成熟所需≥10℃的活动积温是不同的，一般认为，极早熟品种要求2 100～2 500℃，早熟品种2 500～2 900℃，中熟品种2 900～3 300℃，晚熟品种3 300～3 700℃，极晚熟品种则要求3 700℃以上。表2-1列举了一些不同品种对积温的要求。

表2-1 不同葡萄品种对有效积温的要求

品种类型	活动积温（℃）	生长所需天数	代表品种
极早熟品种	2 100～2 500	120以下	莎巴珍珠、超宝、90-1
早熟品种	2 500～2 900	120～140	京秀、郑州早玉、乍娜、康拜尔
中熟品种	2 900～3 300	140～155	玫瑰香、巨蜂、巨玫瑰、户太8号
晚熟品种	3 300～3 700	155～180	意大利、红地球、红宝石无核、美人指
极晚熟品种	3 700以上	180以上	克伦生无核、龙眼

2. 对温度范围的要求　葡萄生长各阶段都要求一定的最适温度，如芽眼萌发为10～12℃，新梢生长最迅速的温度是28～30℃，开花期要求15℃以上，浆果生长期不低于20℃，浆果成熟期不低于17℃。最热月的平均气温不应低于18℃，而超过35℃生长发育受到抑制，35℃以上的持续高温会产生日烧。另外，葡萄生长发育期还需要一个低温期，主要是秋季到越冬准备期，此阶段的气温不宜高于12℃，并要求逐渐下降，而中国北方地区受寒流袭击频繁，会影响正常的越冬锻炼，易引起葡萄受冻。在北方冬季休眠期间，欧亚种品种的成熟枝芽一般只能忍受约－15℃的低温，根系只能抗－6℃左右；而美洲种或欧美杂交品种的枝条和根系，分别能忍受－20℃以下和－7～－6℃的低温。

一般认为冬季－17℃的绝对最低温等温线是我国葡萄冬季埋土防寒与不埋土防寒露地越冬的分界线。我国葡萄冬季埋土防寒的分界线大致在从山东莱州到济南，到河南新乡，山西晋城、临沂，陕西大荔、泾阳、乾县、宝鸡，甘肃天水，然后南到四川平武、马尔康及云南丽江一线。此线以南地区葡萄不覆盖可以安全越冬；而在此线以北在冬季绝对低温为－21～－17℃的地区，需要轻度覆土才能安全越冬；而在冬季绝对最低温－21℃线以北的地区栽培葡萄，冬季要严密埋土防寒，否则将会发生冻害（埋土防寒方法见第七章）。需要强调的是在多年平均最低温度低于－15℃的地方，冬季最好进行不同程度的覆土防寒，才能应对突发状况，保证植株的安全越冬。

（三）对水分的要求

葡萄是比较耐旱的果树，有些品种也能忍受较高的湿度。一般认为在温和的气候条件下，年降水量在600～800毫米是较适合葡萄生长发育的，中国北部的大多数葡萄产区，从总量上看是适合的，但一年中降水的分布情况很不理想，一般春季干旱，7、

8、9月份雨水集中，因而病害滋生，对葡萄的成熟和果实品质带来不利影响。

雨量的季节分布对葡萄生长和果实品质以及产量有很大的影响。春季芽眼萌发时，如果雨量充沛，则有利于花序原始体继续分化和新梢生长。葡萄开花期需要晴朗温暖和相对干旱的天气，如果天气潮湿或连续阴雨低温，就会阻碍正常的开花和授粉、受精，引起子房、幼果脱落。葡萄成熟期（7～9月）雨水过多或阴雨连绵都会引起葡萄糖分降低，病害滋生，果实烂裂，对葡萄品质影响尤为严重。葡萄生长后期（9～10月）多雨，新梢成熟不良，越冬时容易受冻。在过于干旱的情况下，葡萄枝叶生长缓慢，叶片光合作用减弱，常导致植株生长量不足，果实含糖量降低，酸度增高。因此，在干旱地区发展葡萄生产时一定要注意灌溉设施的建立。

（四）对无霜期的要求

霜冻对葡萄的生长发育有不良影响，特别是晚霜会使新梢和花序受冻，对当年的产量造成很大损失。为了避免霜害对葡萄的威胁，一方面要考虑多年的无霜期天数，另一方面要正确选用品种，一般认为，无霜期在125～150天的地区，早熟品种可正常成熟；150～175天的中熟品种能正常成熟；175天以上的地区，大多数晚熟品种才能完全成熟。无霜期在125天以内的地区，就不宜在露地栽培葡萄。

二、环境卫生要求

葡萄园地的环境卫生条件应符合无公害食品生产的要求。无公害鲜食葡萄产地应选择在生态条件良好，远离污染源，具有可持续生产能力的农业生产区域。园地附近没有排放有毒有害物质的工矿企业；园地距交通繁忙的主干公路要有一定距离；须对园地的土壤及周围的大气、水质进行检测，确认其符合国家规定标准；对园地的气候条件和土壤条件进行综合评价，确定是否可栽种葡萄。表 2-2 至表 2-4 是无公害葡萄产地应达到的环境卫生标准。

表 2-2　环境空气质量要求

项　　目		浓度限值	
		日平均	1 小时平均
总悬浮颗粒物（标准状态，毫克/米^3）	≤	0.30	—
二氧化硫（标准状态，毫克/米^3）	≤	0.15	0.50
二氧化氮（标准状态，毫克/米^3）	≤	0.12	0.24
氟化物（标准状态，微克/米^3）	≤	7	20

注：日平均指任何 1 天的平均浓度；1 小时平均指任何 1 小时的平均浓度。

表 2-3　灌溉水质量要求

项　　目		浓度限值
pH		5.5～8.5
总汞（毫克/升）	≤	0.001
总镉（毫克/升）	≤	0.005
总砷（毫克/升）	≤	0.1
总铅（毫克/升）	≤	0.1
挥发酚（毫克/升）	≤	1.0
氰化物（以 CN^- 计，毫克/升）	≤	0.5
石油类（毫克/升）	≤	1.0

表 2-4　土壤环境质量要求

项　　目		含量限值		
		pH<6.5	pH6.5～7.5	pH>7.5
总镉（毫克/千克）	≤	0.30	0.30	0.60
总汞（毫克/千克）	≤	0.30	0.50	1.0

（续）

项　目		含量限值		
		pH<6.5	pH6.5～7.5	pH>7.5
总砷（毫克/千克）	≤	40	30	25
总铅（毫克/千克）	≤	250	300	350
总铬（毫克/千克）	≤	150	200	250
总铜（毫克/千克）	≤		400	

注：表内所列含量限值适用于阳离子交换量>5 厘摩尔/千克的土壤，若≤5 厘摩尔/千克，其含量限值为表内数值的半数。

三、土壤及地形、地貌要求

葡萄适应性较强，一般来说，在山地、滩地或平地建园都可获得较好的收成，但在不同的土壤、地势、坡向条件下，葡萄的生长、产量、品质等都互不相同，这和葡萄生长所处的生态条件密切相关。

葡萄性喜阳光和疏松的土壤，最忌光照不足和潮湿黏重的土壤，在园地的选择上必须考虑到葡萄对环境要求的这一特点。

山地葡萄园光照充足，空气流通好，昼夜温差大，葡萄品质好，病虫害轻。但是山地水土易流失，受干旱影响较大，因此山地建园要注意保持水土和增施有机肥料，以使葡萄根系有一个良好的生长环境。

滩地葡萄园昼夜温差大，葡萄成熟早、果实品质好。但滩地肥水更易流失，而且通风透光较差，后期营养供应不上时植株生长不良，病虫为害严重。因此，沙滩地建园必须注意土壤改良和病虫害防治。

平地葡萄园优点是土壤肥沃，水分充足，植株生长旺盛，产量高。但因光照、通风、排水条件不如山地优越，浆果品质和耐贮性相对较差，病虫为害也较为严重。

因此，在栽植葡萄前要对当地的地形、土壤、水源等方面的情况做详细的调查，扬长避短，选择合适的园地，为葡萄丰产打下良好的基础。

另外，要根据当地的自然条件，充分利用小区域、小气候特点，克服不利因素。例如，在降雨偏多且夏、秋湿度较大的地区，一定要注意选择向阳开阔的山地、坡地和易排水的地区建立葡萄生产园地，以保证葡萄生长期有足够的光照和相对较为干旱的生态环境。在气候炎热地区，可在海拔较高的地方选择园址。在河滩地发展葡萄生产时要选择地下水位不高、园地不积水的地方，并通过增施有机肥等措施改良土壤，为葡萄生长与结果创造一个适宜的环境。

总之，园地选择的具体要求是地势高燥、阳光充足、排灌方便，在平地要求地下水位1米以下，有充足的水源，土层深厚、土壤肥沃、土质疏松（沙质壤土和砾质壤土），土壤pH6.5～7.5为宜。

而通风透光条件不好、土壤贫瘠、土质黏重潮湿、盐碱重、附近有污染源的地块不宜栽植葡萄。

四、地理位置和交通条件

葡萄浆果不耐贮运，大量结果后，及时运往市场销售是生产中的一项重要环节，因此，葡萄园应建在交通方便的地方，如城镇郊区、铁路、公路沿线，以保证产品及时外运。

现代农业一个最突出的特点就是产业化生产，没有一定的规模，就形不成产地，不能培育自己的市场，打不出自己的品牌，就很难参与市场竞争，取得更大的效益。为了取得较好的经济效益，避免因盲目发展而造成的重大经济损失，在建园前要对市场进行调查和预测，根据市场需求和经济效益确定发展规模和栽培品种，做到品种对路、供需协调。

五、其他注意事项

（1）葡萄忌连作，故不宜在老葡萄园上重新建园，若前作是桃园，也不宜新建葡萄园。

（2）葡萄喜光，在山坡地建园时，以南坡、西南坡较好，丘陵低平山地的北坡也可以。要避免在高山阴坡、沟底和低洼地块建园，以防早春和晚秋遭受霜害和夏天不通风、闷热等问题。

（3）最好避开风口，在风大的地方建园，迎风口必须营造防护林。

（4）葡萄园地选择应远离树林和村庄，避免鸟害及挡风遮光。

第三章　品种与砧木

一、葡萄品种分类

葡萄品种的分类有多种方法，按品种起源和特性可分为五类，按品种成熟期可分为五类，按品种用途可分为六类。

（一）按品种起源分类

1. 欧洲葡萄　欧洲葡萄原产于地中海、黑海沿岸和高加索、中亚细亚一带，是葡萄属中最重要的一个种，有 5 000 多个品种。欧洲葡萄又分为 3 个生态地理群。

(1) 东方品种群。适宜在雨量稀少、气候干燥、日照充足、有灌溉条件的地区栽培，宜用棚架整形和长梢修剪。主要品种有无核白、木纳格、牛奶、粉红太妃、亚历山大、里扎马特等以及原产我国的龙眼等。

(2) 黑海品种群。与东方品种群相比，生长期较短，抗寒性较强，但抗旱性较差。少数品种如白羽等，对根瘤蚜有一定的抵抗力。优良的酿酒品种有晚红蜜、白羽等；鲜食品种主要有瑞必尔、保加尔等。

(3) 西欧品种群。是在较好的生态条件下形成的品种群。生长期较短，抗寒性较强。优良的酿酒品种有：意斯林、黑比诺、白比诺、赤霞珠、小白玫瑰、法国蓝、佳利酿、雷司令、品丽珠等；鲜食品种较少，如意大利、红意大利、皇帝、粉红葡萄等。

2. 北美种群　具有特殊的狐臭或草莓香味。代表品种有康可、香槟、大叶葡萄等。种间杂交品种较多，栽培品种有黑贝

蒂、黑虎香等；砧木品种有贝达、110R、140R、SO4、3309C 等。

3. 欧美杂种 特点是抗逆性强。主要品种有康拜尔早生、巨玫瑰、户太 8 号、巨峰、先锋、黑奥林、高墨、奥林匹亚、香悦、洛浦早生等。

4. 欧—亚杂种种群 欧亚种和中国野生葡萄的种间杂种。主要有抗寒酿酒品种：北玫、北红、北醇、公酿 1 号、公酿 2 号等，北方晚红蜜、早紫等。

5. 圆叶葡萄 圆叶葡萄只在美国东南部的一些地方栽培；果实具有特殊的芳香和风味。

（二）按成熟期早晚分类

1. 极早熟品种 葡萄从萌芽到果实充分成熟的天数为 100～115 天，露地栽培约 6 月份成熟的品种。如莎巴珍珠、超宝、90-1 等。

2. 早熟品种 葡萄从萌芽到果实充分成熟的天数为 116～130 天，露地栽培约 7 月份成熟的品种。如郑州早玉、郑果大无核、粉红亚都蜜等。

3. 中熟品种 葡萄从萌芽到果实充分成熟的天数为 131～145 天，露地栽培约 8 月份成熟的品种。如藤稔、巨峰等。

4. 晚熟品种 葡萄从萌芽到果实充分成熟的天数为 146～160 天，露地栽培 9 月份成熟的品种。如红提、瑞比尔、秋黑、黑大粒等。

5. 极晚熟品种 葡萄从萌芽到果实充分成熟的天数为 161 天以上，露地栽培 9 月份以后成熟的品种。如克瑞森无核、蒙莉莎无核等。

（三）按果实主要用途分类

1. 鲜食品种（生食品种） 要求果实外形美观，品质优良，

适于运输和贮藏；果穗中大，紧密度适中；果粒大，整齐一致，无核。

代表品种：白色品种有牛奶、意大利、白玫瑰、葡萄园皇后、无核白鸡心、白香蕉等；红色品种有龙眼、玫瑰香、莎巴珍珠、乍娜、粉红亚都蜜、京秀等；深紫色品种有黑大粒、秋黑、康太、藤稔、巨峰、高墨等。

2. 酿酒品种　红色品种有黑比诺、佳利酿、法国兰、梅尔诺、赤霞珠、品丽珠等；白色品种有白比诺、米勒、琼瑶浆、雷司令、赛美蓉、霞多丽等；酿酒、鲜食兼用品种有龙眼、玫瑰香、牛奶等。

3. 制干品种　要求含糖量高、含酸量低，香味浓，无核或少核，代表品种有无核白、无核红、京早晶、大无核白、京可晶等。

4. 制汁品种　可用于压榨做果汁的品种。代表品种有康可、康早、黑贝蒂、卡托巴、玫瑰露、柔丁香。

5. 制罐等品种　一般要求果粒大、肉厚、皮薄、汁少、种子小或无核、有香味。代表品种有无核白、无核红、大粒无核白、牛奶、白鸡心，京早晶等。

6. 砧木品种　代表品种有520A、1103、SO4、5BB、贝达、抗砧3号、抗砧5号等。

二、优良鲜食品种

（一）早熟品种

1. 超宝　中国农业科学院郑州果树研究所选育。是目前极早熟品种中品质较好的品种（彩图1）。

果穗中大，圆锥形，平均穗重392克，果粒平均重5.6克，短椭圆形或椭圆形，绿黄色，有果粉。果皮中等厚，肉脆味甜，有清香味，品质极上。在郑州7月初果实成熟，属极早熟品种。

本品种丰产性极佳；需加强肥水管理，增强树势；篱架、棚架栽培均可，适合长梢修剪，注意防病。

2. 香妃 香妃系北京市林业果树研究所育成的大粒早熟鲜食葡萄新品种。

果穗较大，平均穗重322.5克，紧密度中等。果粒大，近圆形，平均7.58克。果皮绿黄色，较薄，质地脆，无涩味，果粉厚度中等。果肉硬，质地脆、细，有极浓郁的玫瑰香味，酸甜适口，品质极佳。在北京地区，7月中旬果实开始成熟，8月上旬完全成熟。在郑州地区7月上旬开始着色，7月中旬完全成熟。

本品种树势中等，萌芽率较高，成花力强，副芽和副梢结实力较强，坐果率高，无落花落果现象，早果性强，抗病力强。在多雨年份有裂果，适时采收可以克服。

3. 郑州早玉（18-5-1） 郑州早玉系郑州果树研究所1964年以葡萄园皇后×意大利杂交育成的大粒早熟生食葡萄品种（彩图2）。

果穗圆锥形，较大，平均穗重436.5克，果穗着生紧密。果粒大，椭圆形，平均粒重5.7～6.7克。浆果绿黄色。果皮较薄，肉质脆，种子少。味甜爽口，充分成熟时稍有玫瑰香味，品质上等。在郑州地区6月中旬开始成熟，7月上中旬完全成熟。

树势中等，萌芽率高，副芽结实力强，结果较早，产量高。果实不抗炭疽病，叶片易感黑痘病，成熟时雨水较多，有裂果现象，冬芽容易当年萌发，副梢不可从基部抹除。副梢生长旺，结实力强，可结二次果。

4. 奥古斯特 该品种由罗马尼亚布加勒斯特大学育成，1984年品种登记。

果穗大，圆锥形，平均穗重580克。果粒大，椭圆形，平均粒重8.3克，果粒大小一致，浆果绿黄色；果肉硬而脆，稍有玫瑰香味，味甜可口，品质极佳。在郑州地区6月中旬开始成熟，7月上中旬完全成熟。

生长势强，枝条成熟度好，结实力强。副梢结实力强，二次果在昌黎地区9月上旬成熟，品质好，易早结果、早丰产，适宜篱架及小棚架栽培。抗病性、抗寒性中等；果实不易脱粒，耐贮运。

5. 维多利亚　该品种由罗马尼亚德哥沙尼葡萄试验站育成，1978年品种登记（彩图3）。

果穗大，圆柱形或圆锥形，平均穗重630克；果粒着生中等紧密；果粒大，长椭圆形，平均粒重9.5克；果皮绿黄色，果肉硬而脆，甘甜可口，品质极佳，在昌黎地区8月上旬果实充分成熟。在郑州地区6月中旬浆果开始成熟，7月中旬浆果完全成熟。

生长势中等，结实力强，副梢结实力强；适宜篱架及小棚架栽培。抗灰霉病能力强，抗霜霉病和白腐病能力中等；果实不易脱粒，耐贮运。

6. 绯红　原产美国，欧亚种。是我国北方葡萄产区的早熟主栽品种。

果穗圆锥形或分枝形，平均穗重535克；果粒大，平均粒重8.3克，浆果成熟时紫红色，长圆形；果皮较薄，肉质厚而脆，味甜爽口，香味较浓。种子特大。在郑州地区7月上旬开始着色，7月中旬完全成熟。

树势较强，丰产性好，定植第二年开始挂果，3年丰产。抗病性中等，后期霜霉病较重。土壤持久干旱遇水时易裂果，注意保持土壤水分的相对均匀，或采取果实套袋等栽培技术以减轻裂果。适合保护地栽培。有大小果现象，注意疏花疏果。

7. 京秀　欧亚种。系北京植物园于1994年育成。

果穗平均穗重512～1 100克；果粒重6.5～11.0克，椭圆形，玫瑰红或鲜紫红色，肉质硬脆，味甜酸低，鲜食风味好，具东方品种特有风味，品质极上。在郑州地区7月上旬开始着色，7月中旬完全成熟。成熟后若不采收，在树上可挂到9月底或10

月中旬亦不裂果，不掉粒，果肉仍然很脆，品质更佳。

生长势较强，丰产。抗病性较强，可以在干旱地区大规模生产，耐贮性能好。露地栽培行距 2.5～3.0 米，株距 1.0～1.2 米为宜，篱架、棚架均可。开花后摘心，这是京秀葡萄管理关键之一。

8. 粉红亚都蜜 欧亚种。日本于 1990 年育成登记，1996 年引入我国（彩图 4）。

果穗圆锥形，平均穗重 750 克，果粒着生中密，长椭圆形，平均粒重 9.5 克。果皮紫黑色，果肉硬而脆，汁液中等多，味甜，有浓玫瑰香味，品质佳。在郑州地区 7 月中旬浆果完全成熟。

该品种生长势强。抗病、适应性强。产量高，综合性状优良。适宜排水良好，土壤肥沃的沙壤土栽植。以磷、钾肥为主，氮肥为辅的原则施肥。控制产量在 1 500～1 700 千克。

9. 京亚 中国科学院北京植物园从黑奥林的实生后代中选出的四倍体巨峰系品种（彩图 5）。

果穗中等大，圆锥形或圆柱形，平均穗重 470 克。果粒椭圆形，紫黑色，平均粒重 9 克，果皮中等厚，果肉较软，味甜多汁，略有草莓香味，成熟较一致。在郑州地区 7 月中旬浆果完全成熟，比巨峰早熟 14～18 天。

生长势较强，枝条成熟度较巨峰好，果粒大小均匀，较耐贮运。

篱架和棚架均可栽培。花前 5～7 天在结果枝最上花序前5～7 片叶处摘心，并抹除副梢。营养枝留 15～18 片叶摘心。每亩控制产量 1 500～3 000 千克，保证稳产和优质。

10. 90-1 别名早乍娜。欧亚种。河南科技大学 1990 年从乍娜的芽变中选育出的极早熟新品种（彩图 6）。

果穗圆锥形，平均穗重 500 克，果粒着生中密，未成熟果具 3～4 道纵向浅沟纹，近圆形，平均单粒重 8～9 克，果皮红色，

充分成熟时红紫色。果皮中厚，有清淡香味，可溶性固形物含量13%～14%，有机酸含量0.18%。每果粒含种子2～4粒，种子与果肉、果皮与果肉易分离。

树势较强，萌芽率高，花序多着生在结果枝的3～5节，丰产性好，抗性中等。在洛阳地区，该品种4月中旬萌芽，5月中旬开花，6月中旬果实着色，6月下旬成熟，从萌芽至果实成熟70天，果实发育期仅35天，属极早熟品种。

可采用无主干多主蔓自由扇形篱架栽培，冬剪以中、短梢修剪为主。果实发育期短，对水分要求严格，在果实发育期要保持地面湿润，一般5～7天浇水一次。采果后适当控水，以防新梢徒长。在果实膨大期适时控制新梢生长，防止出现大小粒和成熟期延迟现象。因其成熟期早，果实成熟时应及时采收，以免受金龟子和鸟类为害。要注意霜霉病和黑痘病的防治。不宜用膨大素处理，否则大小粒现象严重。采用疏花序、整穗等方法将产量控制在22.5～30吨/公顷为宜。

适合在有灌水条件的地区栽培。可露地栽培，特别适合保护地栽培，在我国北纬38°以北地区露地栽植要采取防寒措施，适宜发展区域与乍娜相同。

11. 大粒六月紫　别名山东大紫，欧亚种。济南市历城区周建中同志发现，系六月紫葡萄的自然芽变。

果穗圆锥形，有歧肩，有小副穗；果穗紧凑、中大，平均穗重510克，最大穗重1 200克；果粒多呈长椭圆形，充分成熟为紫黑色；果梗中长，果粉中等厚，果蒂较短。成熟果粒紫红色，完全成熟时紫黑色。平均单粒重6克，最大可达8克。肉质软、多汁，肉核不粘连，酸甜适口，有浓玫瑰香味。果粒含种子1～2粒，果皮较厚，耐运输。

该品种4月中旬萌芽，5月中旬开花，6月中旬果实变软着色，6月底7月初完熟，成熟期略早于六月紫1～2天。

该品种适合篱架和双篱架整形。栽植密度以1米×2米为

宜。栽植当年主蔓摘心后副梢易萌发，除利用副梢加速整形外，其余全部保留两片叶摘心，以防冬芽萌发而影响第二年产量。第二年结果后的新梢，顶端摘心后保留最上边的两个副梢，两个副梢保留2～3片叶进行反复摘心，其余副梢（腋间）萌发后可全部抹除。

该品种结果新梢多着生两个以上花序，因此，要适当控制产量。每亩产量可掌握在2 500千克左右。

12. 贵妃玫瑰 别名鲁葡萄4号。欧美杂种，山东省酿酒葡萄科学研究所育成，亲本是红香蕉×葡萄园皇后。

果穗圆锥形，中偏大有副穗和歧肩，平均穗重600克，成熟一致。果粒圆形、整齐、黄绿色，果皮中等厚，果粒重8～10克，果肉脆，具有玫瑰香味，含可溶性固形物17%以上，每果含种子2粒，不裂果。

树势中偏强，芽眼萌发率77.7%，每果枝挂果1～2穗，多数为2穗，结实系数1.5，丰产、稳产，结果期早，栽植第二年每亩产量可达500～800千克，抗病能力强，适应范围广。在济南地区，该品种4月初萌芽，5月上中旬开花，7月上中旬成熟。生长天数105～110天。

13. 红旗特早玫瑰 别名红旗特早。欧亚种。为玫瑰香单株芽变，山东省平度市红旗园艺场于1996年发现，2001年7月通过了由青岛市科委组织的品种鉴定。

果穗圆锥形，有副穗，单穗重500～600克，最大穗重1 500克，果粒圆形，平均粒重7.5克，最大粒重15克。果粒紫红色，着生紧密，有玫瑰香味，酸甜，品质极上，可溶性固形物含量17%以上。生长势中庸偏强，副梢结果能力较强，丰产。在山东省平度市，该品种4月上旬萌芽，5月下旬开花，6月20日开始着色，7月上旬成熟，浆果发育期38～40天。该品种较耐旱、耐瘠薄，抗寒性较强。

架式宜选用小棚架或篱架，以中、短梢修剪为主，每亩留结果母枝 2 500 个，留芽 9 000～10 000 个，新梢控制在 4 500～5 000条。结果枝宜留单穗，每亩留 4 000 穗，开花前疏掉副穗。

14. 沪培 2 号　欧美杂种。上海市农业科学研究院育成，亲本为杨格尔×紫珍香。1995 年杂交，1999 年开始挂果，2007 年 11 月通过上海市农作物品种审定委员会审定，定名为沪培 2 号。

果穗圆锥形，平均穗重 350 克。果粒着生中等紧密，果粒椭圆形或鸡心形，平均单粒重 5.3 克，最大可达 5.5 克，果粒较大。果皮中厚，果粉多，上海地区露地栽培通常为紫红色，设施栽培为深紫色。果肉中等硬，可溶性固形物 15%～17%，风味浓郁，无核，品质中上。果穗和果粒大小整齐。色泽鲜艳，外观美，商品性良好。

树势强旺，成花容易，早果性好。定植第二年平均株产超过 5.0 千克，折合亩产量 790 千克，第三年平均亩产量 1 200 千克而且连年结果稳定。

上海地区露地栽培，3 月中下旬萌芽，5 月中旬开花，6 月中下旬开始着色，7 月中下旬成熟，从萌芽到果实成熟 125 天左右，成熟期比喜乐晚 7 天左右，属早熟品种。植株抗病性较强。在南方地区需加强黑痘病、炭疽病等病害的防治，套袋栽培对防病效果良好。

树势强旺，种植时株距适当加大，架式选用棚架和篱架均可，生长时期宜进行主梢多次摘心，以缓和树势；结果母枝以中梢修剪为主，多次摘心，以缓和树势，注意培养副梢结果枝。叶片大，新梢的间距适当加大，注意通风透光，开花前土壤不宜太干，否则要引起落花落果。

该品种宜进行 2 次生长调节剂处理。第一次在盛花期至盛花末期用 15～20 毫克/升的赤霉素浸花穗，第二次在间隔 10 天左右，用 30～50 毫克/升浓度的赤霉素再浸果穗 1 次。花前 1 周要进行花穗整形，去除副穗和花序基部的 2～4 个子梗。花芽容易形成，实施控产优质栽培，每结果枝留 1 个果穗，每亩疏留

2 500穗左右，每亩产量控制在1 000千克左右为宜。在浆果转色期适当增施钾肥。

15. 金田星 欧亚种。河北科技师范学院和昌黎金田苗木有限公司合作育成。1999年进行杂交，2000年获得实生苗，2007年通过河北省林业局鉴定。

果穗圆锥形，单歧肩，有副穗。果穗中等紧密，平均单穗重476.6克。果粒鸡心形，平均单粒重5.14克。果皮紫红至蓝黑色，着色一致。果粉中等厚，果皮中等厚、韧、稍有涩味。肉质软，多汁，有浓郁玫瑰香味。可溶性固形物含量15.0%，酸甜。在早熟品种中品质上等。

植株生长势中庸，萌芽率高，副芽萌芽力强。每结果枝果穗数3～4穗。全株果穗及果粒成熟一致，浆果成熟时不落粒。在河北昌黎地区，该品种4月13日开始萌芽，6月1日为始花期，7月14日成熟。从萌芽到浆果成熟需92天，属极早熟品系。

该品种适宜在欧亚种葡萄适栽地区栽培。棚架和篱架栽培均可，以中、短梢修剪为主，该品种丰产性强，应注意疏花疏果，产量在2 000千克/亩以下。

16. 京翠 欧亚种。中国科学院植物研究所北京植物园育成，亲本为京秀×香妃。1997年杂交，2001年初果，2007年12月通过北京市林木品种审定委员会审定。目前在北京等地区有栽培。

果穗圆锥形，大，平均穗重447.4克，最大穗重800克。果粒着生中等紧密，果穗大小整齐。果粒椭圆形，黄绿色，成熟一致。果粒大，平均粒重7.0克，最大12克。果粉薄，皮薄，肉脆，汁中、味甜。每果粒含种子1～2粒。可溶性固形物含量16.0%～18.2%，可滴定酸含量0.34%，味甜，肉质细腻，品质上等。成熟后延迟采收1个月浆果不掉粒，不裂果，果实糖分可继续积累，果肉仍脆。

生长势中等。隐芽萌发力、副芽萌发力中等。隐芽萌发的新梢结实力弱，夏芽副梢结实力中。早果性好，极丰产，正常结果树一般产果22.5吨/公顷为宜（3米×1米，篱架）。在北京地区露地栽培时4月中旬萌芽，5月下旬开花，7月底果实充分成熟。从萌芽至浆果成熟所需天数为95～115天，为早熟品种。果穗、果粒成熟一致。抗病性强。

宜中、短梢修剪，篱、棚架栽培均可。适宜北京、河北、山东、辽宁、新疆等露地栽培，多雨潮湿地区避雨栽培。产量宜控制在每亩1 500千克左右。坐果好，为保证果穗松紧适度，应适当进行疏果。适合观光采摘园栽培。

17. 京蜜　欧亚种。中国科学院植物研究所北京植物园育成，亲本为京秀×香妃。1997年杂交，2001年初果，2003年选出，2007年12月通过北京市林木品种审定委员会审定。在北京、江苏、安徽及浙江等地区有栽培。

果穗圆锥形，中等大，平均穗重373.7克，最大穗重617克，果粒着生紧密，果穗大小整齐。果粒扁圆形或近圆形，大部分果粒有3条浅沟，黄绿色，成熟一致。果粒大，平均粒重7.0克，最大11克。果粉薄、皮薄、肉脆、汁中、味甜。每果粒含种子2～4粒，多为3粒。可溶性固形物含量17.0%～20.2%，可滴定酸含量0.31%，味甜，有玫瑰香味，肉质细腻，品质上等。成熟后可延迟采收45天而浆果不掉粒，不裂果，含糖量可继续积累，风味更加浓郁。

生长势中等。隐芽萌发力中。隐芽萌发的新梢结实力弱，夏芽副梢结实力中。早果性好，极丰产，正常结果树一般产果1 500千克/亩为宜（株行距3米×1米，篱架）。在北京地区露地栽培，该品种4月上旬萌芽，5月下旬开花，7月下旬果实充分成熟。从萌芽至浆果成熟所需天数为95～110天，为极早熟品种。抗病性能强。

中、短梢修剪，篱、棚架栽培均可。宜在干旱、半干旱地区露地栽培，也可在多雨潮湿地区避雨栽培。是设施和观光采摘园

栽培的优良品种。在生产中应注意控制产量和进行疏花、疏果。

18. 洛浦早生 欧美杂种。为京亚早熟芽变，由河南科技大学选育。1996 年发现，2004 年 7 月通过河南省科技厅组织的专家技术鉴定。现已在河南、山东、浙江、重庆、山西等地引种栽培。

果穗圆锥形，紧凑，有的带副穗，歧肩不明显，平均单穗 456 克，最大 1 060 克；果粒短椭圆形，果皮紫红至紫黑色，平均单粒 11.7 克，最大可达 16 克；果粉厚，果肉软而多汁，味酸甜，稍有草莓香味；可溶性固形物含量 13.8%～16.3%；每果粒含种子 2～3 粒。

生长势较强，芽眼萌发率高，枝条成熟较早，隐芽萌发力中等。结果枝率为 66.8%，每果枝平均花序数 1.65 个，副梢结实率中等。不脱粒，耐贮运。在河南洛阳地区，该品种 4 月上旬萌芽，5 月中旬开花，6 月中旬果实着色，6 月底至 7 月初成熟，从萌芽至成熟 90 天，浆果发育期 45 天，丰产。母株较抗炭疽病、白腐病、黑痘病。

适宜京亚栽培的地区均可发展。采用篱架或 V 形架栽培均可早期丰产，小棚架栽培有利于提高果实品质，整形方式依架式而定。冬剪幼树以中梢修剪为主，成龄树以中、短梢结合修剪为主。苗期土壤不可缺水，可结合施肥进行浇水；结果树除浇催芽、催条水外，着重浇果实膨大水，果实黄豆粒大时要连续浇水 3～4 次，间隔 5～7 天，结果枝粗度以 0.8～1.2 厘米为最佳。落花后立即疏穗，采果后适当控水。

19. 美夏 40 欧亚种。原产地日本。属岗山早红品系，亲本不详。由河北爱博欣农业有限公司从日本引入。通过几年的栽培及国内不同区域试点观察，表明性状稳定，尤其在早熟及高抗性方面表现突出。

成叶厚且粗糙，直观看植株，极像高抗的欧美杂种。穗重 1 250克，最高可达 2 830 克。单粒重 11～14 克，果皮紫黑红色，中等厚，果实完全成熟含糖20%以上。果实硬度大于巨峰，有较强的耐贮运性。抗病性强，生产上打药的次数明显少于巨峰类品种，尤其在南方高温高湿情况下对霜霉病、黑痘病表现高抗。

在北京南及河北保定地区，该品种4月10日萌芽，5月20日开花，6月底7月初即可着色成熟上市，从开花至成熟只需45天左右时间。定植第二年即可挂果，第三年亩产量可达2 500～3 500千克。

壮苗是早期丰产的关键，要求剪口直径达到0.6～0.8厘米，无病虫害，根系完整，新梢留芽数不得少于3～5个。

北方生长期短，为获得早期效益，往往采用篱架或小棚架栽培，株行距0.5～1.0米×2.0～3.0米。南方高温高湿，生长期相对要长，常采用V形架、水平棚架、T形架，株行距0.5～1.0米×3.0米。根据不同的土壤结构开挖定植沟，沙质地浅挖，黏壤土深挖。回填时先将秸秆、烂草填于沟底，不少于20厘米厚，然后回填表土，最后离地表20～30厘米的土壤要混合有机肥，每亩不少于5米^3，同时可混入50千克的磷酸二铵，定植沟回填完毕后灌水踏实备用。栽苗要浅，实践证明苗木栽植过深不发苗，深度一般在插条抽生新梢的位置处，栽后及时灌水。

20. 夏皇家无核 欧亚种。原产地美国。1999年沈阳农业大学从美国引进，2000年山东平度市江北葡萄研究所也进行了引种试栽。

果穗椭圆形，平均重750～800克；果粒大小均匀一致，着生紧密，平均单粒重7.8克，经处理后达12克，椭圆形，黑色，外皮光亮，果皮难与果肉分离，果肉硬脆，可切片，味香甜，略有玫瑰香味，可溶性固形物21%，无籽，熟后不落粒，不裂果。

植株生长中等，花芽分化好，丰产性强。在山东平度地区，该品种4月上旬萌芽，5月下旬开花，6月下旬果实开始着色，7月15日成熟；设施促成栽培的，4月中下旬果实即可成熟上市。

适应性强，抗旱，抗霜霉病、黑痘病、炭疽病，既适合长江

以北干旱和无霜期短的地区，又适合江南多雨地区，无论是在露地还是在温室均极少发病，但易遭鸟、蜂为害，故果实应套袋。

对土壤适应性强，在微酸、微碱、中性土壤中，基本都能正常生长，尤其适合在土质疏松，排水良好，pH 为中性或微碱的沙壤土或壤土。

施肥本着“早施勤施”原则，因早施，所以速效氮肥在 6 月上旬前施完，以后以磷、钾肥为主，从展叶开始。每次喷药时，最好配合喷磷酸二氢钾和微量元素肥。果实采收后应施足土杂肥，以羊粪、猪粪、鸡粪为主，并且按时浇封冻水。

为保品质上等，前期产量不宜过高，花前 1 周开始，先去掉单枝双穗的其中一小穗或不整齐穗，花后幼果期进行抖穗、疏粒等工作，抖落不良的果粒，去掉过密穗。该品种不用去穗尖，喷药后及时套袋，防止果面农药污染和果锈斑点，使果粒整洁美观；在采收前 10 天左右，拆开袋底，成雨伞形状。果袋采用白色专用纸袋最佳，激素处理一般用赤霉素、大果宝、四川兰月吡效隆。

该品种抗病性强，在预防为主的基础上，要抓住关键时期，进行有效防治，以防白腐病为主，架面要通风透光，药物防治以波尔多液等常规杀菌剂为主，自 6 月中旬每隔 9～10 天 1 次，连续喷布 3～4 次；南方多雨季节，应增加用药次数，喷布 7～8 次，以控制住病情为准。

21. 夏至红 别名中葡萄 2 号。欧亚种。中国农业科学院郑州果树研究所育成，亲本是绯红×玫瑰香。1998 年开始进行杂交，2009 年通过河南省林木品种审定委员会审定。在河南省郑州地区 6 月底该品种成熟，定名为夏至红。

果穗圆锥形，无副穗，果穗大，平均单穗重 750 克，最大可达 1 300 克以上，果穗上果粒着生紧密，果穗大小整齐。果粒圆形，紫红色，着色一致，成熟一致。果粒大，平均单粒重 8.5 克，最大可达 15 克，果粒整齐，皮中等厚，果粉多，肉脆，硬度中，无肉囊，果汁绿色，汁液中等，果实充分成熟时颜色为紫红色到紫黑色，果肉绿色，果皮无涩味，果梗短，抗拉力强，不脱粒，不裂果。风味清甜可口，具轻微玫瑰香味，品质极上。该品种可溶性固形物含量为16.0%～17.4%。

具有早果、丰产特性，植株生长发育快，枝条成熟早。可以达到早期丰产的目的，二年生的植株每亩产量可达1 200千克左右，三年生产量可以达到1 750～2 000千克/亩。

在河南省郑州地区，该品种果实6月28日开始成熟，7月5日充分成熟，果实成熟度一致，果实发育期为50天，是极早熟品种。新梢开始成熟为7月15日，11月上旬落叶。

在沙壤土、黏土、黄河冲积土均表现结果良好，对葡萄霜霉病、炭疽病、黑痘病均有良好抗性。成熟期遇雨没有裂果现象。保护地栽培中，生长势中庸偏强，连续丰产性能优良。具有良好栽培适应性和抗病性。

生长势中庸，成花容易，对修剪反应不敏感，在修剪管理上有别于其他生长势强的品种，如京亚等巨峰系早熟品种以及粉红亚都蜜等成花节位较高的品种。在架式选择上，篱架、棚架、高宽垂架等均可。

22. 早黑宝　欧亚种。山西省农业科学院果树研究所选育，1993年以二倍体瑰宝×二倍体早玫瑰杂交，2001年3月通过山西省农作物品种审定委员会审定并定名。四倍体。

果穗圆锥形带歧肩，果穗大，平均426克，最大930克；果粒大，平均单粒重7.5克，最大10克；果粉厚；果皮紫黑色，较厚，韧；肉较软，完全成熟时有浓郁玫瑰香味，味甜；可溶性固形物含量15.8%，品质上等。含种子1～3粒，种子较大。

树势中庸，节间中等长；萌芽率66.7%，果枝率56.0%，花序多着生在结果枝的第3～5节。平均坐果率为31.2%。副梢结实力中等。在山西晋中地区，该品种4月14日左右萌芽，5月27日开花，7月7日果实开始着色，7月28日果实完全成熟。

丰产性强，抗病性中等，不裂果，适宜华北、西北地区栽植。

该品种生长势中庸，适宜篱架栽培，果穗大，坐果率高，产量控制在1 500～1 800千克/亩为宜，粗壮的结果枝留双穗果，中庸的结果枝留单穗果，弱枝不留果，因果粒着生较紧，应进行疏花、整穗。另外，该品种在果实着色阶段果粒增大特别明显，因此要加强着色前的肥水管理。

23. 早红珍珠 欧亚种。河北冀鲁果业发展合作会社和廊坊市林业局共同育成，为乍娜芽变。1994年在河北省大城县某村葡萄园中发现，2003年7月通过了河北省科技局组织的鉴定，初定名为早红珍珠。

该品种果实紫红色，均匀一致，酸甜可口，含可溶性固形物16.5%，平均单粒重10克，平均果穗重750克，松紧适度，无脱粒、裂果现象。

在河北廊坊地区，该品种6月20日自然上色，6月28日自然成熟，7月10日左右采摘上市结束，是目前国内最早熟的葡萄品种之一。该品种每结果枝着生果穗数2个左右，栽植第二年即可挂果，每年亩产量可达1 750千克，第4～5年进入盛果期，亩产量可达3 000千克以上，丰产性能稳定。

该品种休眠期与乍娜葡萄相似，但抗旱、耐碱，生长势极强，适应性良好。适宜在华北、华东、西北等地区种植发展，在设施栽培条件下，更具有广阔的应用前景。

24. 紫金早 欧美杂种。江苏省农业科学院园艺研究所育成，为京亚实生后代。2003年通过江苏省科技厅成果鉴定。

果穗圆柱形，无副穗，平均穗重350～500克，最大穗重875克。果粒着生中等紧密。果粒大，倒卵形，平均粒重9.5～11.0克，最大粒重16.0克。果皮紫黑色，中等厚，着色好、一致，果粉中等多。果肉黄绿色，果肉与种子易分离，无肉囊，肉质较脆多汁，可溶性固形物12.5%～14.8%，甜酸适口，品质优于京亚。种子1～2粒，种子较大。

树势生长健壮，花序多着生在果枝的第 4～5 节上。丰产性好。该品种在南京地区 3 月中下旬萌芽，5 月上中旬始花，7 月上中旬果实成熟，从萌芽至果实充分成熟需要 110 天左右，熟期比巨峰早 25 天左右，比京亚早 5～7 天。该品种抗病能力与京亚相近，对黑痘病、炭疽病这两种病害的抗性强于巨峰，对灰霉病、霜霉病抗性与巨峰相近。

经多年在江苏、安徽等地区试种观察，该品种树健壮、长势旺、适应性很强，易丰产、稳产，在各地均能相应表现出其早熟、优质的优良特性，商品性好，产值高，经济效益和社会效益明显，凡适宜巨峰群栽培的区域均可栽植。

（二）中熟品种

1. 峰后　北京市林业果树研究所从巨峰实生后代中选出的中晚熟品种，欧美杂种（彩图 7）。

果穗圆锥形或圆柱形，平均穗重 418 克。果粒着生中等紧密。果粒椭圆形或倒卵圆形，平均粒重 12.78 克，果皮紫红色、厚。果肉极硬，质地脆，略有草莓香味，口感甜度高，品质极佳，耐贮运。北京地区 9 月上中旬果实完全成熟。成熟期与巨峰基本同期，属中晚熟品种，但果实能挂树保存至 9 月底，不脱粒。

树势强，结果能力较强，丰产性中等，抗性强，栽培上注意早期控制氮肥，多补充钾肥，棚架、篱架栽培时以长梢修剪为宜，并且适当稀植，使新梢有足够的空间引缚。花前在果穗以上留 5～8 片叶摘心。套袋者采收前 1 周摘袋为宜，以利于充分着色。冬季修剪剪口粗度应在 1 厘米以下，花期前后及坐果后要注意穗轴褐腐病和炭疽病的防治。

2. 藤稔　日本品种，1985 年在日本登记注册，1986 年开始引入我国（彩图 8）。

该品种果穗中等大，呈圆锥形或圆柱形，平均穗重 400 克，

果粒着生中等紧密，果粒大，平均粒重 15～20 克。果色紫红至紫黑。果皮中厚，无肉囊，汁多味甜糖酸适度，有清香味。品质优良。浆果成熟期介于巨峰和早生高墨之间。在郑州地区 7 月中旬开始着色，8 月上中旬完全成熟。

该品种闭花受精能力强，落花落果轻，小果粒少，是一个丰产型品种。一般种植后第二年开始结果，盛果期平均株产为 5～15 千克。可以用篱架、棚架栽培，适宜密植。幼树冬季修剪要留长势健壮充实的一年生枝为结果母枝，以中梢修剪为主，结合长、短枝修剪，留好更新枝。夏季及时摘心，处理副梢，提高坐果率，及时修剪花序，疏果穗、果粒，以使果粒增大，要求较高的肥水条件，保证土壤透性良好。

3. 户太 8 号 欧美杂种。西安市葡萄研究所引进的奥林匹亚早熟芽变（彩图 9）。

果穗圆锥形，平均单穗重 500～800 克。果粒着生较紧密，果粒大，近圆形，紫黑色或紫红色，酸甜可口，果粉厚，果皮中厚，果皮与果肉易分离，果肉细脆，无肉囊，每果 1～2 粒种子。平均粒重 9.5～10.8 克，可溶性固形物 16.5%～18.6%。

口感好，香味浓，外观色泽鲜艳，耐贮运。多次结果能力强，生产中一般结 2 次果。一次果亩产量可达 1 000 千克，二次果亩产量达 1 000～1 500 千克。该品种 7 月上中旬成熟，从萌芽到果成熟 95～104 天，成熟期比巨峰早上市 15 天左右。该品种树体生长势强，耐低温，不裂果，成熟后在树上挂至 8 月中下旬不落粒。耐贮性好，常温下存放 10 天以上，果实完好无损。对黑痘病、白腐病、灰霉病、霜霉病等抗病性较强。

4. 高千穗 欧亚种。原产地日本。亲本为玫瑰香×甲州三尺，1993 年张家港市神园葡萄科技有限公司由日本引进国内。

果穗大多为圆锥形，平均穗重 386 克，最大穗重 1 409 克。果粒着生紧密，大小整齐，平均粒重 7 克，最大粒重 9.8 克，果皮紫红色至紫黑色，在夜温高的南方也非常容易上色，着色及成

熟一致。果汁紫红色，味浓甜，具有浓郁的玫瑰香味。鲜食品质上等，口感极好。在福建地区大棚避雨条件下栽培，该品种成熟期8月中下旬。

结果第一年，每株留结果枝8～10个，第二年留13～15个。开花前，在能辨认花序大小时，本着弱梢不留、中梢留1个、强梢留2个的原则选留花序。先疏除弱小花序和大花序，尽量使保留的花序大小一致。花前1周整穗，疏去副穗和掐去穗尖（花序长度的1/5～1/4）。特大的花序疏除部分支轴。结果蔓在花序以上留6～8片叶摘心，营养蔓留5～7片叶摘心。卷须及时除去。谢花后3～7天理顺果穗的位置，轻轻抖落果穗上干枯和受精不良的小果粒。当果粒黄豆大小时去掉形状不正、过密及受伤果粒，每穗留60～80粒为宜。

定植后多天不下雨就应浇水。幼龄树展5叶时开始追肥，做到薄肥勤施。3～5月份每月施肥1次，用0.3%尿素或微量元素肥浇施。6～8月浇施水肥加0.3%复合肥。结果树以有机肥为主，配合化肥，年施4次：秋、冬季结合深翻扩穴，施禽、畜干粪或饼肥，钙镁磷肥加硼肥；2月下旬的芽前肥主要施复合肥；6月上旬的壮果肥以硫酸钾、复合肥为主；7月上旬转色期以磷、钾肥为主。芽前肥和壮果肥还要根据树势强弱与结果量多少来决定。

5. 黑色甜菜　欧美杂种。原产地日本。日本河野隆夫氏育成。2009年张家港市神园葡萄科技有限公司由日本引进。

果粒短椭圆形，单粒重14～18克，最高可达20克以上。上色好，果粉多，果皮厚，易去皮，去皮后果肉、果芯留下红色素多，肉质硬爽，多汁美味，可溶性固形物含量16%～17%。

该品种抗病，丰产、易种，比巨峰早熟1个月左右，是目前巨峰系列品种中又大又甜的极早熟品种，有望替代目前巨峰群早熟品种，成为主栽品种。

6. 黑瑰香　欧美杂种。原产地中国。由大连市农业科学院

育成，亲本是沈阳玫瑰×巨峰。

果穗为圆锥形，果穗大，有副穗，平均穗重580克，最大穗重1 050克。果粒大，短椭圆形，平均单粒重8.5克，最大可达10.5克，果粒着生紧密，大小整齐均匀，果皮蓝黑色，着色好，果皮中等厚，软肉多汁，酸甜适口，果肉与种子易分离，略有玫瑰香味，品质上等。可溶性固形物16%～18%。每果粒有种子1～2粒。果实成熟后不裂果、不脱粒，挂果时间可长达1个月，耐贮运。

该品种树势生长旺盛，成枝力强，结果枝平均花序数为1.60个。具有2个花序的结果枝占56.6%，花序多着生在第四节上。坐果率高，平均坐果率为44.5%。在大连地区，该品种7月中旬果实开始着色，8月下旬浆果充分成熟，果实成熟一致。对葡萄黑痘病、炭疽病和霜霉病的抗性较强，在正常田间管理情况下，抗病性与巨峰葡萄相近。丰产性好、抗病性强。

该品种适宜露地和保护地栽培。宜棚架、篱架栽植。该品种花芽多，坐果率高，且对产量敏感，产量过高，影响果品品质，产量应控制在每亩1 500～2 000千克。以中、短梢修剪为主，结合超短梢修剪，整形以单株单蔓或双蔓为主。生长期需水量大，春季出土时、初果期、浆果膨大期都需灌水，水量不足，导致果粒小，果品质量差。采收后也应灌一次水，此时缺水可导致早期落叶。

7. 户太9号 欧美杂种。属于户太8号葡萄的无性系芽变，由西安葡萄研究所选育，2000年1月通过陕西省品种委员会审定。

果穗圆锥形带副穗，松紧度中等偏紧，穗重800～1 000克，果粒近圆形，果粉厚，果皮中厚，紫黑色或紫红色，果粒大，单粒平均重10.43克，最大粒重18克，糖度18%～22%以上，含酸量0.45%，酸甜可口，香味浓，果皮与果肉易分离，果肉甜脆，无肉囊，每果1～2粒种子。

该品种根系发达，长势强旺，当年可抽生多次枝。其冬芽或夏芽第二、三次枝成花能力极强，每枝可形成3～6个花穗，分期开花授粉可持续24天以上，二、三次果穗形、粒重、色泽、品质与一次果相当。该品种4月3日左右萌芽，始花期5月8日左右，7月中旬一次果充分成熟，从开花到成熟65天左右；三次果开花期6月8日左右，9月中旬充分成熟，开花到成熟90天左右。植株耐高温，在连续日最高气温38℃时新梢仍能生长，对霜霉病、灰霉病、炭疽病表现强抗病性。

该品种一年能够结果3次，可以根据市场的要求、气温的条件，人为控制多次果。为了生产优质果，每亩产量控制在1 500～2 000千克为宜。

适宜陕西省各葡萄产区栽培，在年大于10℃的积温3 800℃,无霜期180天以上为最佳栽种区。

8. 户太10号　欧美杂种。是户太8号葡萄芽变。由西安市葡萄研究所选育的鲜食兼加工的品种，2006年12月通过陕西省农作物品种审定委员会审定。

果穗圆锥形，带副穗，松紧度中等偏紧，穗重800～1 200克，果粒近圆形，果粉厚，果皮中厚，果实紫红色，单粒平均重11克，最大粒重20克，可溶性固形物19.9%，含酸量0.40%，风味酸甜，果香浓郁，果皮与果肉易分离，果肉细脆，无肉囊，每果1～2粒种子。

植株长势强旺，根系发达，当年冬芽、夏芽成花力均强，多次结果性状突出，定植第三年进入多次结果期，周年最多可挂4～5次果，单枝年可成穗3～6个，定植第五年进入盛产期。该品种4月3日左右萌芽，始花期5月8日左右，7月上旬一次果充分成熟，开花到成熟65天左右；二次果开花期6月8日左右，9月上旬充分成熟，开花到成熟85天左右。果穗成熟后可树挂1个月，多次结果拉长了货架期，三次果可延迟采收，进行树挂，作为冰酒加工有一定优势。对霜霉病、灰霉病、炭疽病表现较强

的抗病性。

在冬季不需埋土防寒地区，宜采用高干T形架式或三线Y形架式。冬季修剪要控制留枝、留芽量，以4芽中、短梢修剪为好，每亩留结果母枝1 200条。春季萌芽后留结果枝2 400条，可少留或不留预备枝。夏剪花前7叶摘心，并去掉所有卷须及花穗前夏芽。

该品种多次结果能力极强，产量高，要严格控制各次结果量。一次果应控制在每亩1 000～1 250千克以内，三次果控制在每亩1 500～1 700千克以内，年总产量每亩3 000千克。

要施足基肥，加强追肥。控水期为一次果花前10天至整个花期及6月下旬果实着色期外，其他时间应根据情况适时灌水。

9. 沪培1号 欧美杂种。上海市农业科学研究院育成，亲本是喜乐×巨峰。1990年杂交，2006年11月通过上海市农作物品种审定委员会审（认）定。

果穗圆锥形，平均穗重400克左右。果粒着生中等紧密。果粒椭圆形，平均粒重5.0克，最大粒重6.8克。果皮中厚，果粉中等多，上海地区通常为淡绿色或绿白色，冷凉条件下表现出淡红色。果肉中等硬，肉质致密，可溶性固形物15%～18%，风味浓郁，品质优。无核，不脱粒、不裂果，果穗和果粒大小整齐。

植株生长势较强。平均萌芽率为56%，结果枝率达71%，每结果枝的花穗数为1.2个，花序大多着生在结果枝的第四、五节位上。花序形成能力介于其双亲巨峰与喜乐之间，属中等偏强类型。在上海地区，该品种3月上中旬开始萌芽，5月中旬初花，8月上旬果实充分成熟，落叶期为11月中旬。自萌芽到浆果成熟期为125～130天。成熟期比喜乐晚15～20天，但比巨峰早7～10天，属中熟偏早品种。该品种定植第二年平均株产超过5.0千克，折合亩产量790千克，第三年平均亩产量1 200千克。产量已达到上海地区优质葡萄生产的产量标准。

在正常田间管理与防治条件下，连续多年对上海地区常见的黑痘病、霜霉病、炭疽病、灰霉病等病害感染程度进行田间观察，均只有轻度受害，因此属抗病性较强的品种。

生长强健，结果节位较高，采用棚架整形，长梢修剪为主。生长季节宜进行多次摘心，培养副梢结果母枝，以缓和树势，并提高花芽形成和结实能力。

该品种属于三倍体品种，在栽培中必须采用赤霉素处理。第一次在盛花至盛花末用25～30毫克/升的赤霉素浸花穗。第二次在花后10～15天，用相同质量浓度的赤霉素再浸果穗1次，或处理时可加入低质量浓度的吡效隆（1～2毫克/升），以达到增大果粒的效果。分批进行抹梢，每果枝留1个果穗，亩蔬留2 500～3 000穗，产量控制在1 000千克左右为宜。为提高品质还应在果实软化期之前增施钾肥，并实施葡萄专用果袋的套袋措施。

10. 金手指　欧美杂种。原产地日本。是日本原田富一氏于1982年用美人指×Seneca杂交育成。以果实的色泽与形状命名为金手指，1997年引入我国，在山东、浙江等省进行引种栽培(彩图10)。

果穗中等大，长圆锥形，着粒松紧适度，平均穗重445克，最大980克，果粒长椭圆形至长形，黄白色，平均粒重7.5克，最大可达10克。每果含种子多为1～2粒，果粉厚，极美观，果皮薄，可剥离，可以带皮吃。含可溶性固形物21%，有浓郁的冰糖味和牛奶味，品质极上，商品性高。不易裂果，耐挤压，贮运性好，货架期长。

根系发达，生长势中庸偏旺，新梢较直立。始果期早，定植第二年结果株率达90%以上，结实力强，每亩产量1 500千克左右。三年生平均萌芽率85%，结果枝率98%，平均每果枝1.8个果穗。副梢结实力中等。在山东大泽山地区，该品种4月7日萌芽，5月23日开花，8月上中旬果实成熟，比巨峰早熟10天

左右，属中早熟品种。

抗寒性强，成熟枝条可耐－18℃左右的低温；抗病性强，按照巨峰系品种的常规防治方法即无病虫害发生；抗涝性、抗旱性均强，对土壤、环境要求不严格，全国各葡萄产区均可栽培。

适宜篱架、棚架栽培，特别适宜Y形架和小棚架栽培，长、中、短梢修剪。适宜大田和保护地栽培。管理上要合理调整负载量，防止结果过多影响品质和延迟成熟。由于含糖量高，应重视鸟、蜂的为害。

11. 金田玫瑰 欧亚种。河北科技师范学院和昌黎金田苗木有限公司合作育成，亲本为玫瑰香×红地球。2007年通过河北省林业局鉴定，与玫瑰香相比粒大穗大且含糖量高，同时具浓郁玫瑰香味，属中早熟品种。

每果枝2～3穗果，成熟时不落粒。果穗圆锥形，中等紧密，平均穗重608.0克。果粒圆形，平均单粒重7.9克，种子3～4粒。果皮紫红至暗紫红色，中等厚、韧。果粉中等厚，果肉中等脆，多汁，有浓郁玫瑰香味，可溶性固形物含量20.5%，味甜，品质上等。全株果穗及果粒成熟一致。在冀东地区，该品种4月13～15日萌芽，5月26～31日开花，8月14～22日成熟，从萌芽到浆果成熟124～131天。

适宜在新疆、河北、山东、辽宁等地栽培。棚架和篱架栽培均可，以中、短梢修剪为主。该品种丰产性强，应注意疏花疏果，控制产量在2 000千克/亩以下。

12. 丽红宝 欧亚种。山西省农业科学院果树研究所选育，亲本为瑰宝×无核白鸡心。1999年进行杂交，2009年9月通过山西省品种审定办公室组织的田间考察。

果穗圆锥形，穗形整齐，果穗中等大，平均穗重300克，最大穗重460克；果粒着生中等紧密，大小均匀，果粒形状为鸡心形，果粒大，平均粒重3.9克，最大可达5.6克；果皮紫红色，薄、韧；果肉脆，具玫瑰香味，味甜，无核，品质上等，可溶性固形物含量为19.4%。

生长势中等，在冬季修剪中宜中、长梢修剪相结合。2008年在育种圃对该品系进行产量调查，测定植株为根接后二年生树，每株平均产量3.77千克，每亩按300株计算，折合亩产1 131千克。

在山西晋中地区，该品种4月中旬萌芽，5月下旬开花，7月15日左右果实开始着色，7月下旬新梢开始成熟，8月下旬果实完全成熟，从萌芽到果实充分成熟需130天左右，属中熟无核葡萄新品种。

宜采用篱架栽培。整枝方式可采用单臂篱架多主蔓无主干扇形整枝方式，修剪时以中、长梢修剪为主，也可采用双臂篱架水平蔓整枝方式，两臂间距0.5米，架面1.8米，第一道铁丝距地面60厘米，其余3道铁丝间距40厘米，单行定植，双行水平式整枝。

该品种为无核品种，在栽培中需用激素处理来增大果粒，在花后1周应采用30毫克/千克奇宝处理1次，在果实上色前（山西晋中为6月上旬）需对果穗进行整穗、套袋，具体要求是将每个果穗上的小粒及不整齐部分疏除，同时对果穗进行顺穗整理并套袋。

葡萄春季出土后，要及时浇萌芽水，以利葡萄萌芽生长。在开花前（山西晋中为5月中下旬），结合浇水追施1次鸡粪（1米^3/亩）和磷酸二铵（15千克/亩）。在葡萄开花后，果粒黄豆粒大小时，结合浇果实膨大水，追施1次磷酸二铵（15千克/亩）。在果实初着色期，结合浇水追施1次磷酸二氢钾（15千克/亩），促进果实继续膨大着色和枝条成熟。果实采收后及时开沟施入有机肥，施肥量为3吨/亩。在葡萄修剪前后，适时浇灌越冬水。

13. 凉玉 欧亚种。原产地日本。1977年由花泽茂先生选育，1989年进行品种登录。江苏省张家港市神园葡萄科技有限

公司于2001年3月从日本引入我国。

果穗圆锥形，无副穗。果穗中等大，平均穗重375克，最大穗重462.5克。果粒着生紧密，果穗大小整齐。果粒尖卵形，黄绿色，着色一致，成熟一致。果粒中等大，平均粒重6克，经赤霉素两次处理后可得到5～6克的尖长卵形无核果。果粉厚。果肉软，汁多，果汁黄绿色。味甜，有香味。无小青粒。可溶性固形物含量为18%～19%。

植株生长势极强。隐芽萌发力中等。隐芽萌发的新梢结实力中等。在江苏张家港地区，该品种4月1～11日萌芽，5月15～25日开花，8月1～10日浆果成熟。从萌芽至浆果成熟所需天数为117～131天，此期间有效积温为2 522.8～2 838.9℃。浆果为早熟品种，抗病力强。

该品种果粒细长，黄绿色，光亮，果皮与果肉难分离，皮薄但有韧性，不易裂果，但易脱粒；果肉松软，多汁，有浓郁的香味，口感合适，品质上。植株生长势旺，抗病力强，易丰产，是适宜大面积栽培、品质优良的鲜食品种。

14. 辽峰　欧美杂种。辽阳市柳条寨镇赵铁英发现的巨峰芽变。2007年9月通过辽宁省种子管理局专家组审定，并命名为辽峰。

果穗圆锥形，有副穗，平均穗重600克，最大1 350克。果粒大，呈圆形或椭圆形，单粒重12克，成龄树单粒重14克，最大18克。果皮紫黑色，果粉厚，易着色，果肉与果皮易分离。果肉较硬，味甜适口，可溶性固形物含量为18%，每果粒含种子2～3粒。

树势强健，开花坐果性状与巨峰基本相同。

在辽宁省灯塔市，该品种5月1日左右萌芽，6月上旬始花，8月上旬开始着色，不用采取任何催熟措施，9月上中旬浆果充分成熟，属中熟品种。从萌芽至成熟约需132天，需有效积温为2 842℃，枝条开始成熟期为8月上旬，采收时新梢成熟节数为 8 节。

该品种树势强旺，叶片肥大，适合小棚架栽培，独龙干形整枝，主要为短梢修剪。栽植行株距 3.5～4.0 米×0.7～0.8 米。

花前少施氮肥，防止新梢徒长。开花前 3～5 天新梢摘心，花前 2～3 天除去副穗，掐穗尖，防止落花落果。合理进行疏粒，每果穗保留 40～50 粒。

该品种生长量大，丰产性好，喜肥水，与巨峰相比，要求更高的肥水条件。针对成熟较早的特点，应提前施用促进果实着色成熟的磷、钾肥。

15. 秋黑宝　欧亚种。山西省农业科学院果树研究所以瑰宝为母本，秋红为父本进行杂交。2009 年 9 月通过山西省品种审定委员会组织的田间考察。适宜在西北、华北地区推广种植。

果穗圆锥形，果穗长，重 437 克，最大可达 1 252 克；果粒着生中等紧密，大小均匀，果粒为短椭圆形或近圆形，大粒，单果重 7.13 克，最大可达 9.78 克；果皮紫黑色，较厚、韧，果皮与果肉不分离；果肉较软，味甜、具玫瑰香味，品质上等，可溶性固形物含量为 23.4%，每果粒含种子数 2～3 粒，种子大。

生长势中庸，在山西晋中地区，该品种 4 月中旬萌芽，5 月下旬开花，7 月下旬果实开始着色，7 月下旬新梢开始成熟，8 月下旬果实完全成熟，从萌芽到果实充分成熟需 130 天左右，属于中熟品种。

长势中庸，成花容易，对修剪反应不敏感，在栽培上宜采用篱架栽培。整枝方式宜采用单臂篱架多主蔓无主干扇形整枝方式，以中、短梢修剪为主。

萌芽率高，果枝比率大，结果系数高，每果枝平均果穗数达 1.60 个，成花容易，极易丰产，因此应根据各地气候、无霜期控制产量，晋南地区产量以 2 000 千克/亩为宜，晋中、太原地区以 1 500～1 750 千克/亩为宜，忻州、大同地区以 1 000～1 250千克/亩为宜，花序过多、产量过大会出现大小粒、成熟期

延后、枝条成熟度差等问题，因此必须控制产量。

在开花前应摘除花序的副穗及1、4、7小穗，在果实上色前（山西晋中为6月中旬）疏除每个果穗上的小粒及不整齐部分，然后对果穗进行顺穗整理套袋。

16. 瑞都脆霞 欧亚种。北京市农林科学院林业果树研究所育成，亲本为京秀×香妃。1998年进行杂交，2007年通过了北京市农作物品种审定委员会审定。

果穗圆锥形，无副穗和岐肩，平均单穗重408克，果粒着生中等或紧密。果粒椭圆形或近圆形，平均单粒重6.7克，最大单粒重9克。果粒大小较整齐一致，果皮紫红色，色泽一致。果皮薄较脆，稍有涩味。果粉薄，果肉脆、硬，酸甜多汁，可溶性固形物16.0%。有种子1～3粒，种子外表无横沟，长度中等，种脐稍可见。

树势中庸或稍旺，丰产性强。副芽、副梢结实力中等。在北京地区，该品种一般4月中旬萌芽，5月下旬开花，8月上旬果实成熟。果实生长期为110～120天。新梢8月中下旬开始成熟。抗病力较强，常年无特殊的敏感性病虫害和逆境伤害，栽培容易。

露地适栽区为华北、东北及西北地区。篱架栽培推荐使用规则扇形整枝，中、短梢相结合修剪；棚架栽培可使用龙干形整枝，短梢修剪。适当疏花疏果，控制产量，每穗留果粒60～70粒。果实转色后注意补充磷、钾肥并及时防治白腐病和炭疽病。

17. 瑞都香玉 欧亚种。北京市农林科学院林业果树研究所育成，亲本是京秀×香妃。1998年杂交，2007年通过了北京市农作物品种审定委员会审定。

果穗长圆锥形，有副穗或岐肩，平均单穗重432克，果粒着生较松。果粒椭圆形或卵圆形，平均单粒重6.3克，最大单粒重8克。果皮黄绿色，中薄，较脆，稍有涩味。果粉薄。果肉质地较脆，硬度中硬，酸甜多汁，有玫瑰香味，香味中等。可溶性固

形物 16.2%。有种子 3～4 粒，种子外表无横沟，长度中等，种脐稍可见。

树势中庸或稍旺，丰产性强，花序多着生在结果枝的第 2～7 节，副芽、副梢结实力中等。在北京地区，该品种一般 4 月中旬萌芽，5 月下旬开花，8 月中旬果实成熟。新梢 8 月中旬开始成熟。抗病力较强。

露地适栽区为华北、东北及西北地区。控制产量，合理密植，篱架栽培推荐使用规则扇形整枝，中、短梢结合修剪；棚架栽培时可使用龙干形整枝，以短梢修剪为主；注意提高结果部位，增加底部通风带，以减少病虫害发生。适当疏花疏果，每穗留果粒 70～80 粒为宜。果实套袋栽培，成熟期注意补充磷、钾肥并及时防治果实病害。常规埋土栽培条件下可安全越冬。

18. 申丰　欧美杂种。上海市农业科学院林木果树研究所育成，亲本为京亚×紫珍香。1995 年杂交，2006 年 11 月通过上海市农作物品种审定委员会审定并定名。

果穗圆柱形，平均穗重 400 克，最大穗重 600 克，果粒着生中等紧密。果粒椭圆，平均粒重 8.0 克，最大 11.3 克；果皮中厚、紫黑色，着色匀称，果粉中等多。果肉软，肉质致密，可溶性固形物含量 14%～16%，品质优，挂果时间长，不裂果。

树势中庸。花序多着生于结果枝的第 3～4 节。坐果率高，丰产性强，浆果容易上色，不易裂果和脱粒，抗病性与巨峰相似。早果性强，定植第二年的植株即可大量结果。在上海地区，该品种 3 月 15 日左右开始萌芽，5 月 13 日左右开花，7 月上旬果实开始上色，8 月上旬完全成熟。从萌芽到浆果成熟期需要 135～145 天，属中熟品种。

申丰与巨峰相比，其果穗和果粒大小整齐，坐果性能良好，着色容易且色泽匀称，外观漂亮，成熟期略早，具有较强的商品价值，栽培省力，可以弥补巨峰葡萄坐果不稳定、上色难的不

足，综合性状评价超过巨峰。

露地和设施栽培均可。棚架或篱棚架栽培，中、长梢修剪为主。控产优质栽培，疏花，每果枝留 1 个果穗，产量控制在 1 250千克/亩左右。套袋栽培。浆果转色前适当增施钾肥。在南方地区需加强对黑痘病、炭疽病、霜霉病等的防治。设施栽培时加强对白粉病和灰霉病的防治。

19. 霞光 欧美杂种。河北省农林科学院昌黎果树研究所育成。2001 年利用二倍体品种玫瑰香作母本，四倍体品种京亚作父本进行杂交，2009 年通过河北省品种审定委员会审定。

果粒近圆形，平均粒重 12.5 克，最大 18.5 克。果实为紫黑色，色泽美观；果肉较脆，克服了巨峰品种果肉软的缺点；口感甜，具有中等草莓香味，可溶性固形物含量平均达 17.8%，最高达 19.5%。果穗整齐度高，一般果穗重为 500～800 克。

萌芽率高，结实力强，结果系数高；副梢的结实力极强，容易结二次果，副梢的结果枝比率达 80%以上，该品种丰产性强，结果早，产量高。果实坐果率高，克服了巨峰品种坐果率低的缺点。植株生长健壮，二年生开始结果，四年生平均亩产达 1 918.8千克。在河北昌黎地区 8 月下旬成熟。

该品种生长势较强，年生长量大，可采用篱架或小棚架栽培。冬季修剪以中、长梢修剪为主。因该品种副梢易萌发，应注意疏芽、抹梢和副梢摘心，以利通风透光。

因该品种丰产性强，需加强肥水管理。抗病性与巨峰相近，在多雨年份应提早喷波尔多液预防，为防止葡萄灰霉病的发生，在花前和花后应喷布 50%多菌灵 1 000 倍液＋50%甲基托布津 800 倍液 1～2 次。坐果后应根据病害发生情况，采用保护剂和杀菌剂交替用药。

该品种产量高，为保证果实质量，应控制产量，一般要求亩产 1 500～1 600 千克。果穗选留按“强二壮一弱不留”的原则，即前端旺枝，可酌留 2 个穗，壮枝留 1 穗，弱枝、培养枝不留果穗。

该品种适宜套袋栽培，可以防病害、虫害、鸟害、污染等。一般在花后 25 天，对果穗整形和疏粒，果粒为黄豆大时套袋为宜。套袋前，全园均匀喷布 1 遍杀菌剂，特别是果穗要喷匀周到。纸袋可选用白色纸袋，药液晾干后开始套袋。在采收前 10 天左右去袋。

20. 新葡 6 号　别名紫霞。欧亚种。新疆葡萄瓜果开发研究中心选育。亲本为 E42－6（红地球实生）×里扎马特。1991 年杂交，2005 年通过了新疆维吾尔自治区农作物品种登记委员会登记。在吐鲁番地区和新疆其他地区有栽培。

果穗圆锥形或分支形，较大，平均穗重 600 克，果粒着生较松散，果粒大，倒卵圆形，单粒重 8～10 克，紫黑色，果粉薄，果皮较薄，肉质较脆，果皮与果肉不易分离，每果含种子 3～4 粒。果梗中等长，果刷抗拉力较强，风味酸甜适口，可溶性固形物含量可达 18%以上。无香味，品质佳，种子与果肉易于分离。

植株生长势较强。果穗多着生于结果枝的 4～6 节，隐芽萌发力较强，隐芽萌发的新梢和副梢结实力弱，果实成熟期较一致。在新疆鄯善地区，该品种 4 月中旬萌芽，5 月中旬开花，7 月上旬果实开始成熟，8 月上中旬果实完全成熟，从开花至浆果完全成熟约需 85 天，从萌芽至浆果完全成熟所需天数为 115 天，正常结果树一般可产果 2 000 千克/亩。此期间有效积温为 2 700℃，7 月中旬新梢开始成熟，枝条成熟度好。

该品种在新疆应选择土壤条件较好的地块栽培，以棚架为宜，株行距 1.3 米×5 米为宜。定植前开沟施肥，沟宽 0.8 米，深 0.8 米，分层施入有机肥。选用粗壮的苗木春季定植，栽好后浇透水，可采用地膜覆盖。苗木种好后及时搭架、引缚绑蔓，选留 2～3 个主蔓（每个主蔓有 0.5～0.6 米空间），主蔓长到 1 米左右时可进行摘心处理，副梢留 5 片叶摘心。

萌芽前株施磷酸二铵150克，可根据长势适量加入尿素，幼果膨大前株施葡萄专用肥（氮磷钾三元复合肥）300克，幼果迅速膨大期可喷磷酸二氢钾等叶面肥1次，果实成熟期喷2次，果实采收后立即施入基肥，施牛、羊粪等有机肥2 500千克/亩。开墩后应及时浇足开墩水，5月10日左右葡萄开花前浇花前水，5月底6月初浇幼果膨大水，以上可与追肥结合进行，从6月中下旬到7月中旬2个月是高温时期，缺水对葡萄生长结果影响极大，应根据气候、土壤情况及时浇水，7月中旬后，要控制浇水次数和浇水量，以利于果实着色和枝条成熟，埋墩前要浇透埋墩水。

成龄树阶段以保持一条龙树形为主，架面不满的注意培养主蔓延长枝，当主蔓出现受伤、老化等情况时注意培养更新蔓。冬季修剪时，以短、中梢修剪为主，注意留预备枝，每个主蔓留7～9个结果母枝即可。要加强夏季修剪工作，首先萌芽后及时抹去双芽、过弱芽，新梢长出后，留好需要的营养枝及结果枝，去除过多枝条，新梢长到一定长度时要及时摘心，一般营养枝留7片叶摘心，结果枝留9片叶摘心。摘心后基部副梢一般去除，留顶部2个副梢，并采取留2～3片叶连续摘心方法处理。8月上旬以后，要注意去除枝条基部老化的叶片和顶部的过多副梢，打开空间，通风透光，以利于果实着色。

21. 园野香　欧亚种。张家港市神园葡萄科技有限公司育成，亲本为矢富罗莎×高千穗。2000年杂交，2010年3月通过江苏省果茶花品种鉴定专业委员会鉴定，命名为园野香。

果穗圆锥形，中等大，大小整齐，平均穗重450克。果粒着生较松。果粒弯椭圆形，紫红色，粒大，平均粒重6.44克，最大粒重8.0克。果粉薄，果皮厚。果肉硬脆，有较浓的玫瑰香味。每果粒含种子2～4粒。可溶性固形物为17%～18%。鲜食品质上等。

植株生长势强。隐芽萌发力中等。芽眼萌发率95%，成枝率90%，枝条成熟度中等。每果枝平均着生果穗数1.9个。隐芽萌发的新梢结实力中等。在江苏张家港地区，该品种3月27日至4月3日萌芽，5月13～20日开花，8月20日浆果开始成熟，属中熟品种。

该品种生长势很强，花芽分化好；抗病力较强，易栽培。年降雨量在600毫米以上地区，宜采用大棚避雨栽培。

22. 月光无核　欧美杂种。河北省农林科学院昌黎果树研究所育成。母本为玫瑰香，父本为巨峰，1991年进行杂交，2009年底通过河北省农作物品种审定委员会审定。

一般果穗重为500～800克，果实为紫黑色，色泽美观，果实着色能力极强，果穗果粒着色均匀一致。果肉较脆，口感甜至极甜，具有中等草莓香味，可溶性固形物含量平均达19.5%，最高达21.9%。果粒近圆形，经昌果牌葡萄膨大素处理，平均单粒重9.0克，最大15.0克。果穗整齐度高。

结实力极强，结果系数极高，副梢的结实力强，容易结二次果，副梢的结果枝比率达70%以上。具有早结果、早丰产的突出优良特性，定植后2年开始结果，3年亩产1 385.8千克，4年亩产2 025.4千克，5年亩产2 185.3千克，3～5年平均亩产为1 865.5千克。在河北昌黎8月下旬成熟，对葡萄的主要病害抗性较强，如对霜霉病、白腐病、炭疽病的抗性超过夏黑，与巨峰相似。抗逆性强，生长势强，根系发达，直根性较强，对土壤类型要求不严格，适宜在沙质土上栽植，抗旱性较强。

该品种生长势强，年生长量大，可采用小棚架或篱架种植。小棚架株距0.8～1.0米，行距4.0米，每亩栽植167～208株为宜；篱架栽培，株距0.6～0.8米，行距2.2～2.5米，每亩栽植333～378株为宜。每株留1～2个主蔓，冬季修剪以中、长梢修剪为主。因该品种副梢易萌发，应注意疏芽、抹梢和副梢摘心，以利通风透光。

因该品种丰产性强，加强肥水管理。苗木定植时需挖宽1

米、深0.8米的定植沟，亩施优质基肥4 000～5 000千克，过磷酸钙60～100千克。追肥应注意氮、磷、钾肥比例，因其生长势强，生长中后期以磷、钾肥为主，注意叶面喷肥，7～9月份应施磷酸二氢钾3～5次，促进枝条充分成熟和果实上色成熟。

该品种抗病性与巨峰相近，在多雨年份应提早喷波尔多液预防，为防止葡萄灰霉病的发生，在花前和花后应喷布50%多菌灵1 000倍液+50%甲基托布津800倍液1～2次。坐果后应根据病害发生情况，采用保护剂和杀菌剂交替用药。

该品种产量高，为保证果实质量，应控制产量，一般要求亩产1 600～1 800千克。果穗选留按“强二壮一弱不留”的原则，即前端旺枝，可酌留2个穗，壮枝留1穗，弱枝、培养枝不留果穗。

该品种非常适宜套袋栽培，可以防病害、虫害、鸟害、污染等。一般在花后25天，对果穗整形和疏粒，果粒为黄豆大时套袋为宜。套袋前，全园均匀喷布1遍杀菌剂，特别是果穗要喷匀周到。纸袋可选用白色纸袋，药液晾干后开始套袋。该品种在散射光条件下容易着色，每个果粒在果袋内可完全充分着色，为紫黑色，着色均匀一致，在采收之前不必去袋，可带袋采收和带袋贮藏，避免了果穗除袋后的二次污染，大大提升了该品种的产品安全、商品价值和市场竞争力。

23. 着色香　欧美杂种。辽宁省盐碱地利用研究所育成。是1961年从玫瑰露×罗也尔玫瑰杂交后代中选育出的鲜食、制汁兼用型葡萄新品种。2009年8月通过新品种审定。

果穗圆柱形，有副穗。平均穗重175克，大穗重250克；果粒椭圆形，平均果粒重5克，经无核处理后可达6～7克。果皮紫红色，果粉中多，皮薄；果肉软，稍有肉囊，极甜，可溶性固形物含量18%，可滴定酸含量0.55%，有浓郁的草莓香味，品质上等。出汁率78%。

该品种树势强健，萌芽率高，结果枝率高。定植后2年见果，4 年丰产，亩产 1 000 千克左右，稳产性好。该品种为雌能花品种，栽培上需配置授粉树，无核化栽培效果更好。该品种在辽宁盘锦地区，4 月下旬萌芽，6 月上旬开花，8 月下旬成熟，果实发育期 120 天左右，属早中熟品种。

该品种耐盐碱，抗寒性较强，抗黑痘病、白腐病和霜霉病，不裂果，有小青粒现象。

24. 醉人香　欧美杂种。甘肃省农业科学院果树研究所利用杂交方法选育，亲本为巨峰×卡氏玫瑰。从 20 世纪 80 年代中期开始选育，2009 年 1 月通过甘肃省农作物品种审定委员会审定。

果穗圆锥形，穗长 20～25 厘米，宽 10 厘米左右，果粒着生中等紧密。果粒卵圆形，平均单粒重 9 克，最大单粒重 11 克。果皮中厚，易剥离，果皮淡玫瑰红，肉软，肉囊黄绿色，多汁，浓甜爽口，可溶性固形物含量 18％～23％，具有浓郁的玫瑰香、草莓香兼酒香味，品质极佳。种子 2～3 粒，呈鸭梨形。

该品种在兰州地区 4 月 18 日左右萌芽，4 月 25 日左右展叶，5 月 25 日左右开花，8 月 25 日左右成熟，10 月下旬落叶。从萌芽至成熟需 129 天左右。

栽植醉人香葡萄首先要满足年≥10℃的活动积温接近或达到 2 800℃的气候条件，其次要选择有机质多、通气性好、保水理想的壤土。园地最好建在背风向阳的缓坡地或梯田地，这样光照好，空气流通，昼夜温差大，所产的葡萄病害少，着色佳，含糖量高，香味浓郁，能充分表现醉人香优质、丰产特性。

生产中主要病害有白粉病、白腐病、黑痘病、霜霉病、褐斑病、根癌病、毛毡病等，病毒病以卷叶病、扇叶病最为常见，虫害有金龟子、地老虎、斑衣蜡蝉、葡萄短须螨等，应及时防治。一般年份主要在萌芽期喷 2～3 波美度石硫合剂，7～8 月多雨发病季节喷布多菌灵或 25％粉锈宁 1 500 倍液 1～2 次，对控制白粉病有效。经常清扫葡萄园，及时剪除干枯枝、病虫枝均可收到预防病虫的良好效果。

（三）晚熟品种

1. 红地球　又名晚红、红提、大红球、全球红。由美国加州大学于 1980 年育成发表，欧亚种，二倍体。1987 年引入我国（彩图 11）。

果穗长圆锥形，平均穗重 1 200 克，果粒圆球形或卵圆形，平均粒重 16 克（在控制产量的前提下），无明显大小粒现象。着生松紧适度。果皮稍薄或中等厚，多为暗紫红色。在西北地区能达到紫红色或红色。果皮与果肉紧连。果肉硬脆，味甜，品质极佳。极耐贮运。在辽宁锦州地区，8 月初果实开始着色，10 月初果实成熟。在陕西西安地区，7 月下旬果实开始着色，9 月中下旬果实成熟。

幼树树势中等，新梢易贪青，成熟稍晚，3 年以后生长势转强，副梢旺盛，顶端优势明显。栽后当年不易形成花芽，第二年开花株率不高，开始少量结果。篱架第三、四年进入盛果期。果实大小与产量多少、树体营养、肥水条件直接有关，丰产期亩产控制在 1 500 千克左右，单粒重可以超过 15 克。亩产超过 3 000 千克单粒重大大减少。果实着色早，易着色，松散型果穗，可全面着色，果实成熟期不裂果。

抗寒性中等，抗旱性较强，无雨或少雨地区，只要能正常灌水，生长和结果都很正常。炎热季节要注意防止果实日灼病的发生。红地球抗病性稍弱，要注意提前预防黑痘病、霜霉病、白腐病、炭疽病。

采用单干双臂或高宽垂整形，采用棚架栽培独龙干整枝或双龙干整枝，修剪以中、长梢修剪为主。

该品种要求肥水充足，栽植前应施足底肥，追肥原则是前期以氮肥为主，后期以磷、钾肥为主。主要病害有黑痘病、霜霉病等。

2. 瑞必尔　欧亚种，来自美国。果穗圆锥形，平均果穗重

500克，穗形紧凑，果粒中大，平均单果重7克，卵圆形，蓝黑色，果皮厚，果粉厚，灰白色，果肉肥厚较脆，酸甜适口，味浓、品质中下，种子较大。果实耐贮运。郑州地区9月中旬果实成熟。

树势强壮，很丰产，结实力高。定植后2年挂果，3年丰产。自然情况下，二次果很多且能正常成熟，抗病性较强，耐寒，生长期间毛毡病较重。宜采用“单干双臂”整形。单穗控制在500～750克。易感黑痘病。重视秋施基肥，重视磷、钾肥，生长季注意补充微肥。

3. 黑大粒　欧亚种，来自美国。果穗圆锥形，平均果穗重1 000克，穗形很不紧凑，果粒极大，平均单果重11克，卵圆形，紫黑色，果皮厚，果粉厚，灰白色，果肉肥厚较脆，味较甜，无香味，种子较大，与果肉分离。果实耐贮运。郑州地区9月中旬果实成熟。

树势强壮，很丰产，结实力高。定植后2年挂果，3年丰产。

4. 秋黑　欧亚种，原产美国。1988年引入我国。

果穗长圆锥形，平均果穗重720克，果粒着生紧密。果粒阔卵圆形，平均粒重10克，蓝黑色，果皮厚，果粉厚，灰白色。果肉硬而脆，味酸甜适口，品质佳。果实极耐贮运。郑州地区9月中旬果实成熟。

株产与单位面积产量与秋红、晚红品种相近。适于小棚架栽培和中短梢混合修剪。抗病性较强。是当前晚熟穗大、粒大、优质、色艳、耐贮运的优良品种之一。

5. 红意大利　又名奥山红宝石，属欧亚种。是日本在意大利（比欧×玫瑰香）品种上发现的红色芽变。1984年登记注册，1985年引入我国。

果穗圆锥形，平均果穗重650克，果粒着生中密。果粒短椭圆形，平均果粒重11.5克，果粒较整齐。果皮鲜红至紫红色，

果粉少，皮薄而韧，肉细甜而清香，有玫瑰香味，品质极佳。在辽西地区10月上旬成熟，在北京、山东平度、河北徐水等地区是9月下旬成熟。适宜在我国东北南部、华北、西北和西南部分地区发展。郑州地区9月中旬果实成熟。

在生产中多采用小棚架或高篱架式，树形双龙干和无主干多主蔓自由扇形树形。冬剪时均以中梢为主，中、长梢配合修剪方法比较适宜。因要求肥水条件较高，每年秋季每株至少施有机肥100～200千克，后期要追施磷、钾肥和微肥。负载量每亩控制在2 000千克为宜。该品种是当前大粒、红色、香甜、丰产、耐贮运的优良、晚熟鲜食品种之一。

6. 夕阳红 四倍体欧美杂交种。是辽宁省农业科学园艺所用沈阳玫瑰（玫瑰香芽变）与巨峰杂交育成。1993年通过品种鉴定。

果穗长圆锥形，平均穗重850克，果粒着生紧密。果粒椭圆形，平均粒重11.5克，果粒较整齐。果皮暗红至紫红色，中厚而韧，附有少量果粉。果肉软硬适度，汁多，有浓玫瑰香味，香甜适口，品质极上。坐果率高。极丰产。副梢结实能力强，易获得二次果。果实成熟一致，无落果、落粒。果实耐贮运。在辽宁沈阳和辽西地区，9月下旬成熟。

树势强壮，适应性强，抗病性较强与巨峰相似。适宜小棚架或高篱架式，采用无主干多主蔓自由扇形树形和中、短梢修剪。可以在我国葡萄栽培适宜和次适宜地区推广和南方试栽区试种。喜肥水、亩产要控制在2 000千克以内，产量过多或采收过晚影响着色和品质。该品种是当前晚熟品种中最抗病、有浓香味、丰产、耐贮运的鲜食品种。

7. 黑玫瑰 欧亚种，美国培育。果穗大，平均穗重750克，穗形紧凑，果粒大，黑紫色，长椭圆形，果皮厚而韧，果粉较厚，灰白色。果肉肥厚较脆，酸甜适口。味浓，种子较大，耐贮运，品质中上等，该品种上色不齐。在辽宁沈阳和辽西地区，9

月下旬成熟。

树势强壮，生长旺盛，丰产性好。对土质、肥水要求不严，穗大、粒大，外形美观。生长期间易得日灼病，近成熟时易发生裂果。

8. 红乳　欧亚种。原产地日本，亲本不详。河北爱博欣农业有限公司于2000年引自日本植原葡萄研究所。因该品种外观奇特，品质极佳，鲜葡萄上市正赶上中秋、国庆双节，故售价较高。

穗形紧凑，穗重500～750克。果粒细长且果顶极尖，单粒重9～11克。每果含种子多为1～2粒。果皮薄。果肉硬、脆，极甜，清香爽口，风味佳，品质优。不裂果，不脱粒，成熟后在树上挂果1个月不脱不落。

在河北保定地区，该品种4月初开始萌芽，5月中旬开花，国庆、中秋时节即可上市。该品种结果期早，定植后第二年开始结果，第三年丰产。成树树势旺，萌芽率90%，结果枝率95%，坐果率高，丰产、稳产。为生产高质量、高品质商品果，每亩产量应控制在2 000～2 500千克。

该品种抗病性强；成熟枝条较耐低温，抗寒性强，在河北保定地区覆少量土即可越冬；适合北方多数地区及南方高温多雨地区栽培，适应性强。

整穗疏粒，合理负载。该品种穗形紧凑，应注意疏除病果、小粒果和过密果。产量较高，应注意合理负载，做到弱枝不留果。

冬剪时结果枝粗度不应小于0.8厘米，留枝量根据栽植密度来定，可采用短梢修剪或中、短梢修剪，也可用长、中、短梢结合修剪。北方地区一般在冬剪后，土壤封冻前10～15天进行埋土防寒。抗病性强，病虫害防治可参照巨峰葡萄进行。另外，利用果穗套袋能有效减少病虫及鸟害，提高果实品质，建议进行套袋生产。

9. 金田 0608 欧亚种。河北科技师范学院和昌黎金田苗木有限公司合作育成，2000 年以秋黑葡萄作母本，牛奶葡萄作父本进行有性杂交选育而成。2007 年通过河北省林业局组织的技术鉴定。

植株生长势中庸，萌芽率高，副芽结实力强。第一花序着生在 3～4 节。每果枝果穗数 1～2 穗。全株果穗及果粒成熟一致，成熟时不落粒。

果穗圆锥形，有歧肩，有副穗，果粒着生中等紧密，平均穗重 905.0 克。果粒鸡心形，平均单粒重 8.3 克。果皮紫黑色，着色一致。果粉和果皮厚度中等，果皮韧。果肉较脆，有清香味。含糖量高是其突出特点，可溶性固形物含量高达 22.0%，味甜，品质上等。在冀东地区，该品种 4 月 13～16 日开始萌芽，6 月 1～2 日进入始花期，9 月 24～28 日成熟。从萌芽到浆果成熟需 161～165 天，属极晚熟品种。

适宜在新疆、河北、山东、辽宁等地栽培。棚架和篱架栽培均可，以中、短梢修剪为主。注意疏花疏果，产量控制在 2 000 千克/亩以下。适时采收，以保证浆果充分成熟。

10. 圣诞玫瑰 又名秋红，欧亚种。原产美国。1987 年引入我国（彩图 12）。

果穗大，平均穗重 500 克，圆锥形，穗形紧凑。果粒大，红紫色，倒卵圆形，果皮厚，果粉较厚，灰白色，果肉脆，果实味甜，品质极佳。在河北怀来 8 月下旬着色，10 月上中旬成熟。

该品种生长势中等。较丰产，三年生亩产可达 520 千克。抗病性较强，耐寒。对土质、肥水要求不严，果实皮厚，肉脆，风味极好，耐贮运，是很理想的晚熟鲜食品种，可推广发展。

11. 美人指 欧亚种。日本品种，于 1988 年选出（彩图 13）。

果穗中等大，长圆锥形，穗重 300～750 克。果粒极大，平均粒重 15 克。果形特别，呈指形，先端紫红色，基部为淡黄色至淡紫色。果肉脆甜爽口，品质极好，耐贮运。在郑州9月上中旬果实成熟，属极晚熟品种。

新梢长势粗壮，直立性强，易旺长，枝条不易老化，易感染蔓割病。本品种篱架、棚架栽培均可，适合中、长梢修剪，注意防病，少施氮肥，多施磷、钾肥。注意果实套袋，提高果实的商品性。

12. 金田红　欧亚种。河北科技师范学院和昌黎金田苗木有限公司合作育成，亲本是玫瑰香×红地球。2007年通过河北省林业局鉴定。

果穗圆锥形，单歧肩，有副穗，果穗大、长，穗梗极长，果穗中等紧密，单穗重799.0克。果粒卵圆形，平均单粒重10.1克，极重。着色整齐，横断面圆形。果皮紫红色，皮色一致，果粉中等，厚度中等，果皮韧，无涩味。果肉脆、多汁，有中等玫瑰香味。可溶性固形物含量达20.0%。

植株生长势中庸，萌芽率高，结果枝百分率、每果枝果穗数中等，副芽萌芽力中弱，副芽结实率力表现为中强，全株果穗成熟及果粒成熟表现一致，成熟后无落粒现象。

在河北昌黎地区，该品种4月16日开始萌芽，5月31日为始花期，9月23日成熟。从萌芽到浆果成熟需157天，属晚熟品系。

该品种适宜在新疆、河北、山东、辽宁等地栽培。棚架和篱架栽培均可，长、中、短梢混合修剪为主，产量在2 000千克/亩以下为宜。

13. 蜜红葡萄　欧美杂种。大连市农业科学研究院育成，亲本是沈阳玫瑰×黑奥林。1992年杂交，2002年通过辽宁省品种审定委员会审定并定名。

果穗为圆锥形，果穗大，有副穗，平均穗重545克，最大穗重950克。果粒大，短椭圆形，平均粒重8.3克，最大粒重9.5克，果粒着生紧密，大小整齐均匀，果皮鲜红色，着色好，果皮

中等厚，软肉多汁，甜酸适口，果粉多，果肉与种子易分离，无肉囊，有蜂蜜的清香味，品质上等。可溶性固形物17%～20%，每果粒有种子2～3粒，种子中等大，种子褐色，果实成熟后不裂果，不脱粒，耐贮运。

树势生长旺盛，花序多着生在第四节上。平均坐果率为41.1%。在大连地区，该品种4月中旬萌芽，6月初始花，7月下旬果实开始着色，9月中旬浆果充分成熟，比巨峰晚10天左右，属于晚熟品种。果实成熟一致，7月下旬枝条开始成熟，11月上旬开始落叶。

该品种抗病性极强，对葡萄黑痘病、炭疽病、霜霉病的抗性极强。适应性较强，结果早，丰产性好。

该品种花芽多，坐果率高，要及时疏花蔬果。花前1周疏去小穗、副穗，掐去穗尖；果粒长到黄豆粒大小时疏果，疏去小果、畸形果、病果、伤果，每穗果粒保持在70～80粒，疏果后进行套袋。

生长期需水量大，春季出土时、初果期、浆果膨大期都需灌水，水量不足，易导致果粒小、果品质量差。在果实采收后，也应灌1次水，此时缺水可导致早期落叶。灌水结合施肥同时进行，萌芽前和浆果膨大期追施磷酸二铵或葡萄专用肥每亩施40～50千克或尿素30千克，浆果着色前1个月，追施钙镁锌复合肥，提高果品品质。秋季施腐熟的鸡粪或猪粪每亩5 000千克。同时该品种对产量敏感，产量过高，影响浆果着色及果品品质，应控制在1 500～2 000千克/亩。

14. 秋红宝　欧亚种。山西省农业科学院育成，亲本为瑰宝×粉红太妃。2007年3月通过山西省农作物品种审定委员会审定。适宜在我国华北、西北地区推广。

果穗圆锥形双歧肩，平均穗重508克，最大700克；果粒着生紧密，大小均匀，果粒为短椭圆形，粒中大，平均粒重7.1克，最大9克；果皮紫红色，薄、脆，果皮与果肉不分离；果肉致密硬脆，味甜、爽口、具荔枝香味，风味独特，品质上等，可溶性固形物含量为21.8%，每果粒种子数2～6粒，一般为2～3粒，种子较小。

生长势强，通过精细管理，秋季枝条可长1.0～1.2米，成熟枝条中部粗度0.8厘米以上，第二年结果株率达91.7%，二年生植株每亩产量1 000～1 250千克，三年生可达1 500～1 750千克。

在山西晋中地区，该品种4月上中旬萌芽，5月下旬开花，7月23日左右果实开始着色，9月中下旬果实完全成熟。从萌芽到果实充分成熟需150天左右，新梢开始成熟期为7月18日左右。

经区域试验表明，该品种生长势强旺、生长量大、早果丰产、品质优良、较抗病，采取常规的病害防治措施，未发生过严重葡萄病害。

建园应选择地势高燥、通风透光良好的地块。采用篱架式，株行距宜选择1.5米×2.3～2.5米，龙干形整枝小棚架株行距宜选择0.8～1米×4～5米。

丰产性强，应根据各地气候、热量状况严格控制产量，产量过大会出现大小粒现象，一般以每亩产1 250～2 000千克为宜。该品种花序坐果率高，果粒着生紧密，生产上必须进行疏花整穗。果实套袋在6月20之前进行，套袋前应喷布福星和施佳乐混合液1次，以防治果实白腐病和灰霉病。

葡萄出土后浇水需配施尿素（每亩施20～30千克）；花前、花后浇水配施磷酸二铵（每亩施15～20千克）；果粒开始着色时浇水配施磷酸二氢钾或硫酸钾（每亩施20千克）；果实采收后要及时施入有机肥。

15. 瑞锋无核　欧美杂种。北京市农林科学院林业果树研究所育成，为先锋芽变。1993年发现，2004年通过了北京市农作物品种审定委员会的审定并定名推广。

果穗圆锥形，自然状态下果穗松散，平均重 200～300 克，平均果粒重 4.93 克。果粒近圆形，果皮蓝黑色，果肉软，可溶性固性物含量 17.93%；无核或有残核，个别果粒有 1 粒种子，平均无核率 98.08%。用赤霉素处理后坐果率明显提高，果穗紧，平均重 753.27 克，最大 1 065 克；果粒平均重达 11.19 克，最大 23 克；果粉厚，果皮韧，紫红色至红紫色，中等厚，无涩味；果肉较硬，较脆，多汁；风味酸甜，略有草莓香味，可溶性固形物含量为 16%～18%，无籽率 100%。果实不裂果。

树势较强，第一花序多着生在结果枝的第 3～5 节。丰产性强。在北京地区，该品种 4 月中旬开始萌芽，5 月下旬开始开花，7 月中下旬果实开始着色，9 月中旬果实完全成熟。从萌芽至果实成熟需要大约 150 天，此间的活动积温约 3 300℃，属中晚熟品种。抗病力强，抗旱、抗寒能力中等，易于栽培。

该品种对赤霉素敏感，处理后果皮颜色变浅，可溶性固性物含量略有下降，但肉质变硬，含酸量也降低，口感甜，表现为大粒、无核、优质。栽培上注意加强肥水管理，培养强旺树势，后期多补充磷、钾肥，以利枝条成熟充实。棚架、篱架栽培均可，长、中、短梢混合修剪。花前在果穗以上留 5～8 片叶摘心。盛花后 3～5 天和 10～15 天用赤霉素等果实膨大剂处理两次。坐果后进行果穗整理，每果穗留果 50～60 粒较合理。

16. 特丽奇 别名格拉卡。欧亚种，原产罗马尼亚。由罗马尼亚格拉卡葡萄试验站杂交育成，亲本为比坎×保尔加尔。1979 年发表，1996 年春由河北省农林科学院昌黎果树研究所从布加勒斯特农业大学引入我国。

果穗极大，长圆锥形，平均穗重 850 克，最大可达 2 100 克，松紧适度；果粒极大，椭圆形，平均粒重 11.0 克，最大 18 克；果皮薄，黄绿色，果粉中厚；果肉硬度中等，果肉与种子易分离，每果粒含种子 1～3 粒。味甜爽口，稍有玫瑰香味，可溶性固形物含量 17%，品质优良。

植株生长势中等，在河北昌黎地区，该品种 4 月 16 日萌芽，5 月 28 日始花，9 月下旬果实充分成熟。该品种结实力强，每结果枝平均果穗数 1.56 个，极丰产。抗病性中等，果实耐贮运。

该品种生长势中等，棚架或篱架栽培均可，适宜中、短梢修剪。因该品种果穗、果粒极大，应严格控制产量，每亩产 1 500～1 700 千克为宜。营养枝和结果枝比例为 2∶1；注意果穗整形，花前疏除副穗及以下 2～3 个分枝，摘去 1/4 穗尖，保证标准穗重在 750 克左右。加强肥水管理，中后期增施磷、钾肥；注意霜霉病、白腐病等病害的综合防治。

17. 香悦　欧美杂种。辽宁省农业科学院园艺所选育，亲本是沈阳玫瑰×紫香水芽变。1981 年杂交，2004 年 9 月通过了辽宁省种子局组织的专家现场鉴定，2005 年 3 月登记备案(彩图 14)。

果穗圆锥形，穗紧，平均穗重 620.6 克，最大穗重 1 090.5 克；果粒圆球形，平均粒重 11 克，果粒大小整齐；果皮蓝黑色，果皮厚，果粉多。果肉细致，无肉囊，果肉软硬适中，汁多，有浓郁桂花香味，含可溶性固形物 16%～17%，品质上。每果粒含种子 1～3 粒，种子与果肉易分离，无小青粒。不裂果，不脱粒，耐贮运。

副梢结实力强，定植后第二年即可开花结果，平均株产 4.2 千克，产量可达 583.6 千克/亩；第三年产量可达 1 300 千克/亩，第四年可产 1 800 千克/亩。

在辽宁沈阳地区，该品种 5 月初萌芽，8 月上旬，果实开始成熟，9 月上旬为浆果充分成熟期。枝条开始成熟期为 8 月中旬，果实采收时枝条成熟 6 节左右。从萌芽至果实充分成熟需要 127 天左右，相同条件下巨峰果实充分成熟需 138 天左右。

在正常田间管理防治条件下，以对辽宁省葡萄生产威胁最大的霜霉病、白腐病两个病害为重点，于发病盛期进行植株感病调查，该品种对霜霉病、白腐病的抗病力强于巨峰。

定植时直径小于 0.7 厘米粗度的苗木采用单株单蔓，超过 0.7 厘米的苗木采用单株双蔓。苗木过粗采用单株单蔓，定植当年容易徒长，影响枝条成熟长度，使树势越来越旺，影响开花坐果。适宜棚架和棚篱架栽培，株距单株单蔓为 0.6～0.7 米、单株双蔓为 1.2～1.4 米，行距为 3～4 米。宜采用短梢修剪。

该品种坐果率极高，结果枝、营养枝摘心在花后 7～10 天完成，摘心过早，坐果率太高，导致果粒相互挤压变形。幼树控制徒长，定植当年控制氮肥，少施氮肥。待结果后，再依树势施用氮肥。采用秋季开沟施农家肥为最好，首选是猪粪，其次是鸡粪，鸡粪应腐熟并拌有机质施用。生长季应增施钾肥，适当施入磷肥和微肥，以促进枝条充分成熟，确保连年丰产、稳产。产量应控制在 1 500 千克/亩，单枝单穗，达到优质果标准。

该品种高抗霜霉病、白腐病、黑痘病，春、秋两季休眠期各喷布 1 次石硫合剂，生长季喷布 2～3 次波尔多液。如无条件喷布波尔多液，可在生长季喷布 2～3 次杀菌剂。

18. 中秋 欧美杂种。河北农业大学育成，是从巨峰玫瑰（巨峰×四倍体玫瑰香杂交选育）实生后代中选出的四倍体新品种，并在河北张家口、石家庄等地进行区试。2006 年底通过了河北省林木品种审定委员会的审定。

果穗双歧肩圆锥形，平均穗重 500 克，最大穗重 1 300 克，果粒着生中等紧密，果粒圆形，平均单粒重 12 克，最大果重 16 克，果皮中厚，深紫色，果肉较硬，适口性好，果肉与种子易分离，种子数 1～3 粒，无明显肉囊，具玫瑰香味，可溶型固形物含量 17.2%，余味香甜，风味品质极佳。不易落粒，耐贮藏运输，果实抗性强，树挂时间长，果实成熟后可留树保鲜至深秋下霜再摘，不坏果，而且品质更佳。

植株生长强壮，萌芽率高，易成花，坐果能力强，易形成二次果。采用扦插育苗，第二年见果，第三年产量可达 1 100 千克/亩，第四年产量可达 2 000 千克/亩。在河北张家口地区，该

品种5月上旬萌芽，展叶期在5月中旬，5月中旬为开花始期，5月底6月初为盛花期，果实在9月底成熟，果实生育期为130天，落叶期为10月中旬。

该品种对土壤与地势要求不严，抗旱，适应性广。2003—2006年，在果实采后不喷杀菌剂的情况下，中秋葡萄霜霉病病株率仅为14.3%，而巨峰葡萄霜霉病病株率为22.3%。在试验点调查显示，中秋时节发生葡萄白腐病也极轻。

篱架、棚架均可栽培。冬季修剪，新梢延长蔓不能超过1.5米，剪口以直径1厘米为宜，结果母枝采用中、短梢混合修剪法。

苗木定植后，应增施基肥，基肥以施有机肥为主、速效氮肥为辅。追肥需氮、磷、钾肥配合施入，追肥应结合灌水进行，施肥量可根据葡萄植株生长状况和挂果量灵活掌握。注意防治霜霉病、黑痘病、白腐病等病害。

19. 状元红　欧美杂种。辽宁省农业科学院育成，亲本为巨峰×瑰香怡。1991年6月杂交，2006年9月通过辽宁省农作物品种审定委员会审定。

果穗长圆锥形，紧凑，果穗重明显大于对照品种巨峰，平均穗重为1 060克，最大穗重为2 460克。果粒长圆形，平均粒重10.7克；果粒大小整齐。果皮紫红色，果粒着生较紧密，果皮中厚，果粉少。每果粒含种子1～3粒，种子与果肉易分离。果肉细，无肉囊，软硬适中，汁液多，有玫瑰香味，风味品质比对照巨峰好。可溶性固形物含量16%～18%，无脱粒、裂果现象，耐运输，无小青粒。

植株生长势旺，副梢结实能力强，苗木定植后第二年平均株产2.2千克，每亩产量611.5千克，第三年每亩产量1 300千克。

在沈阳地区，该品种萌芽期5月初，初花期在6月上旬，浆果开始成熟期8月中旬，果实充分成熟期9月中旬，从萌芽至果

粒充分成熟需要136天左右。

适宜在辽宁、山东、北京、湖南、湖北、江苏、贵州等无霜期145天以上省、直辖市发展。该品种适宜棚架或棚篱架栽培，夏剪采用抹芽、定枝、新梢摘心、处理副梢等措施控制生长势和生长量。由于该品种坐果率高，结果枝可推迟到开花末期再进行摘心，摘心过早，坐果率太高，且容易造成裂果。

冬剪以整形为主，尽量多留枝条，填补架面，主蔓上留枝组5～6个/米。进入盛果期后，枝组培养和更新同时并举，此期主蔓上留枝组减少到3～4个/米，每个枝组保持有2个结果母枝，每个结果母枝留2～3芽短截，春天选出2个健壮新梢。衰老期，重视枝组更新，逐渐收缩枝组，多留下位枝芽，让母枝尽量向下位移；潜伏芽发出的新梢多保留，并培养成新枝组。幼树防止枝条徒长，苗木定植当年少施氮肥，结果后根据树势施用氮肥。施肥以秋季开沟施农家肥为主，生长季应增施钾肥，适当施入磷肥和微肥。

生长季主要发生的病虫害有金龟子、葡萄霜霉病、葡萄白腐病等，生产中应注意防治。

20. 紫地球　别名江北紫地球。欧亚种，山东省平度市江北葡萄研究所育成，为秋黑芽变。1992年发现，2009年9月通过山东省农作物新品种审定委员会审定，正式定名为紫地球。在欧亚种中晚熟葡萄品种能够成熟的地区均可种植，较秋黑和红地球更适宜在南方进行避雨栽培。

果穗平均重1 512.2克，最大2 013克；果粒圆锥形，着生疏散，平均粒重16.3克，最大粒重23.7克，果粒大小整齐，成熟一致。果皮紫黑色，果粉厚，上色均匀，美观；果肉脆，可切片，味酸甜，略带玫瑰香味，含可溶性固形物15.0%～17.3%，果皮在口中无涩酸感觉，口感佳；每果粒平均含种子1.97粒，多为2粒。果实耐贮藏性与秋黑基本一致。

该品种根系发达，长势旺盛，枝条节间中等长，主干增粗快。在大泽山地区，该品种4月5～7日萌芽；5月中下旬开花；8月上旬果实开始着色，9月中旬成熟采收，较秋黑早熟20～25天，从萌芽到果实成熟150天左右，果穗成熟后，可延迟到10月中下旬采收，果粒风味、品质更优；11月中旬落叶，较秋黑晚7～10天。

该品种适应性较广，全国葡萄产区欧亚种中晚熟品种能正常成熟的地区均可栽培，适宜于有效积温3 100～3 500℃的干旱、半干旱及部分南方地区避雨栽培。抗逆性较红地球、秋黑强，属较易栽培的品种；不裂果，枝条、芽眼充实，不易发生冻害。

该品种长势旺，顶端优势明显，不宜采用篱架栽培。适宜采用小棚架整形，龙干形或扇形整枝。采用小棚架整形，不仅有效结果架面大，有利于丰产，而且果穗离地面高，真菌病害相对较轻，并避免了果实日烧病的发生。结果枝与营养枝比例以3∶1为宜。

该品种结果早，坐果率高，生产上要控制产量，严格进行疏穗疏粒。每穗留50～60粒，亩产量控制在2 000千克左右。葡萄果穗必须套袋。

三、优良砧木品种

（一）砧木的作用

1. 抗土传害虫

（1）抗根瘤蚜。葡萄根瘤蚜存在于世界上大部分的葡萄栽培区，1863年在法国发现，给法国的葡萄生产造成严重损失。1892年传入山东烟台，以后在辽宁、陕西以及台湾等地局部发现过，但经过防治，基本消灭。目前我国南方部分省、自治区又发现根瘤蚜，并形成为害，造成部分葡萄园被砍伐。利用砧木解决根瘤蚜的为害是砧木出现的原因，因此，选择砧木品种时应将

其对根瘤蚜抗性作为重要指标。生产中所应用的绝大多数葡萄砧木品种都具有良好的抗根瘤蚜能力。

（2）抗线虫。为害葡萄的线虫主要以根结线虫的为害症状最易发现。根结线虫在沙性土壤中的为害较黏性土壤严重，在我国中部地区葡萄产区较为严重。用药剂防治葡萄根结线虫较难，使用抗性砧木是一个有效的方法。目前，葡萄砧木对线虫抗性较好的有 Salt Creek、Dog Ridge。

2. 适应土壤逆境 葡萄砧木的抗逆性主要表现在抗寒、抗旱、抗涝、耐盐碱以及耐瘠薄等方面。

（1）抗寒性。目前生产上常用的抗寒砧木主要有贝达、山河1～3号，以及公酿1号和公酿2号。选用抗寒砧木，可以有效降低埋土厚度，降低生产成本。

（2）抗旱性。110R、140R 被认为是抗旱性最强的葡萄砧木品种，其次是 99R 和 1103P。

（3）耐涝性。1103P、Riparia Gloire de Montpellier 等均具有很好的耐涝性。

（4）抗石灰性和抗盐性。我国约有 0.27 亿公顷盐碱土，主要分布于我国北方地区。葡萄作为耐盐性较强的果树，在盐碱土上最具有发展潜力。目前抗盐的葡萄砧木主要有 41B、333DM、1103P、1616C、1202C 以及郑州果树研究所培育 ZMO1-1 等。

（5）对土壤结构的适应性。不同葡萄砧木对土壤结构的适应性明显不同。目前对黏性土壤适应性较好的砧木有 101-14、SO4 等，对沙性且养分贫瘠的土壤适应性较好的葡萄砧木有 Salt Creek、Dog Ridge 以及 ZMO1-1 等。

（6）对酸性土壤的适应性。在酸性土壤中，尤其 pH 低于5.5 易造成金属毒害，如锰害、铝害、铜害等。利用抗酸性土壤的砧木是较好的方法。法国国家农业科学院波尔多葡萄研究中心育成了一个新的砧木品种——Gravesac，适应在酸性土壤中生长。

（7）充分利用土壤营养元素。不同砧木对土壤中元素利用能力有差别，如 SO4、110R 对磷具有较强烈的富集能力，而对镁吸收能力较弱；101 - 14 对钾吸收能力较好，而对磷吸收能力差；Fercal 对磷、钾、镁三元素吸收能力都较高。所以，在葡萄种植中，可以利用不同砧木对土壤中元素利用能力的差别，在定植建园时结合土壤分析结果，选用适当的砧木品种，避免出现营养元素缺乏症。

3. 抗病性　葡萄根癌病在我国各葡萄产区均有发生，目前没有特别有效的防治措施，已成为影响我国葡萄生产的主要病害之一。生产上的所有欧亚种以及部分欧美杂种均感染该病害，但在感病性方面存在差异，其中以玫瑰香、红地球、巨峰以及无核白对该病害最为敏感。抗病性葡萄砧木有 SO4、河岸 2 号和河岸 3 号。

4. 影响嫁接品种的生长特性

（1）对生长势的影响。葡萄砧木可以明显影响地上部嫁接品种的生长，如生长旺盛的美人指嫁接到生长势较弱的砧木如巨峰或 101 - 14 上时，生长势明显缓和，促进了花芽分化。而生长势弱的京亚嫁接到生长势强的贝达上时明显促进该品种生长。砧木对接穗长势影响的差异，在葡萄生产中具有重要意义。在土质瘠薄，保水、保肥性能差的土壤中，可以选择长势较旺的砧木品种，如 SO4。而对于土质肥沃的园田，可采用长势较弱的砧木品种，如 420A、101 - 14 等。

（2）对花芽分化和果实着色的影响。通常生长势弱的葡萄砧木能够促进嫁接品种的花芽分化以及果实的着色，如选用 101 - 14 和巨峰作为红地球的砧木明显促进红地球的花芽分化以及果实着色。但砧木对嫁接品种的这种影响也不完全一致，例如，生长势旺盛的贝达作为红地球的砧木时降低果实着色，但却促进花芽的分化。

（3）对果实形状和含糖量的影响。有些葡萄砧木对果实的生

长发育也有影响，如选用贝达作为砧木时会改变部分品种的果实形状，另外巨峰作为砧木时可以提高红地球果实的含糖量。在选用葡萄砧木时除了要考虑上述因素外还应考虑生长周期的长度、早期生长速度、与接穗的亲和力等，砧木的选择必须经仔细研究和考虑，因为它对于葡萄园的寿命及栽培者的经济效益是至关重要的。

（4）调整葡萄采收期。砧木对葡萄的成熟期有明显的影响，如 RGM 能促进成熟，110R 能延迟成熟。

（二）主要优良品种

1. 华佳 8 号 东亚种与欧亚种杂种，由上海市农业科学院园艺研究所育成。植株生长势强，枝条生长量大，副梢萌芽力强。成熟枝条扦插成活率较高，根系发达，与欧美杂种中的藤稔、先锋等品种嫁接亲和力好。较抗黑痘病，对土壤的适应性强，抗湿、耐涝，是我国自行培育的第一个葡萄砧木品种。能明显的增强嫁接品种的生长势，并可促进早期结实，稳产、丰产。可增大果粒，促进着色，有利于浆果品质的提高。

2. 道格里吉 原产美国。生长势极旺盛，扦插难生根。对根瘤蚜和石灰性土壤抗性中等，抗线虫能力良好。常应用于疏松、沙质、可灌溉的土壤。

3. SO4 美洲种群内种间杂种，原产德国。生长势旺盛，初期生长极迅速。与河岸葡萄相似，利于坐果和提前成熟。适潮湿黏土，不抗旱，抗石灰性达 17%～18%，抗盐（氯化钠）能力每千克土壤可达到 0.4 克，抗线虫。产条量大，易生根，利于繁殖。嫁接状况良好。

4. 5BB 原产奥地利。生长势旺盛，产条量大，生根良好，利于繁殖。适潮湿黏性土壤，不适极端干旱条件。抗石灰性土壤（达 20%），抗线虫。

5. 420A 美洲种群内种间杂种。抗根瘤蚜，抗石灰性土壤

(20%)。喜肥沃土壤，不适应干旱条件。生长势弱，扦插生根率为30%～60%。可提早成熟，常用于嫁接高品质酿酒葡萄或早熟鲜食葡萄。

6. 抗砧3号　由中国农业科学院郑州果树研究所育成，为抗盐砧木优系。抗砧3号全年无任何叶部和枝条病害发生，无需药剂防治；极抗葡萄根瘤蚜和根结线虫，中抗葡萄浮尘子，仅在新梢生长期会遭受绿盲蝽为害。有极强的栽培适应性。

7. 抗砧5号　由中国农业科学院郑州果树研究所育成，高抗根瘤蚜。抗病性极强，在郑州和开封地区，全年无任何病害发生。盐碱地和重线虫地均能保持正常树势，嫁接品种连年丰产、稳产，表现出良好的适栽性。

第四章 育苗技术

葡萄育苗的主要方法有扦插育苗、压条育苗、嫁接育苗、营养钵育苗以及组培快繁育苗等。

一、扦插育苗

扦插育苗是目前生产中主要的育苗方法，它是利用葡萄枝蔓在适宜的环境条件下易形成不定根的特性，把带有芽眼的一年生葡萄枝条扦插在培养基质中，人为创造适宜的环境条件，经过一段时间的培养，将枝条培养成新植株的育苗方法。扦插育苗又分为硬枝扦插、绿枝扦插两种。

（一）硬枝扦插

硬枝扦插应用最广，方法如下：

1. 种条采集 种条一般结合冬季修剪时采集。选取标准是：品种纯正、植株健壮、无病虫害的丰产株，选择成熟充分、节间长度适中、芽眼饱满、色泽正常的当年生枝条，细弱枝、徒长枝和有病虫害的枝条不宜选用（优良种条具备的条件：具有本品种固有色泽，节长适中，节间有坚韧的隔膜，芽体充实、饱满，有光泽。弯曲枝条时，可听到噼啪折裂声。枝条横截面圆形，髓部小于该枝直径的1/3）。采集后，将种条剪成6～8节长，每50～100根打成一捆，标明品种和来源，捆绑时要用不易腐烂的塑料绳或塑料条，以免贮藏期间散捆，造成品种混杂（图4-1）。

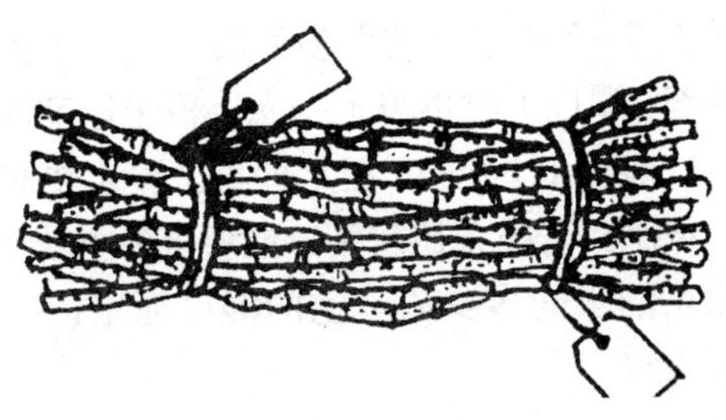

图 4-1　种条的采集

2. 种条贮藏　目前生产上多用沟藏和窖藏。沟藏的地点应选择在地势较高、排水良好、背风向阳的地方。贮藏沟的标准是：沟深 50 厘米、沟宽 1.2～1.5 米，沟长则根据插条数量及地块条件决定，挖贮藏沟时，挖出的土放在西、北、东面，形成一个可挡风的土埂（图 4-2）。

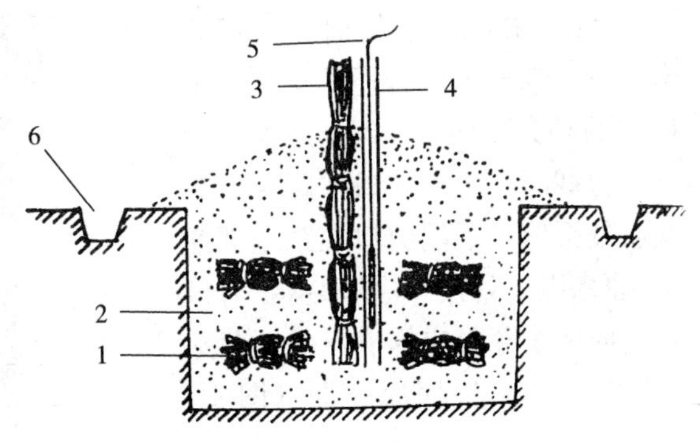

图 4-2　插条的沟藏

1. 种条　2. 沙土　3. 通气秸秆

4. 竹管　5. 温度计　6. 排水沟

（杨庆山，2000）

种条贮藏前，可用 5 波美度石硫合剂浸泡数秒钟，进行杀菌消毒。种条进行贮藏时，先在沟底铺 10 厘米左右厚的湿沙（以河沙为好，湿度以手捏成团，落地散开为宜），将插条平放或立放在沟内，每放一层插条，填入一层湿沙，并使插条之间充满细

沙，最后再盖上 3～5 厘米厚的湿沙后覆土。开始覆土可以薄一些，待气温降至 0℃以下时再覆土一次，覆土厚度南方薄、北方厚，西北地区一般覆土 20～30 厘米即可。覆土要高出地面，成屋脊形，以防积水。若插条比较干，或所填的土较干时，可以边填土边洒些水，洒水的多少依填土的湿度而定，一般以手捏成团，落地散开为宜。

插条的沙土则应保持 70％～80％的湿度，即手握成团、松手团散为宜。当平均气温升到 3～4℃后，应每隔半月检查一次，发现插穗有发热现象时，应及时倒沟，减薄覆土，过于干燥时，可喷入适量的清水。如发现有霉烂现象，要及时将种条扒开晾晒，检出霉烂种条，并喷布多菌灵 800 倍液进行杀菌，药液晾干后重新埋藏。

3. 插条剪截　春季，葡萄扦插前（西北地区在土温稳定在 12℃以上时，为扦插时间）取出插条，选择节间合适、芽壮、没有霉烂和损伤的种条，每 2～3 个芽眼剪截成一根插条。剪截时，上端剪口在距第一芽眼 2 厘米左右处平剪，下端剪口在距基部芽眼 0.6～0.8 厘米以下处按 45°角斜剪，剪口成马蹄形，上面两个芽眼应饱满，保证萌芽成活，每 50 根或 100 根捆成一捆（图 4－3）。

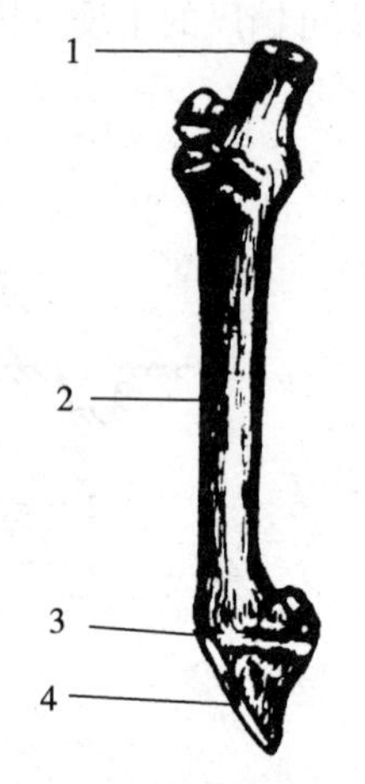

图 4－3　插条的剪截
1. 上剪口　2. 节间
3. 节部　4. 下剪口

4. 插条催根　提高扦插成活率的关键是催根，其途径可归为两个方面，一是控温催根，二是激素催根，实际生产中两者同时运用，效果明显。简单介绍如下：

（1）电热催根。利用埋设在温床下面的发热电线作为热源，并用控温仪控制土温，温度控制比较准确。电热温床建造方法是在有电源的房间内，用砖砌成一个高 30 厘米、宽 1.0～1.5 米、长

3.5～7.0 米的苗床，在床底铺设 5～10 厘米厚的锯末，上面铺 10 厘米厚的湿河沙（含水量 80%），整平压实。苗床两端各固定一根木棍，木棍上每隔 5 厘米钉一铁钉（或苗床两端各钉一排小木橛），然后将电热线从木棍一端铁钉上以弓字形拉接到另一端，电热线铺好后，再用 5 厘米厚的湿河沙将电热线埋住压平，将两头引线接 220 伏交流电源即可。电热线与自动控温仪的连接及使用方法可参照其说明书。将床温调节到 25～28℃后，将浸泡过的插条一捆挨一捆立放，空隙填满湿沙，顶芽露出，保证湿度，15～20 天即可形成愈伤组织，停止加温锻炼 3～5 天后即可扦插。

（2）激素催根。常用的催根药剂有 ABT1 号、ABT2 号生根粉，其有效成分为萘乙酸或萘乙酸钠，激素催根一般在春季扦插前（加温催根前）进行，使用方法有两种：一是浸液法，就是将葡萄插条每 50 根或 100 根捆立在加有激素水溶液的盆里，浸泡 12～24 小时。只泡基部，不可将插条横卧盆内，也不要使上端芽眼接触药液，以免抑制芽的萌发。萘乙酸的使用浓度为 50～100 毫克/千克，萘乙酸不溶于水，配制时需先用少量的 95%的酒精溶解，再加水稀释到所需要的浓度；萘乙酸钠溶于热水，不必使用酒精。二是速蘸法，就是将插条 30～50 根一把，下端在萘乙酸溶液中蘸一下，拿出来便可扦插，使用萘乙酸的浓度是 1 000～1 500 毫克/千克。

5. 育苗地准备　葡萄育苗的地块，应选择在土质疏松，有机质含量高，地势平坦，阳光充足，有水源，土壤 pH 在 8 以下，病虫害较少的地方。大面积的苗圃，应按土地面积大小和地形，因地制宜地进行区划。通常每 1～5 亩设一小区，每 15～20 亩设一大区，区间设大、小走道。10 亩以下的小苗圃酌情安排。

育苗地在秋季深翻并施入基肥，每亩施有机肥 5 000 千克，施过磷酸钙肥 50 千克。春季扦插前可撒施异柳磷粉剂或颗粒剂以消灭地下害虫。深翻 40 厘米以上，耙平，培土做畦。整畦的标准是：畦宽 60～100 厘米、高 10～15 厘米，畦距 50～60 厘

米，畦面平整无异物，然后覆盖地膜，准备扦插。

6. 扦插 一般当温度稳定在10℃以上时，即可进行扦插。扦插的密度按株行距20厘米×30厘米的标准进行，每畦2～3行，扦插时先用比插条细的筷子或木棍，通过地膜呈75°角戳一个洞，然后把枝条插入洞内，插条基部朝南，剪口芽在上侧或南面（图4-4）。插入深度以剪口芽与地面相平为宜。扦插后立即灌透水，但必须是小水漫畦将畦灌透，水不能漫上畦面。

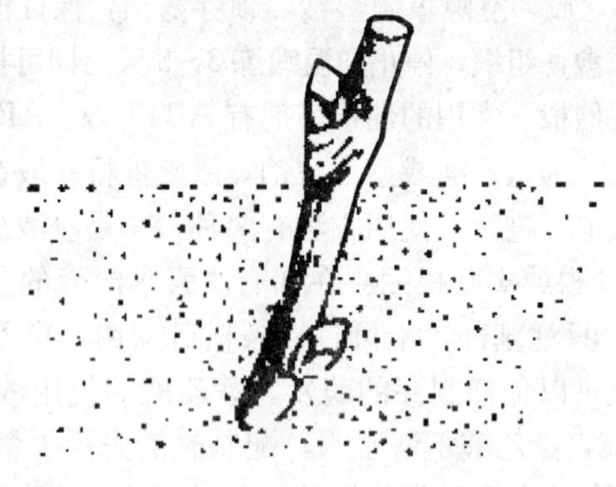

图4-4 扦 插

垄插时，插条全部斜插于垄背土中，并在垄沟内灌水。垄内的插条下端距地面近，土温高，通气性好，生根快。枝条上端也在土内，比露在地面温度低，能推迟发芽，造成先生根、后发芽的条件，因此垄插比平畦扦插成活率高，生长好。北方的葡萄产区多采用垄插法，在地下水位高，年雨量多的地区，由于垄沟排水好，更有利于扦插成活。

7. 苗期管理 扦插苗的田间管理主要是肥水管理、摘心和病虫害防治等工作。总的原则是前期加强肥水管理，促进幼苗的生长，后期摘心并控制肥水，加速枝条的成熟。

（1）灌水与施肥。扦插时要浇透水，插后尽量减少灌水，以便提高地温，但要保持嫩梢出土前土壤不致干旱，北方往往春旱，一般7～10天灌水一次，具体灌水时间与次数要依土壤湿度而定，6月上旬至7月上中旬，苗木进入迅速生长期，需要大量的水分和养分，应结合浇水追施速效性肥料2～3次，前期以氮肥为主，后期要配合施用磷、钾肥。7月下旬至8月上旬，为了不影响枝条的成熟，应停止浇水或少浇水。

（2）摘心。葡萄扦插苗生长停止较晚，后期应摘心并控制肥水，促进新梢成熟，幼苗生长期对副梢摘心2～3次，主梢长70厘米时进行摘心，到8月下旬长度不够的也一律摘心。

（3）苗木出圃。葡萄扦插苗出圃时期比葡萄防寒时期早，落叶后即可出圃，一般在10月下旬进行，起苗前先进行修剪，按苗木粗细和成熟情况留芽、分级。如玫瑰香葡萄，成熟好，茎粗1厘米左右的留7～8个芽，茎粗0.7～0.8厘米的留5～6个芽，粗度在0.7厘米以下，成熟较差的留3～4个芽或2～3个芽。起苗时要尽量少伤根，苗木冬季贮藏与插条的贮藏法相同。

（二）绿枝扦插

葡萄绿枝扦插的成活率较高，加强管理一般可达85%以上。所以进行葡萄绿枝扦插育苗是一种快速繁殖葡萄苗的好方法。

1. 苗床准备　选择土质好、肥力高的土地作育苗地，精细整理，做成1米宽的平畦，畦土以含沙量50%以上为宜，厚25～30厘米，四边开好排水沟。

2. 插条采集　于5～7月份选取发育较充实、已经木质化的绿枝条，剪成20～25厘米长（3～5节）的枝段，上端距芽1.5～2.0厘米平剪，下端于节附近斜剪。插条的芽为黄白色最好，已抽出1～3片嫩叶的也可利用。除保留插条上端1个叶片外，其余各节叶片和副梢全部去掉。剪好后将枝条置入清水中浸泡1～2小时，让其充分吸水。

3. 扦插　插前枝条用100毫克/升的萘乙酸蘸根。将插条倾斜插入畦内，每畦可插2～3行，株距7～8厘米。扦插深度以只露顶端带叶片的一节(或顶端芽)为度。为了避免插条失水，应随采随插。

4. 插后管理　扦插后灌透水，并在畦上50～70厘米处搭阴棚（先用竹棍或木柱搭架，上盖草苫），保持土壤水分充足，经过15～30天后，撤掉遮阴物，这时插条已经生根，顶端夏芽相继萌发，对成活枝条只保留1个壮芽，并酌情摘心和去副梢。生根发芽前要注意防治病虫害。在正常苗期管理下，当年就可发育成一级苗木，供翌年春定植。

5. 注意问题　第一，夏季温度高，蒸发量大，在扦插过程中，关键问题是降温，气温应在30℃以下，以25℃最为理想。第二，在夏季高温、高湿条件下，幼嫩的插条易感染病害，造成烂条、烂根，可用500倍高锰酸钾液或20%多菌灵悬浮剂1 000倍液进行基质消毒，并经常注意防病喷药。第三，嫩枝扦插宜早不宜晚，8月份以后进行，当年插条发生的枝条不能成熟，根系也不易木栓化，影响苗木越冬。

二、压条育苗

（一）新梢压条

用来进行压条繁殖的新梢长至1米左右时，进行摘心并水平引缚，以促使萌发副梢。副梢长至20厘米时，将新梢平压于15～20厘米的沟中，填土10厘米左右，待新梢半木质化、高度50～60厘米时，再将沟填平。夏季对压条副梢进行支架和摘心，秋季挖起压下的枝条，分割成若干带根的苗木（图4-5）。

图4-5　绿枝水平压条

新梢压条还有以下几种方法：

（1）当年扦插育苗、当年压枝以苗繁苗。扦插后加强肥水管理，使苗肥壮。当苗高 50 厘米时进行摘心，促进副梢生长，每株保留 3～5 个副梢。7 月中旬，待副梢长至 10 厘米时进行压枝，将主梢压于土中 5～10 厘米，副梢直立在地面上生长。白露后至秋分前，再对副梢进行摘心，集中养分养苗，至此一枝副梢就长成一株健壮的葡萄苗。也就是说，一条插条当年就可能培育 3～5 株根系发达、枝条充实、芽眼饱满的葡萄苗。

（2）绿枝嫁接结合压条。将葡萄的绿枝嫁接在葡萄平茬老藤的萌蘖上，借助于老藤的强大根系，促进良种接穗的新梢旺盛生长，然后在夏、秋季将新梢进行水平压条，长根后，当年即可起苗。这样一株成年葡萄一年可提供的自根苗和插条，可栽植 6～8 亩。起苗后，平茬老藤上保留一小段良种新梢仍可供次年压条育苗或上架挂果。

（二）硬枝压条

春季萌芽前，将植株基部预留作压条的一年生枝条平放或平缚，待其上萌发新梢长度达到 15～20 厘米时，再将母枝平压于沟中，露出新梢。如是不易生根的品种，在压条前先将母枝的第一节进行环割或环剥，以促进生根。压条后，先浅覆土，待新梢

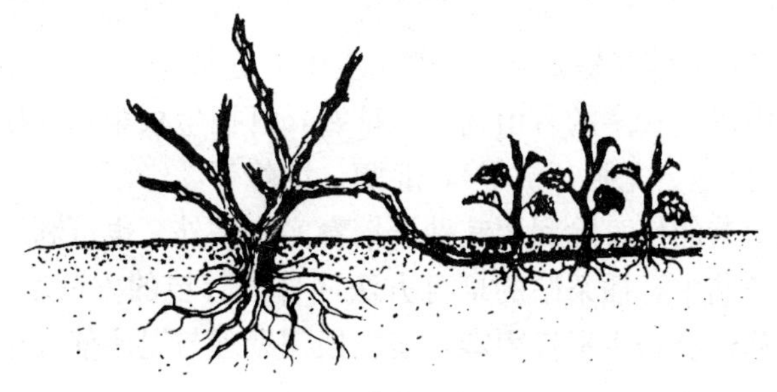

图 4-6 硬枝压条

（杨庆山，2000）

半木质化后逐渐培土，以利于增加不定根数量。秋后将压下的枝条挖起，分割为若干带根的苗（图 4-6）。

（三）多年生蔓压条

在老葡萄产区，也有用压老蔓方法在秋季修剪时进行的。先开挖 20～25 厘米的深沟，将老蔓平压沟中，其上 1～2 年生枝蔓露出沟面，再培土越冬。在老蔓生根过程中，切断老蔓 2～3 次，促进发生新根。秋后取出老蔓，分割为独立的带根苗。

三、嫁接育苗

嫁接繁殖苗木有绿枝嫁接和硬枝嫁接两种，国外多采用硬枝嫁接，国内则多采用绿枝嫁接。

（一）绿枝嫁接

葡萄绿枝嫁接育苗，是利用抗寒、抗病、抗干旱、抗湿的品种作砧木，在春、夏生长季节用优良品种半木质化枝条作接穗嫁接繁殖苗木的一种方法，此法操作简单、取材容易、节省接穗、成活率高（85%以上）。

1. 砧木的选择与育砧　国外采用较多的是抗根瘤蚜砧木，如久洛(抗旱)、101-14、3309、3306(抗寒、抗病)、5BB、SO4(抗石灰性土壤,易生根,嫁接易愈合)等,普遍应用于苗木繁殖。

国内采用较多的有山葡萄（抗寒，扦插生根难，嫁接苗小脚现象）、贝达、龙眼（抗旱）、北醇、巨峰等。

砧木苗的培育除利用其种子培育实生砧外，也可利用其枝条培育插条砧木。插条砧的培育方法同扦插育苗的方法基本相似，只是山葡萄枝条生根较困难，需生根剂处理与温床催根相结合才能收到理想效果。

2. 嫁接

（1）嫁接时间。当砧木和接穗均达半木质化时，即可开始嫁接，可一直嫁接到成活苗木新梢在秋季能够成熟为止。山东地区一般在5月下旬至7月底，东北地区从5月下旬至6月中旬，如在设施条件下，嫁接时间可以更长。

（2）接穗采集。接穗从品种纯正、生长健壮、无病虫害的母树上采集，可与夏季修剪、摘心、除副梢等工作结合进行。做接穗的枝条应生长充实、成熟良好。接穗剪一芽，芽上端留1.5厘米，下端4～6厘米；砧木插条长20～25厘米。最好在圃地附近采集，随采随用，成活率高。如从外地采集，剪下的枝条应立即剪掉叶片和未达半木质化的嫩梢，用湿布包好，外边再包一层塑料薄膜，以利保湿。嫁接时如当天接不完，可将接穗基部浸在水中或用湿布包好，放在阴凉处保存。

（3）嫁接方法。如果砧木与接穗粗度大致相同时，多采用舌接法；如果砧木粗于接穗，多用劈接法。

①劈接法。选半木质化的枝条作接穗，芽眼最好用刚萌发而未吐叶的夏芽，如夏芽已长出3～4片叶，则去掉副梢，利用冬芽。冬芽萌发略慢，但萌发后生长快而粗壮。砧、穗枝条的粗度和成熟度一致时，成活率高。

嫁接时，砧木留2～3片叶剪截，除掉芽眼，在截面中间垂

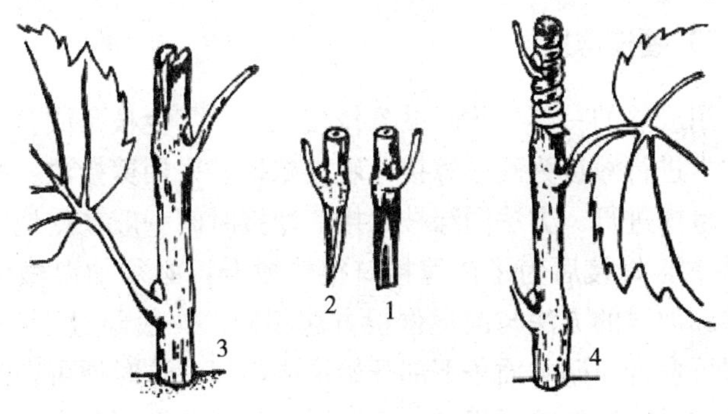

图4-7　劈　接

1. 接穗正削面　2. 接穗侧削面　3. 劈砧木　4. 嫁接绑扎

直劈开，切口深度 2.5～3.0 厘米。选与砧木粗度和成熟度相近的接穗，接穗顶芽上端留 1.5 厘米、下端 0.5 厘米左右处，用嫁接刀或单面刀片，从两侧向下削成长 2.5～3.0 厘米的斜面，呈楔形。刀具要锋利，削面要平滑。削好后的接穗立即插入砧木的切口中，务必使二者形成层对齐，接穗斜面要露白 0.2 厘米，有利于愈合。然后用 1 厘米宽的塑料薄膜条，从砧木接口下边向上缠绕，只将接芽露在外边，一直缠到接穗的上剪口，封严后再缠回下边打结扣即可（图 4-7）。

如果绿枝嫁接时间开始较早，气温偏低时，嫁接缠完塑料条后，再套小塑料袋增温、保湿，以提高成活率。

②舌接法。将接穗基部削成马耳形斜面，斜面长约 3 厘米，先在斜面 1/3 处向下切入一刀（忌垂直切入）深 1.5～2.0 厘米，然后再从削面顶端向下斜切，从而形成双舌形切面，砧木也同上一样切削，然后将两者削面插合在一起。绑扎同劈接（图 4-8）。

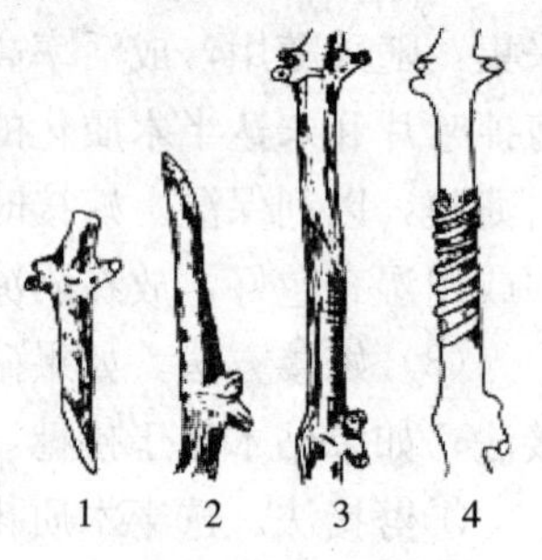

图 4-8　舌　接
1. 接穗　2. 砧木
3. 结合　4. 绑扎

（二）硬枝嫁接

利用成熟的一年生休眠枝条作接穗，一年生枝条或多年生枝蔓作砧木进行嫁接为硬枝嫁接。硬枝嫁接多采用劈接法，嫁接操作可在室内进行。方法同绿枝嫁接，嫁接时间一般在露地扦插前 25 天左右，嫁接后为了使嫁接口很快愈合，必须加温做促进愈合处理。加温的方法与前述催根方法相同。一般经过 15～20 天接口即可愈合，砧木插条下部开始形成新根。这时便可在露地扦插，扦插时接口与畦面相平，扦插后注意保持土壤湿润。其他管理方法与一般扦插苗管理相同。

带根苗木嫁接法：冬季在室内或春季栽植前用带根的一二年生砧木幼苗进行嫁接，也可以先定植砧木苗然后嫁接，用舌接法或切接法均可，方法同上。

就地硬枝劈接可在砧木萌芽前后进行。将砧木从接近地面处剪截，用上述劈接法嫁接。如砧木较粗，可接两个接穗，关键是使形成层对齐。接后用绳绑扎，砧木较粗，接穗夹得很紧的不用绑扎也可以。然后在嫁接处旁边插上枝条作标记，培土保湿。20～30 天即能成活，接芽从覆土中萌出后按常规管理即可。

四、营养钵育苗

营养钵育苗是将育苗分为两个阶段，即先进行激素处理和电热催根，再移栽到营养钵内培育。全部工作可在温室内进行，因此也称为营养钵工厂化育苗（图 4－9）。

图 4－9　营养钵工厂化育苗

催根的方法，参照控温催根和激素催根进行，一般催根15～20 天，便开始生根。当芽眼萌发，具有 4～5 条 1～5 厘米长的根时，移入钵中继续培养至当地晚霜过后 7～10 天，即可定植于田间。营养钵用直径 6～8 厘米、深度 18～20 厘米的塑料钵即

可，钵内先填1/4～1/3的营养土，放好已催出根的插条，再填满营养土，轻轻压实，营养土可直接购买或用园土、细沙、腐熟农家肥按8∶1∶1的比例配制，禁用未腐熟的农家肥。由于钵的直径只有6～8厘米，因此根长最好不超过5厘米，为了减少伤根，插条从催根床拔出后，最好放在带水的容器里搬运（图4-10）。装钵后立即浇透水，以后每天喷水1～2次，喷水仅使叶片潮湿，增加空气湿度。装钵后有一缓苗期，等幼嫩梢生长正常，无萎蔫现象以后，可以15天左右叶面喷施0.1%～0.3%尿素或磷酸二氢钾一次，以补充营养，并及时喷药预防霜霉病等真菌性病害的发生，幼苗长出3～4叶时，应增加光照。在沙盘中培育的，可以移动沙盘；在温室内培育的，要对幼苗进行锻炼，降低空气温度和湿度，接受直射阳光。经过锻炼的苗木，才能适应外界条件，提高定植成活率。

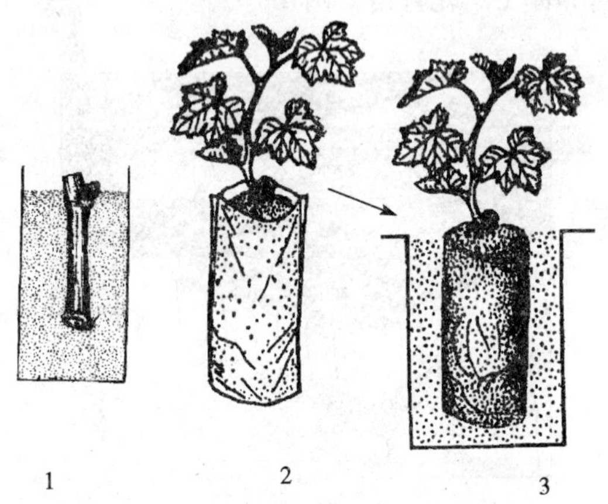

图4-10　营养钵育苗

1. 扦插　2. 钵内苗生长　3. 出钵后定植状

容器苗定植，要尽量避免在晴朗的高温天气进行，能够遮阴就更好，以免叶片暴晒失水，定植前2～3天，要对叶片喷水，增加空气湿度，减少蒸发，定植后应浇1～2次透水，以利成活。

第五章 建 园

一、园区规划与设计

（一）区块划分

根据地形和土地面积，全园可划分为若干个小区。平地栽植小区可为20～50亩，南北行向，行长50～100米为一作业段；山坡建园，小区面积为5～15亩；山坡丘陵地建园，要重视水土保持，要修梯田，栽植长边与等高线平行。面积较小的葡萄园不必划分小区。

各小区根据地形、坡向和坡度划分若干栽植区（又称作业区），栽植区应长方形，长边与行向一致，有利于排灌和机械作业。

（二）道路设计

道路的规划应根据葡萄园的规模而定。面积较小的葡萄园，只需把个别行间适当加宽就可以作为道路使用。对于面积较大的葡萄园则要进行道路系统规划。园区道路可分为大、中、小三级路面。大路贯穿全园，把园区分成若干区块，道路宽度应在6米以上，以便于车辆通行，每个区块内修筑中路或小路将大的区块分成若干小区，中路的宽度为4～6米，小路的宽度则根据各园区的具体情况而定。

（三）排灌系统

高标准规划设计的优质葡萄园必须包括完善的果园灌水、排

水系统，做到旱能灌，涝能排。

灌溉系统的规划包括水源、园内输水和行间灌水。井灌果园可以按50亩地一眼井规划。计划安装微灌系统的果园，一眼井可以保证100亩果园的供水。地下管道输水有减少占地、输水速度快、水分渗漏小、节省用水等许多优点，应大力推广。

地面渠道输水投资少，但占地多，灌水渗漏多，浪费严重。果园输水渠道应进行防渗、固化处理。为长远计，砖砌、以混凝土内衬的输水渠或石砌的输水渠效果最好。

输水渠外接水源，内连园内地面灌水系统。输水渠一般宜和道路规划连在一起，多建在道路的一侧。为灌水方便，输水渠应高出果园地平面，而且渠首和渠尾应保持0.2%～0.3%的比降。

果园的田间灌水系统有3种，一是全园漫灌，二是树下畦灌，三是行间沟灌。全园漫灌用水量大，灌水浪费严重，不宜再用。树行畦灌多用于幼树。幼龄果园顺树行做成宽1米左右的畦，一方面灌水方便，又节约用水，另一方面畦内清耕，不种间作物，给幼树一个良好生长发育的空间（图5-1）。成龄果园比较节水的果园地面灌水方法是沟灌。沟灌是在行间或冠缘投影处照行向用犁翻出深30厘米左右的沟（地下20厘米，地上10厘

图5-1 畦 灌

（杨庆山，2000）

米）。沟上沿宽30厘米左右（图5-2）。沟灌系统的设立还便于和果园的开沟施肥相结合。因此沟灌可取代漫灌，成为成龄果园地面灌水的主要方法。

图5-2　沟　灌
（杨庆山，2000）

喷灌、滴灌有许多优点并且适合在果园应用（图5-3）。一是因为微灌系统投入较大，在低产值的大田作物上应用很难收回投资；二是果树为多年生作物，一次安装可受惠多年；三是果园

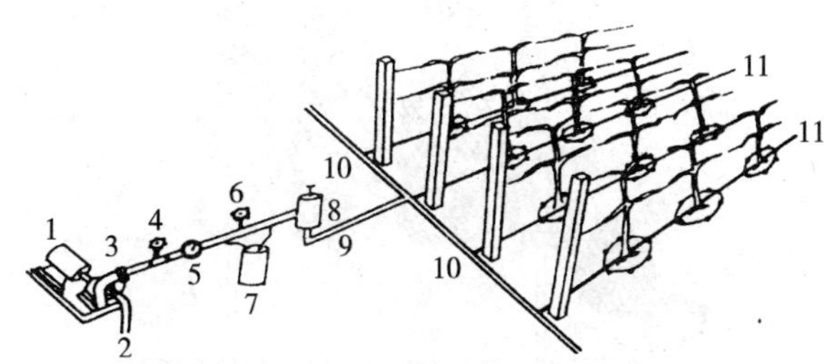

图5-3　滴灌系统示意图
1. 电动机　2. 吸水管　3. 水泵　4. 流量调节阀　5. 水表
6. 调压阀　7. 肥料罐　8. 过滤器　9. 干管　10. 支管　11. 毛管
（刘三军，2001）

多宽行栽植，需要的滴灌管少。水源不足、地形复杂的山地更应该大力提倡采用微灌技术。

果园排水系统的设置也是果园规划的一项重要内容，且应在平整土地时就开始实施。土壤黏重或地下水位较高的地方，排水系统的配置更为重要。排水系统的各级水沟要相互沟通。排水系统的规划应和灌水系统、道路系统的规划结合进行。山区等水源较缺的地方提倡修建水窖。投资 2 000 元左右建一个水窖，采用穴灌或微灌就可以保证 10～20 亩果园的喷药用水及关键时期的灌溉用水。

（四）防护林设置

防护林走向应与主害风风向垂直，100 亩以上葡萄园，还要设立与主林带相垂直的副林带。防护林以乔、灌木混合栽植为宜，树种为杨、柳、榆和紫穗槐。主林带由 4～6 行乔、灌木构成，副林带由 2～3 行乔、灌木构成。在风沙严重地区，主林带之间间距为 300～500 米，副林带间距 200 米。在果园边界设3～5 行边界林（图 5－4）。一般林带占地面积为果园总面积的 10％左右。

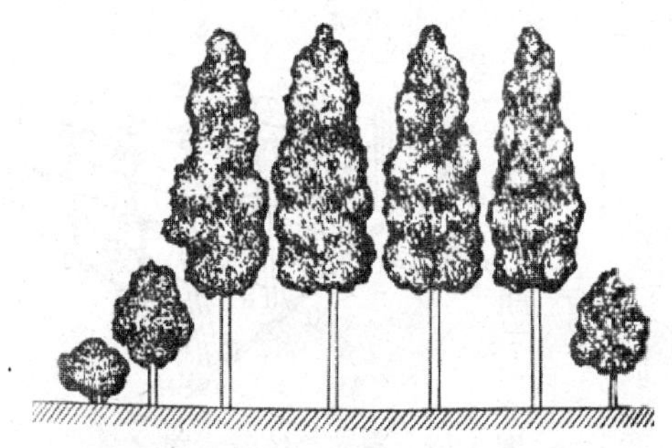

图 5－4　防护林带

（严大义，1999）

（五）房舍的建设

在葡萄园的中心和交通方便的位置设立房屋和作业场，大小以方便作业为准。管理用房包括办公室、库房、生活用房、畜舍等，修建在果园中心或一旁，由主道与外界公路相连，占地面积2%～3%。

（六）肥源配置

为保证每年有充足的肥料，葡萄园必须有充足肥源。可在园内设绿肥基地，养猪、鸡、牛、羊等积粪肥。按每亩施农家肥5 000千克设计肥源。

二、品种选配与栽植制度

（一）品种选择与配置

正确选择与配置品种是葡萄园经营成功的基础。品种选择应注意以下事项：

1. 当地的自然条件与品种的适应性 品种选择要做到适地适栽。例如我国西北地区无霜期短，冬季严寒，土壤又比较贫瘠，在该地区就不宜种植晚熟及抗寒、抗旱性差的品种，而适宜种植耐寒、耐旱，对土壤要求不严格的早、中熟品种。我国各主产区自然条件及宜栽品种简介如下：

西北新疆、甘肃、宁夏干旱产区：该产区是我国主要的葡萄干生产基地，也是我国葡萄栽培历史最为悠久的地区和传统的优质葡萄生产区。栽培品种以无核白（占80%）为主，还有无核白鸡心、蜜丽莎无核、黎明无核、里扎马特、红提、秋黑、红高等鲜食葡萄和赤霞珠、品丽珠、梅鹿特、黑比诺、霞多丽、雷司令、贵人香等酿酒葡萄。今后仍应以优质制干品种为主，适当发展一些早、中熟鲜食品种和酿酒品种。

黄土高原干旱半干旱产区：包括山西全部和宁夏南部，陕西中、北部，甘肃陇中、陇东地区，青海东北部，内蒙古鄂尔多斯高原，河南西部丘陵等广大地区。该区日照充足，气候温和，年活动积温量高，日温差大，降雨量少，自然条件适宜发展优质葡萄生产，也是我国今后优质葡萄、葡萄酒重点发展地区。应充分利用自然优势，合理规划，大力发展优质葡萄和葡萄酒生产，在品种选择上要以欧亚种优良品种为主，适宜品种有京秀、郑州早玉、绯红、无核白、乍娜、巨峰、京亚、红提、户太8号等。

环渤海湾产区：主要包括京、津地区和河北中北部、辽东半岛及山东北部环渤海湾地区。该区气温适中，≥10℃年活动积温为3 500～4 500℃，无霜期180天以上，年降雨量500～800毫米。该地区交通发达、市场流通优势明显，是我国优质葡萄和葡萄酒发展的重点地区。宜选用品种有玫瑰香、巨峰、红提、秋黑、京亚、康太、紫珍香、香悦、巨玫瑰、夕阳红、奥古斯特、玫瑰香、特早玫瑰、乍娜、意大利、红提、无核白鸡心等。

南方葡萄栽培区：该区域包括南方的大部分地区，但以长江三角洲地区为主，该产区是我国葡萄栽培的新兴产区，由于该地区经济发达，种植葡萄效益高，因此近些年发展比较迅速，面积和产量增加很快。该地区主要为亚热带、热带湿润区，品种宜选择抗病性强的早中熟品种，主要品种有巨峰、藤稔、夏黑、醉金香、无核早红、金手指、圣诞玫瑰、美人指、红提、巨玫瑰等。栽培方式以设施避雨栽培为主。

黄河中下游产区：该地区气温较高，而且7～9月份雨量较多，对葡萄生产和品质的提高有一定影响，在品种选择上要注意选用抗病性强、耐湿、品质优良的欧美杂交种鲜食和制汁品种。主要鲜食葡萄品种有巨峰、户太8号、巨玫瑰、夏黑、醉金香、红提、京秀等，制汁葡萄品种有康可、康拜尔等。

东北、西北冷凉气候栽培区：主要包括沈阳以北、内蒙古、新疆北部山区。该区冬季气候严寒，尤其是吉林、黑龙江一带，冬季绝对最低温常在－40～－30℃，≥10℃年活动积温仅为2 000～2 500℃。该地区葡萄露地栽培应以抗寒性强的早中熟品种为主，同时应采用抗寒砧木。在城市附近可发展以欧亚种早熟品种为主的设施栽培。宜选品种为特早玫瑰、紫玉、紫珍香、京亚、乍娜、凤凰51、京秀、奥古斯特、87－1、碧香无核等，以及一些当地特有的山葡萄品种。

2. 栽培目的与市场需求　如产品主要在当地市场销售，就适当发展些品质好、果粒大、色形美观的鲜食品种如巨峰系、京亚、粉红亚都蜜等，无核品种也是较好的选择；如果是离城市较远的地区，那么就应发展品质优、果实耐贮运的鲜食品种，如红地球、黑大粒等，或发展酿酒品种。

3. 种植者的管理水平　管理水平不太高的管理者，应发展抗性好、易管理的品种，如巨峰系、摩尔多瓦等。水平较高的管理者，可种植一些栽培技术要求严格，但品质好、卖价高的品种，如玫瑰香、美人指等。

4. 栽培方式　主要是架式和品种的配套，如棚架适于长势旺的品种，如红地球等，篱架则适于长势中庸的品种，如京亚等。

（二）栽植制度

1. 行向　平地采用棚架式，东西行向，枝蔓往北爬；若采用屋脊式棚架和篱架时，则应南北行向。山地葡萄的行向应按等高线方向，顺应坡势，葡萄枝蔓由坡下向坡上爬。

葡萄园的行向与地形、地势和架式等因素有关。地势平坦的葡萄园，篱架栽培一般以南北行向为好，如果地块东西长南北短也可以采用东西行向。棚架栽培则对葡萄的行向没有太严格的要求，一般以东西向为好，南北向栽培时葡萄蔓以向东爬为好，棚架的行间距一般为3.5～6.0米。山地葡萄园采用棚架居多，葡萄行向应与坡地的等高线方向一致，顺坡搭架，以利于灌溉、排

水、采光和田间管理作业。具体定行时，所有边行还要留出1.0～2.0米的空地，以便于田间操作。

2. 栽培架式的选择和搭建

（1）生产上的常见架式。葡萄架式从总体上分为两类：篱架和棚架。篱架的架面与地面垂直，形似篱笆故称篱架，因其架面直立又称立架。篱架上常用的有单臂篱架、十字形架、双十字形架等。

单臂篱架：立柱高1.7～2.6米，柱粗8～12厘米×8～12厘米，埋入土中50厘米左右，地上部1.2～2.1米，柱距4～6米，行距为1.5～2米。立柱上每隔50厘米拉一道铁丝（图5-5）。单臂篱架的主要优点是适于密植，整形速度快，可提早形成花芽，早结果、早丰产、作业方便。在酿酒葡萄上应用较为普遍。

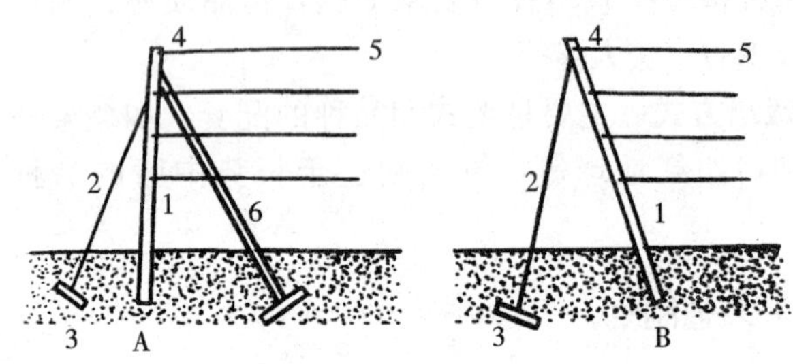

图5-5 单臂篱架边柱的设立

A. 直立边柱 B. 外斜边柱

1. 边柱 2. 坠线 3. 坠石 4. 立柱固定铁丝 5. 铁丝延伸 6. 顶柱

（严大义，1999）

十字形架和双十字形架：通常立柱高2～2.6米，柱粗12厘米×12厘米，埋入土中50厘米左右，地上部1.5～2.1米，柱距3～6米，行距2～3米。在接近立柱顶部设一道横梁，横梁长度为1.4～1.8米，在距顶部横梁的下方0.3～0.5米处，再架一根长度略短的横梁，一般为0.6～1.2米，横梁两端各拉一道铁

丝。最后立柱上0.7～1米处再拉一道铁丝，则成为双十字形架或干字形架（图5-6、图5-7）。生产上常用的有全钢构双十字形架，虽然成本较高，但具有外形美观、坚固耐用，回收价值稳定的优点。水泥混凝土立柱，木质横梁的双十字形架，外形美观，坚固耐用，投资少，缺点是木质横梁在使用一定年限后需要重新更换。如果立柱中上部架设一个横梁则为十字形架架设在顶部则称为T形架（图5-8）。

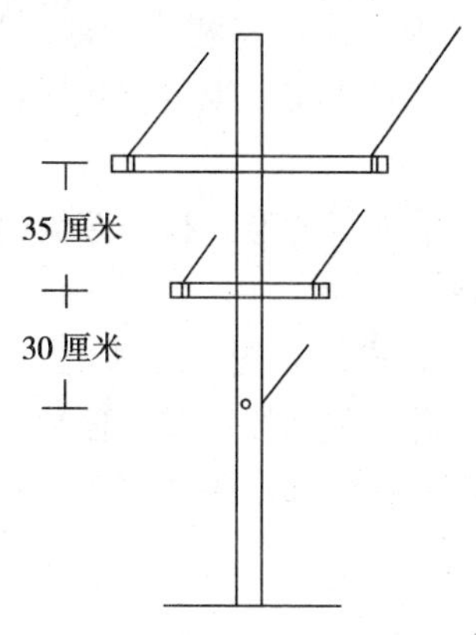

图5-6 双十字形架

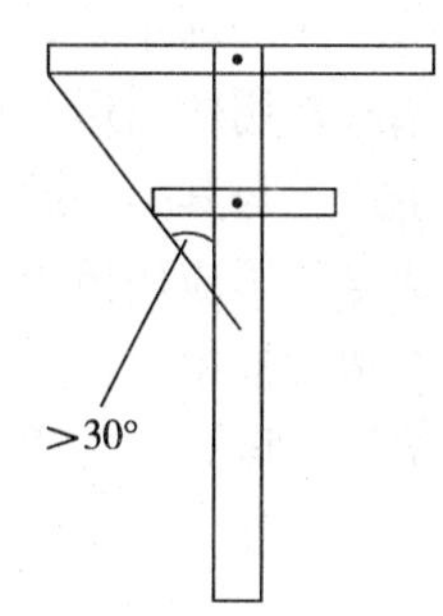

图5-7 干字形架

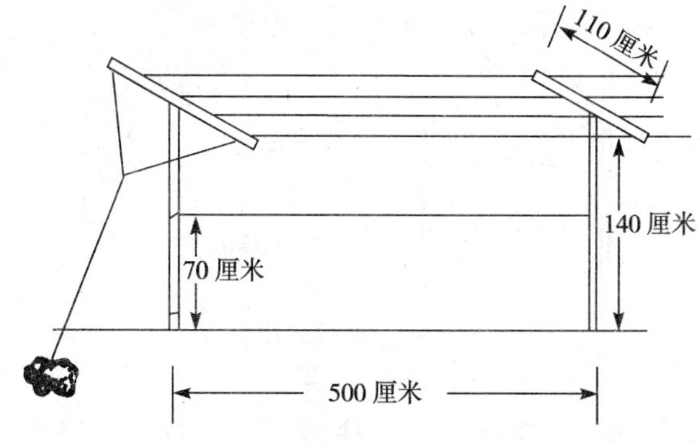

图5-8 宽顶篱架（T形架）
（杨庆山，2000）

该架式横梁的长短至关重要。通常生长势旺盛的品种，横梁应适当加长，使引绑后的枝条与中柱的夹角角度大于45°，以利于缓和树势，促进花芽分化。对于长势较弱的品种如京亚、粉红亚都蜜，横梁的长度只要使引绑后的枝条与中柱的夹角角度不小于30°即可。

该架势与棚架和单篱架相比较，具有通风透光好，叶幕层受光面积大，光合效率高，萌芽整齐、新梢生长均衡，枝蔓成行向外倾斜，方便整枝、疏花、喷药等管理工作，有利于计划定梢、定穗、控产，从而提高了产品质量，有利于实行规范化栽培，是非埋土防寒区的理想架式。

该架式常用的树形有单干单臂、单干双臂形，行向多为南北走向。生产上与其类似的还有Y形架。

棚架是我国应用历史悠久的一种架式（彩图15、彩图16）。在立柱上架设横梁，横梁上拉铁丝，搭成阴棚的样式，葡萄在棚顶生长结果。该架式常用的有倾斜式小棚架和水平式棚架(图5-9、图5-10、图5-11)。

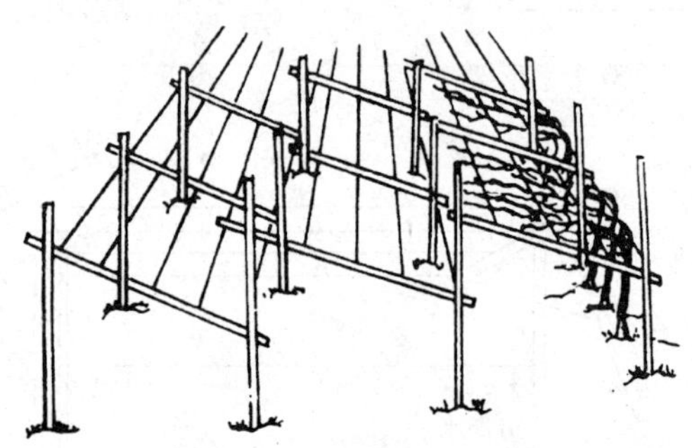

图5-9　连叠式小棚架

（杨庆山，2000）

倾斜式棚架：在垂直的支柱顶部架设横梁，横梁上牵引铁丝，形成一个倾斜状的棚面，葡萄枝蔓分布在棚面上，通常架长40～80米，架宽3～6米，架根高1.2～1.6米，架顶高1.6～2

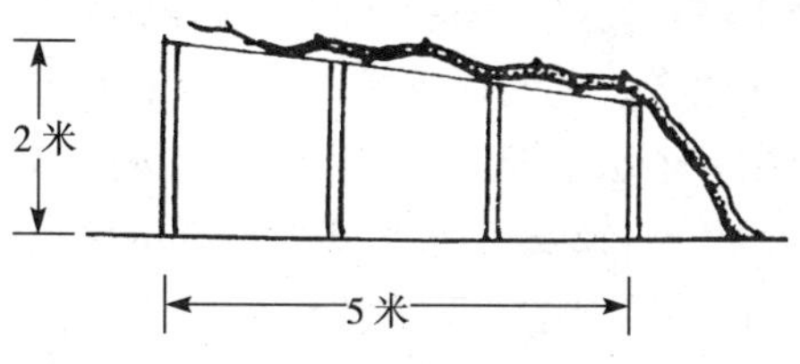

图 5－10　倾斜式小棚架
（杨庆山，2000）

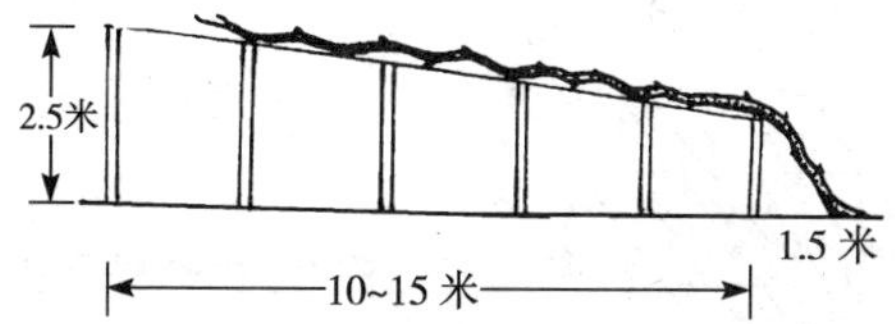

图 5－11　倾斜式大棚架
（杨庆山，2000）

米。立柱和横梁最好采用钢筋水泥预制，立柱粗度为 12 厘米×12 厘米，高度为 2.2～2.5 米，横梁粗度为 12 厘米×12 厘米以上，长度略大于行宽。因其架短，葡萄上下架方便，目前在我国埋土防寒栽培区应用较多。其主要优点是：适于多数品种的长势需要，容易调节树势，产量较高又比较稳产。同时，更新后恢复快，对产量影响较小，冬、春季上下架容易，操作方便，是埋土防寒区的理想架式。倾斜式小棚架配合鸭脖式独龙干树形，为埋土防寒区最常见的类型，既可以减轻病虫为害，又有利于埋土防寒。非埋土防寒区，常将架根提高到 1.5 米以上，在离地面 1 米处拉上一根铁丝，在架顶附近再拉一根铁丝，形成一个篱架面，保留部分结果枝组，进行结果，以增加树形培养过程中的产量。生产上称这种改良的倾斜式小棚架为棚篱架。生产上为搭建方便通常将立柱和横梁设计成如图 5－9 所示的式样。

水平式棚架：通常采用柱粗为 12 厘米×12 厘米，柱高 2.2～2.5 米的钢筋水泥柱或直径 3～5 厘米，高度 2.2～2.5 米

的镀锌钢管为支柱，按照行间和柱间距埋好后，在柱顶架设横梁或拉粗度在 0.5 厘米以上的钢绞线，然后在横梁或钢绞线上纵横牵引铁丝，形成一个水平架面（图 5-12）。水平式棚架的行株距多为 4～6 米×0.6～1.2 米。水平式大棚架的优点是，架体牢固耐久，架面平整一致，比分散棚架节省架材 40%～50%，适用于大面积的平地或坡地。其缺点是，一次性投资较大，架面年久易出现不平。这种棚架适宜于生长势强的品种，如红地球、美人指和克瑞森无核等品种。

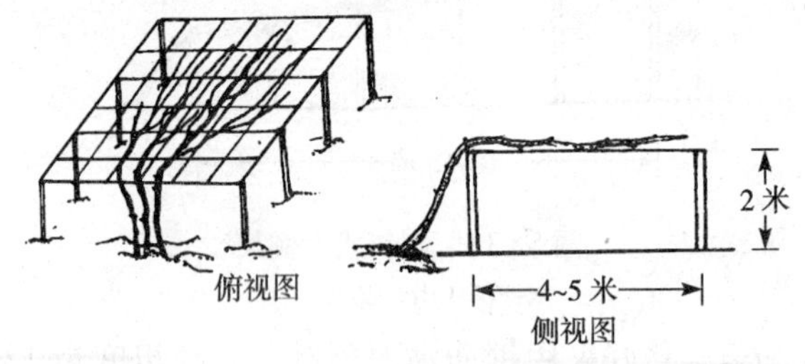

图 5-12　水平式大棚架

（杨庆山，2000）

（2）栽培架式的选择。选择架式首先要考虑栽培品种的生长特性，如美人指、克瑞森无核等长势旺、成花力弱的品种，适宜采用架宽 4 米以上的棚架（倾斜式棚架、水平式棚架和棚篱架）或株距 2 米以上的双十字形架，缓和树势、促进成花；对于生长势弱、成花容易的品种如京亚、粉红亚都蜜可以采用株距 2 米以下的双十字形架和行宽 4 米以下的棚架（倾斜式棚架、水平式棚架和棚篱架）。

其次要考虑当地的气候特点，对于冬季需要埋土防寒的地区最好采用棚架，既利于埋土防寒又利于减轻生长季的病害。而非埋土防寒区最好采用棚架或双十字形架。既可以减轻病害，又便于田间管理。

另外，还应考虑到果实套袋栽培中一些特殊要求，如葡萄果实套袋后，果实的光照减弱，为促进果实着色，所选架式的通风透光条件要好，同时也要一定的遮阴，以减轻果实日灼病的发生；其次为了保持套袋果实的果粉完整，避免果实与枝蔓碰撞摩擦，以及为了套袋和摘袋工作的方便，所选架式最好能使果实悬垂到枝蔓下方。

对于地形、地势起伏变化较大的山地葡萄园，最好采用棚架，既可以充分利用空间，又便于葡萄架的搭建。

三、栽前准备与定植

（一）平整土地

栽植葡萄之前需平整土地，主要方法如下：

1. 山地整成水平阶式梯田　山坡地建果园，坡度在15°以上时，需按等高线撩壕，壕间相距5～6米，壕宽1米、深80厘米。挖壕的生土向下翻打地堰，堰的坡度1∶1，熟土向上翻堆。壕挖好后，刨倒里边的壕帮，连同堆积的熟土将壕填平，并在靠上边地堰一侧挖深、宽各40厘米的排水沟，在排水沟出口前1米向里挖深60厘米左右的囤泥坑，整好田面，使之成“外撅嘴，里流水”的水平阶式梯田。

2. 坡地翻打地堰，整成宽度适宜的梯田　一般坡度在5°～15°的山岗地，可按地堰高1米，沿水平线开深度各1米的沟，表土先向下堆放，生土向上翻打地堰，整成水平梯田。借新开的沟，留好堰下沟。田面要外高里浅，堰下排水沟的坡度以0.5°为宜，出水口前要挖好囤泥坑，将出水口修成“水簸箕”。

3. 平洼地修台条田　在平洼地建果园，为解决地下水位过高的问题，需修台条田，在台条田上栽果树。田面一般15～25米，沟宽1.5米、深80厘米，沟底宽30厘米。地头的排水沟深1米以上，保证排水通畅。

4. 注意事项

（1）尽量不要翻乱土层。不要把熟土层翻到80厘米的沟下

部，乱石、生土不要翻在地表面。

(2) 整地的同时最好修建配套微灌设施（喷灌、滴灌）。梯田栽果树要靠地堰外边栽植，将堰下沟作为进出梯田的通道；一般不要挖穴栽植，可以在栽植沟内埋杂草，栽树时施土粪。

(3) 整地改土时间。冬前整地改土不仅加速有机肥和草有机成分的分解，有利于翌年果树生长发育，而且可以降低土壤越冬害虫基数，减少幼树病虫害的发生。同时，灌水沉实后，苗木生长整齐度高。因此，整地改土工作以封冻前完成为宜，不提倡春季整地、改土、栽植同时进行。

（二）开挖定植沟

冬前顺行向挖定植沟。定植沟深、宽各 80～100 厘米。挖定植坑或定植沟时把离地面 30 厘米的表土置坑向的一侧，非耕层土置于坑（沟）的另一侧。回填时，最低层铺 20～30 厘米厚的作物秸秆，如高粱秸、玉米秸、麦秸、红薯秆、树叶等，能粉碎最好，不能粉碎整铺也行。有条件的可以掺入一些粗农家肥，每亩 5 000 千克左右。其上填入 30～40 厘米厚的土，把拌好肥料的表土再填入 20～30 厘米。最后浇水沉实，等待定植（图 5－13）。

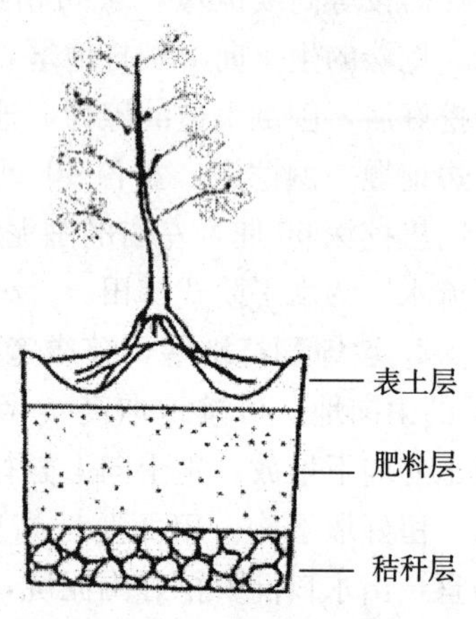

图 5－13　苗木定植后的示意图

（三）苗木准备

苗木分级：参见葡萄苗木分级标准（附录 1）。

选苗：选择苗木时除考察品种的市场前景及早实性、丰产性等栽植状况外，还要留意以下几点：根据当地气候条件选用抗逆性较好的品种（抗寒性、抗旱性、抗根瘤蚜等），提倡选用嫁接苗和无病毒苗木，尽量选择优质壮苗，减少缓苗时间。

修剪：苗茎约剪留 3 个饱满的芽眼，对上层侧根短截，底层侧根进行轻微短剪，剪出新伤口，伤残根及过长根剪除，使根系保持长度为 15～20 厘米。

浸水：修剪后的苗木，放在清水中浸泡 12～24 小时，以使苗木充分吸水。

消毒：栽前用 5 波美度石硫合剂、3%～5%硫酸铜或硫酸亚铁或 50%多菌灵 1 000 倍液加 48%乐斯本 1 500 倍液，浸泡 5～10 分钟，之后取出沥干药液。

蘸浆：用园土加水调匀成浆，将苗根浸入浆液之中蘸浆。

（四）定植及栽后管理

1. 栽植时间　冬贮苗以 11 月下旬或次年 4 月上旬为宜，营养钵苗以 4 月下旬至 5 月上旬为宜。

2. 定植方法　栽植时，将苗放入穴内对准株行距离，舒展根系，边填土边踏实，并轻提苗使根系舒展与土壤紧密接触。栽植深度保持原根茎部与地面平，栽后立即浇透水，水渗后穴内撒层土，平整穴面，覆地膜或覆草，或用土覆盖芽眼或将芽眼露出地面，用塑料袋套住，可保湿、增温提高成活率。

3. 定植后管理

（1）加强检查。一般栽后 15～20 天苗木即可生根和萌动，对少数未萌动的可扒开覆土检查，防止嫩芽被压在地膜下或上部芽眼未萌而下部芽抽生。检查后要及时用细土再次覆盖。对于未成活的苗要及时补栽。

（2）灌水、施肥。栽前经过充分灌水并覆膜的地方一般不会出现缺水的现象，华北、西北地区栽后若遇大风、干旱可用细水沿栽植穴少量浇水，切勿大水漫灌。

第六章　整形修剪

一、树形培养

（一）独龙干树形

独龙干树形适用各种类型的棚架。每株树即为一条龙干，长3～6米，主蔓上着生结果枝组，结果枝组多采用双枝更新修剪或单双枝混合修剪（图6-1）。

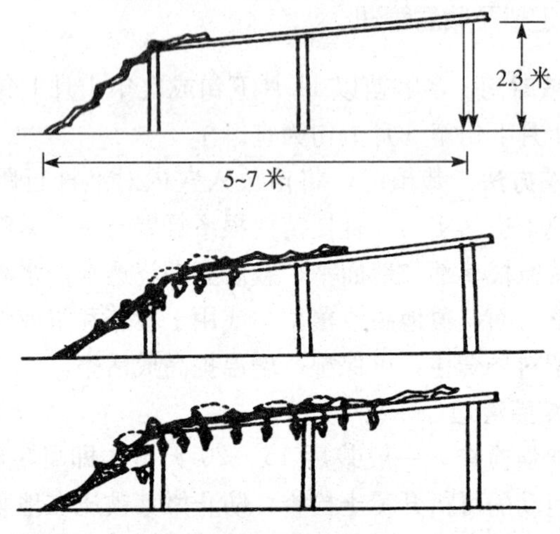

图6-1　温室内独龙干棚架整形

培养过程：定植萌芽后，选留一个健壮新梢不摘心，任其向上生长，对于其上的副梢，第一道铁丝以下的全部“单叶绝后”处理，第一道铁丝以上的副梢每隔15～25厘米保留一个，这些副梢要交替引绑到主蔓两侧生长，使将来的结果枝组也能交替分布，充分利用空间。对于副梢上萌发的二级副梢全部进行“单叶绝后”处理。冬天在主蔓粗度为1厘米处剪截，主蔓上的一年生枝条则留2～3个饱满芽进行短梢修剪，作为来年的结果母枝。

第二年萌芽后每个结果母枝上保留2～3个新梢，粗度超过0.8厘米的新梢，保留一个花序结果；疏掉粗度低于0.8厘米新梢上的花序。主蔓先端的新梢不留花序作为延长头任其向前生长，其上的副梢每隔15～25厘米保留一个，这些副梢要交替引绑到主蔓两侧生长，副梢上萌发的二级副梢全部进行“单叶绝后”，当延长头离架梢还有1～1.5米时进行摘心，摘心后萌发的副梢只保留先端的一个任其生长，其他的全部疏除。

冬剪时在夏季摘心处剪截，结果母枝采用单枝更新修剪。至此树形的培养工作结束。对于没有布满架面的植株，按照第二年的方法继续培养。当树形培养成后，延长头即成为一个最大的结果枝组，为保持其健壮和架面空间，最好每年冬剪时都从延长头基部选择健壮枝条进行更新修剪（图6-2）。

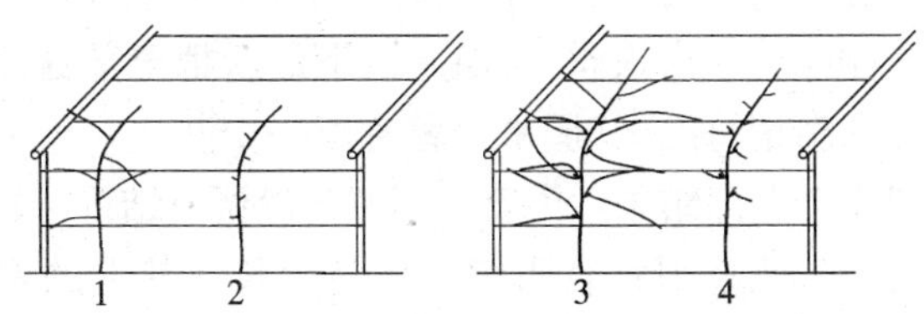

图6-2 独龙干树形培养过程

1. 第一年生长季的树形 2. 第一年冬剪后的树形
3. 第二年生长季的树形 4. 第二年冬剪后的树形

（二）多主蔓扇形树形

该树形的特点是从在地面上分生出2～4个主蔓，每个主蔓上又分生1～2个侧蔓，在主、侧蔓上直接着生结果枝组或结果母枝，上述这些枝蔓在架面上呈扇形分布。该树形适于单、双篱

架（图 6-3）。

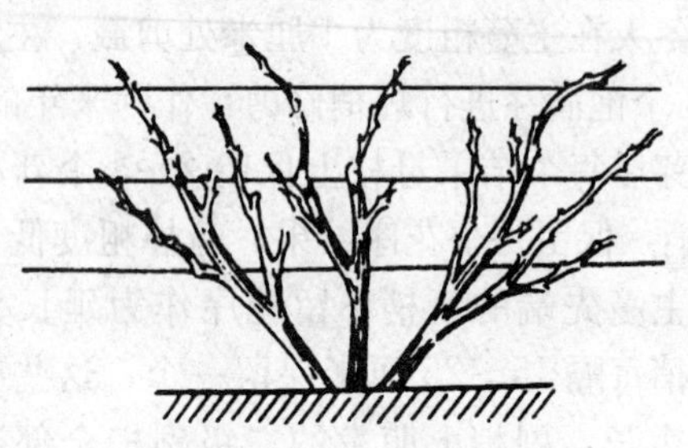

图 6-3　多主蔓自然扇形
（贺普超，1999）

我国非埋土防寒区常采用多主蔓扇形树形。其培养过程如下：

定植当年苗木萌发后，选出 2～4 个粗壮新梢，任其生长，其上的副梢均采用“单叶绝后”处理。冬剪时在主蔓粗度 1 厘米处短截。

第二年春季萌芽后，主蔓顶端选留 2 个粗壮的新梢，去掉花序，培养成侧蔓第一道铁丝 15 厘米以下的新梢全部抹除，以上到侧蔓之间的新梢每隔 20 厘米交替选留一个新梢，其中生长健壮的新梢留 1 个花序结果，中庸枝不留，以调节结果母枝的生长势，使其均衡。侧蔓则垂直引绑，促其生长，其上的副梢每隔 20 厘米左右交替保留一个，水平引绑，不摘心，其上的副梢全部“单叶绝后”处理。冬季侧蔓在粗度 1 厘米处剪截，其上的枝条全部留 3 个饱满芽短截，培养成结果母枝。主蔓上的一年生枝也留 3 个饱满芽短截，培养成结果母枝。

第三年春季萌芽后，每个结果母枝都再尽量选留两个靠近基部的健壮新梢，每个新梢都可以保留一个花序结果，至此形成一个结果枝组。如果架面还有侧蔓生长的空间则按照定植第二年的方法继续培养。其他管理参照前面的内容。冬季结果枝组

的修剪采用单双枝混合修剪，一个结果枝采用双枝更新修剪，即上部的枝条留 3～5 个饱满芽剪截，下部枝条留 2～3 基部芽短截；紧接双枝更新的枝组采用单枝更新，即留 2～3 个饱满芽进行短截。

至此树形培养工作基本完成，以后每年冬剪主要是结果枝组的更新。

（三）单干水平树形

单干水平树形，主要包括单干单臂树形和单干双臂树形，适用于十字形架和双十字形架。

单干单臂树形培养：定植萌芽后，选 2 个健壮新梢，作为主干培养，新梢不摘心。当 2 个新梢长到 50 厘米后，只保留一个健壮新梢继续培养，当新梢长过第一道铁丝后，继续保持新梢直立生长，其上萌发的副梢，第一道铁丝 20 厘米以下的副梢全部采用“单叶绝后”处理。第一道铁丝以上萌发的副梢，全部保留，这些副梢只引绑不摘心，其上萌发的二次副梢全部“单叶绝后”处理，当第一道铁丝上的蔓长达到臂长后摘心，摘心后萌发的副梢只保留顶端的副梢，其他全部疏除（图 6－4）。

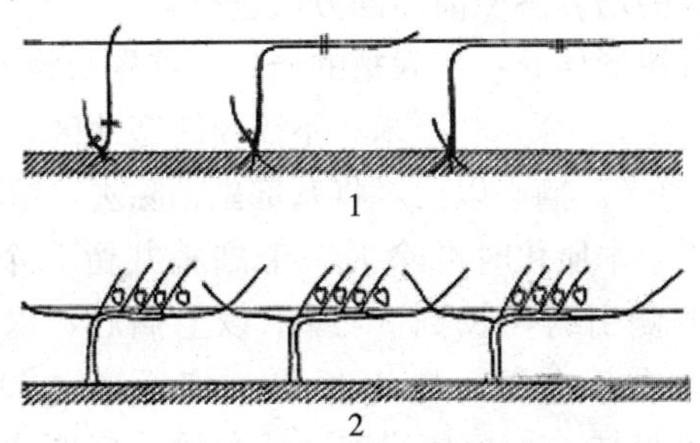

图 6－4　单干单臂树形的培养过程

1. 第一年生长季树形　2. 第一年冬剪后树形

冬季修剪时如果夏季摘心处的蔓粗达到 0.8 厘米，则在摘

心处剪截，如果达不到则在蔓粗 0.8 厘米处剪截。主蔓上每隔 15～30 厘米保留一个粗度 0.7 厘米以上的枝条，留 3 个饱满芽短截。如果想要培养单干双臂树形，则在第一道铁丝以下选留一个充分发育的枝条，在粗度 0.7 厘米处剪截，引绑到第一道铁丝上。

第二年春季新梢萌芽前，对于未留结果母枝的葡萄树，先将主蔓的前端放低于主蔓的后端，待到后端芽眼萌发新梢长到 4～5 片叶后，再将主蔓前端部分提高捆绑到架面上，这样有利于整个主蔓的芽眼萌发，芽眼萌发后每隔 15～30 厘米保留一个新梢进行培养。对于保留结果母枝的葡萄树，将葡萄蔓垂直拉紧，在离第一道铁丝 10～20 厘米处弯曲引绑到第一道铁丝上，每个结果母枝上，选留 2～3 个健壮新梢，各保留一个花序结果，粗度低于 0.8 厘米新梢上的花序应疏掉。新梢的引绑、摘心和副梢按照前面介绍的方法进行。

冬季修剪时，间距大的结果母枝采用双枝更新修剪，间距小的采用单枝更新，当年新培养的结果母枝留 3 个芽剪截。至此树形的培养工作结束。如果臂与臂之间没有交接，则选留上年主蔓剪口处任意一个健壮枝条弓形引缚到第一道铁丝上，在交接处剪断即可。以后的培养参照前面的方法进行。

单干双臂树形培养：在栽植的当年，首先培养主干，在埋土防寒地区干高定在 10～30 厘米；不需要防寒地区采用较高主干，干高 60～70 厘米。摘心以后，将基部副梢除去，留顶端 2～3 个副梢。待长至半木质化时再除去一个副梢共留 2 个副梢作为 2 个臂枝，向两侧引缚，长到 50 厘米以上摘心，以后控制第二次副梢发生。次年在每一臂上每隔一定距离（20～30 厘米）培养一个结果母枝，行短梢修剪；或每隔一定距离培养一个结果枝组，即有一个结果母枝用于结果，并进行长梢修剪，另一个为预备枝，进行短梢修剪（图 6－5），其他管理可参照单干单臂树形。

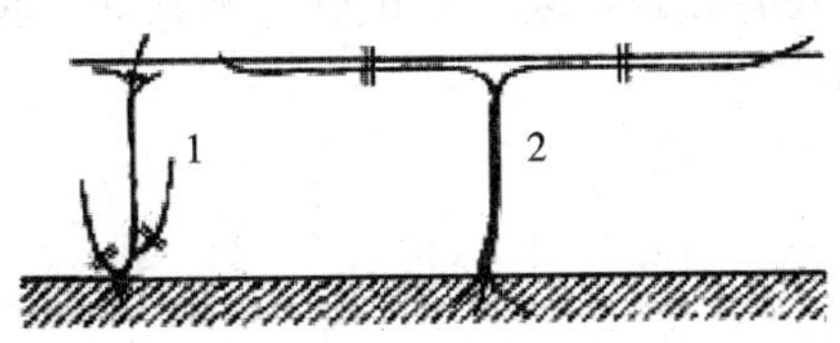

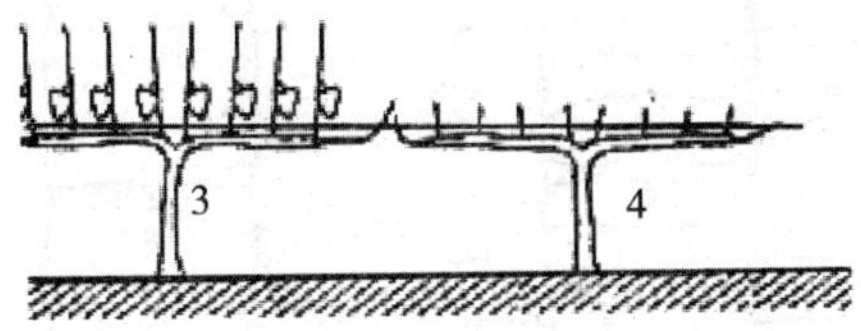

图 6-5　单干双臂树形培养过程
1. 主干摘心，保留顶端 2 个副梢
2. 形成双臂　3. 结果状　4. 冬季修剪后

（四）H 形树形

H 形树形适宜我国非埋土防寒区，水平式棚架栽培，一般株行距为 4～6 米×4～6 米（图 6-6）。

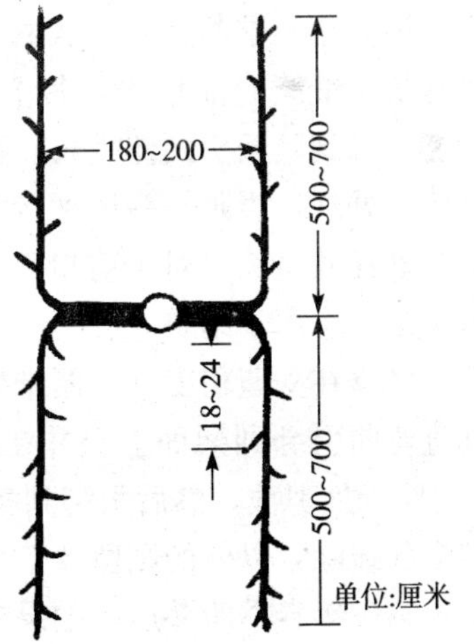

图 6-6　H 形树形
（严大义，1999）

H 形树形的培养过程（图 6-7）：定植萌芽后，选留一个健壮新梢不摘心，任其向上生长，对于其上的副梢全部“单叶绝后”处理，当其离棚顶 20 厘米时摘心，摘心后选留 2 个副梢留做将来的支蔓，分别沿行向，向主蔓两侧引绑生长，整个生长季不摘心，任其生长，其上萌发的二级副梢全部“单叶绝后”处理。冬天在支蔓粗

度为 0.8 厘米处剪截，如果支蔓粗度达不到 0.8 厘米，则留 2～3 个饱满芽剪截。

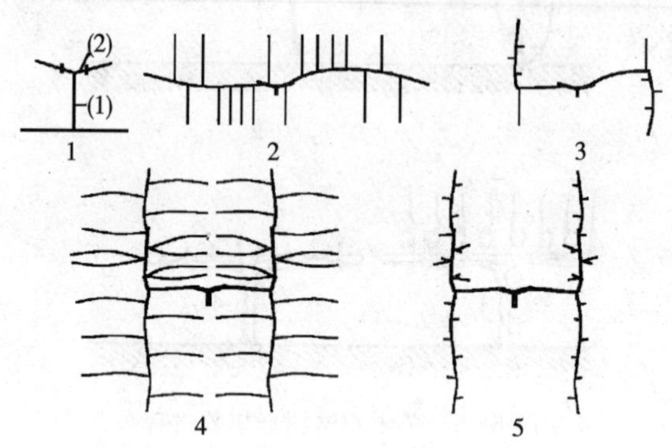

图 6-7　H 形树形的培养过程

1. 第一年冬剪后的树形：(1) 主干 (2) 主蔓

2. 第二年生长季的树形　3. 第二年冬剪后的树形

4. 第三年生长季的树形　5. 第三年冬剪后的树形

注：2～5 为俯视图。

第二年春季萌芽后，从两个支蔓剪口各选一个健壮的新梢作为延长头继续向前培养，其上的副梢，每隔 25 厘米保留一个，交替引绑到延长头两侧生长，副梢上萌发的二级副梢全部“单叶绝后”处理，当延长头达到行距的 1/2 时进行摘心，摘心保留一个副梢任其生长。对于剪口以下支蔓上萌发的新梢，每隔 25 厘米保留一个用于结果。

冬季在支蔓粗度 0.7 厘米处剪截，然后在株距 1/3 处将支蔓垂直弯曲引绑到架面上，并在弯曲处选一个健壮枝条，在粗度 0.8 厘米处剪截，然后引绑到相反的方向。对于该枝条以内的枝条全部疏除，以外的则留 3 个饱满芽短截。

第三年春季萌芽后，如果支蔓长度达不到行距的 1/2，则选留顶端的一个健壮新梢继续向前培养，不摘心，其上的副梢每隔 25 厘米保留一个，培养成结果枝组。对于结果母枝，则每个结果母枝上保留 2～3 个新梢，按照单枝更新的要求进行培养。冬季在行距 1/2 处剪截支蔓，其上原有的结果枝组采用单枝更新修剪，新培养的结果枝组留 2～3 个饱满芽短截，树形培养结束。

（五）X 形树形

该树形适于我国非埋土防寒区水平式棚架栽培，株行距一般为 4～6 米×4～6 米（图 6－8）。

图 6－8　X 形树形
（杨庆山，2000）

X 形树形的培养过程（图 6－9）：定植萌芽后，选留一个健壮新梢不摘心，任其向上生长，对于其上的副梢全部“单叶绝后”处理，当其离棚顶 20 厘米时摘心，摘心后选留 2 个副梢成 180°引缚生长，整个生长季不摘心，任其生长，其上萌发的二级副梢全部“单叶绝后”处理，培养成侧蔓。冬天在侧蔓基部选留 3～4 个饱满芽短截。第二年春季萌芽后，从 2 个侧蔓剪口各选 2 个健壮的新梢成 90°引绑生长，每隔 25 厘米左右交替选留一个健壮新梢，培养成结果母枝，该新

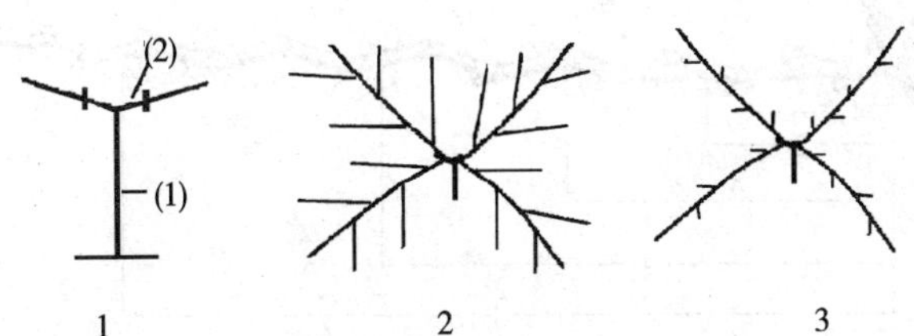

图 6－9　X 形树形培养过程
1. 第一年冬剪后的树形：（1）主干（2）主蔓
2. 第二年生长季的树形　3. 第二年冬剪后的树形
2～3 为俯视图。

梢不摘心，其上的副梢全部“单叶绝后”处理，当新梢达到行距的1/2时进行摘心，摘心保留一个副梢任其生长。冬季侧蔓在摘心处剪截，结果母枝全部采用单枝更新，留2～3个饱满芽短截。至此树形培养工作结束。

二、树体修剪

（一）冬季修剪

成龄树主要是维持已培养成了的树形、调节树体各部分之间的平衡，使架面枝蔓分布均匀，防止结果部位外移，保持连年丰产、稳产。埋土防寒地区应在土壤上冻前进行冬剪，如果栽培面积较大，可提前进行修剪。在不埋土防寒地区，冬剪应在枝条伤流开始前1个月左右的时期内进行。在我国中部地区，大田栽培的葡萄多在1～2月上旬冬剪。修剪用的剪和锯要锋利，使剪口、锯口光滑，以利于愈合。疏去一年生枝时应接近基部疏，疏大枝应分两次疏除，第一次要保留1～2厘米的短橛，第二次要在6月份新梢生长旺期，靠近母枝将木橛疏除、以利于伤口愈合。

1. 一年枝条的修剪 一年生枝条的修剪包括疏除、极短梢

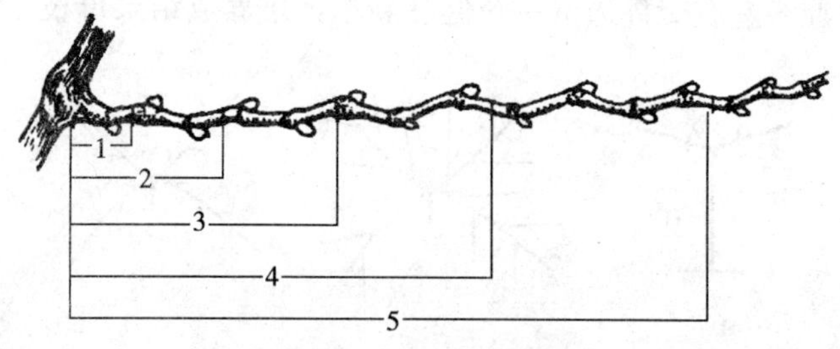

图6-10 一年生枝剪留长度

1. 极短梢修剪 2. 短梢修剪 3. 中梢修剪

4. 长梢修剪 5. 超长梢修剪

（杨庆山，2000）

修剪、短梢修剪、中梢修剪、长梢修剪和超长梢修剪（图 6-10），具体规格和适用品种见表 6-1。

表 6-1 一年生枝剪留长度及适用品种

名称	留芽量	适用品种或目的
极短梢修剪 短梢修剪	1 芽 2～3 芽	适用于生长势偏弱、花芽分化节位低的欧美杂交品种，如京亚、巨峰、户太 8 号、藤稔、香悦和金手指等品种
短梢修剪 中梢修剪	2～3 芽 4～8 芽	适用于生长势中等、结果枝率较高、花芽着生部位较低的欧亚种，如 90-1、超保、维多利亚、87-1、无核白鸡心、里扎马特、红地球、红宝石无核、克瑞森无核等品种
中梢修剪 长梢修剪	4～8 芽 9～13 芽	适用于生长势旺盛、结果枝率较低、花芽着生部位较高的欧亚种，龙眼、牛奶、美人指、克瑞森无核等品种
超长梢修剪	15 芽以上	适用于大多数品种幼树延长头的修剪

截枝时要截在节间的中间或中间以上，不可离芽太近，以免剪口芽失水干枯（图 6-11）。

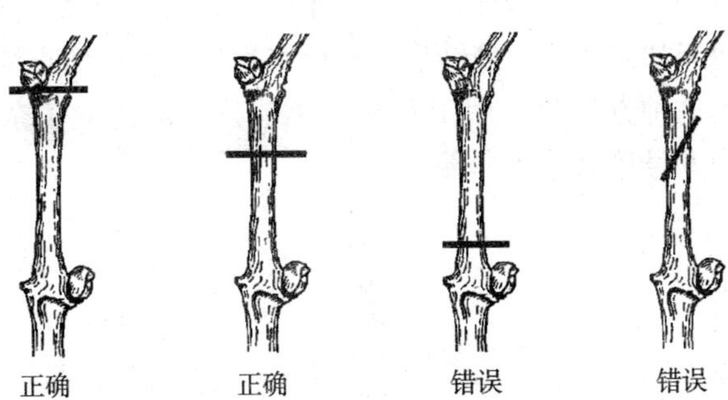

图 6-11 一年生枝剪截方法

2. 正常结果树结果母枝的修剪 结果母枝是指用作结果的一年生枝，对结果母枝的修剪常采用两种方法。

（1）双枝更新修剪法。选留同一老枝上基部相近的 2 个枝为一组，下部枝条留 2～3 芽短截，作为预备枝（并不代表不能结

果)，上部枝条根据品种特性和需要，进行中、短梢修剪，一般留3～5个芽，进行结果。到冬剪时，把上部已结过果的枝条从基部疏剪；在预备枝上选留2个位置相近的一年生枝条，再按上年的修剪方法，上位枝长、中梢修剪，下位枝留2～3芽短截，以后每年照此进行修剪。该修剪方法适用于各种品种（图6-12）。

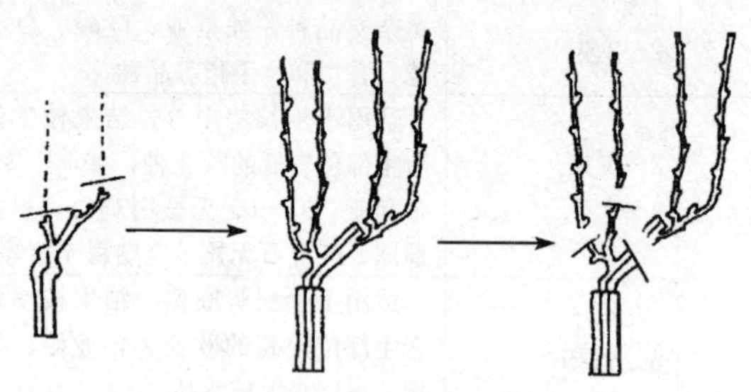

图6-12　双枝更新

（2）单枝更新修剪法。冬剪时将结果母枝回缩到最下位的一个枝，并将该枝条剪留2～3芽作为下一年的结果母枝。这个短梢枝既是明年的结果母枝，又是明年的更新枝，结果与更新合为一体。每年如此重复，使结果母枝始终靠近主蔓，防止结果部位外移。但这种方法只适用于花芽分化节位极低的欧美杂种如京亚、户太8号等（图6-13）。

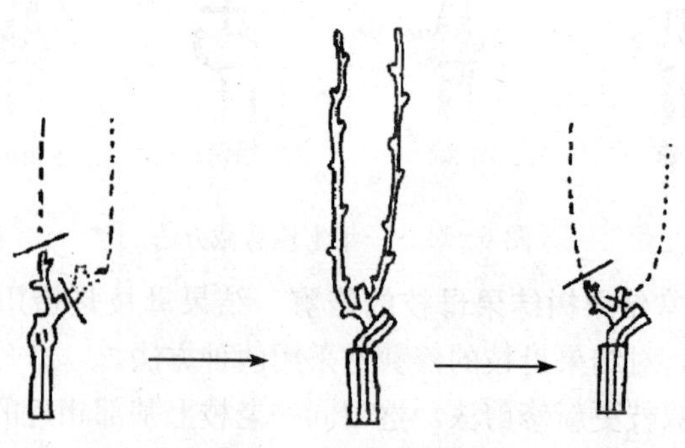

图6-13　单枝更新

(3) 结果母枝的剪留量。结果母枝留量的多少应根据品种特性、架式特点和产量等因素确定。通常萌枝率高、结果枝率高或者生长旺盛、大果穗、易高产的葡萄品种，如里扎马特、红地球、美人指和红宝石无核等，结果母枝适当少留。结果母枝的剪留量标准为：采用双枝更新的葡萄园，干高以上每米蔓长留 3 个结果枝组，6 个结果母枝；采用单枝更新的葡萄园，干高以上每米葡萄蔓长留 4 个结果母枝。

(二) 夏季修剪

1. 抹芽和定梢　葡萄早春萌芽时，每个芽眼中除了主芽萌发外，大量的侧芽也会萌发，一个芽眼往往会长出 2～3 个新梢，同时主蔓上的隐芽也会大量萌发。所以必须及时进行抹芽与定枝，使架面新梢分布均匀合理，使营养集中供给留下的新梢，从而促进枝条和花序的生长发育（图 6－14）。

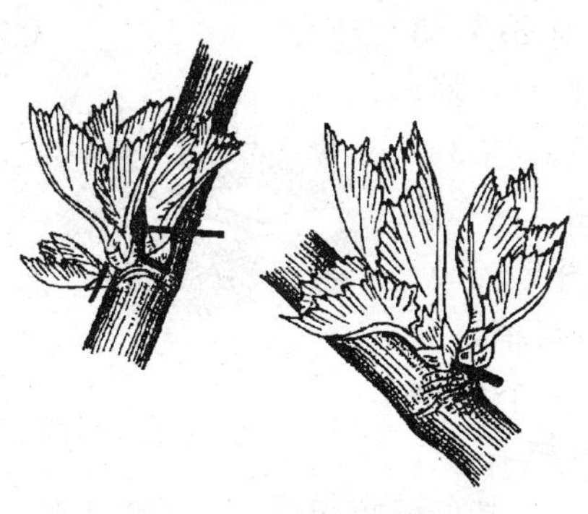

图 6－14　抹芽示意图
（司祥麟等，1990）

抹芽定枝分两次进行，第一次在枝长 3～4 厘米时进行，抹去结果母枝和预备枝上单芽双枝、单芽三枝中的无花序枝，每个芽眼保留一个带花壮枝，如没有带花新梢，则保留一个壮枝。抹去多年生蔓上萌发出的无生长空间的新梢，但对于有较大生长空

间的新梢一定要保留，以便于树形的矫正和更新。

第二次在新梢长到15～20厘米时进行，采用双枝更新的结果枝组，抹去上位枝上的无花序枝，保留2～3个带花的壮枝，下位枝上尽量选留两个靠近基部的带花壮枝，如果带花的新梢都偏上，则在基部选留一个无花壮梢，在上部选一个带花新梢。采用单枝更新的结果枝组，首先在结果母枝基部选一健壮新梢，带不带花序均可，作为来年的更新枝，然后再选留1～2个带花壮枝，用于结果。

2. 新梢摘心和副梢处理 新梢摘心和副梢处理具有暂时抑制新梢营养生长、增加枝条粗度、促进花芽分化和枝条木质化的作用。尤其是对带有花序的结果枝在开花前后进行摘心，具有促进花序生长发育和提高坐果率的作用。

（1）结果枝摘心和副梢处理。对于落花落果严重，但冬芽不易萌发的葡萄品种如巨峰、京亚等，应在开花前3～5天，花序上留5～6片叶进行摘心（图6-15）。摘心后萌发的副梢，除了保留顶端的一个副梢外，全部从基部抹除，顶端副梢长到6～8片叶时再次摘心，副梢上的二次副梢依旧抹除，这次摘心后萌发的三级副梢从基部抹除。

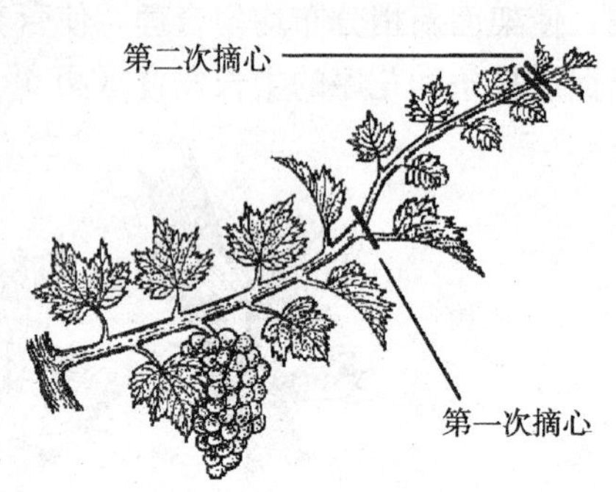

图6-15 巨峰摘心处理

对于坐果率高、冬芽不易萌发的品种如超宝、维多利亚等，新梢不用摘心，只做引绑，其上花序以下的副梢从基部抹除，花序以上的全部采用“单芽绝后”处理，“单叶绝后”处理摘心法是对副梢保留一片叶进行摘心，同时去除叶腋的冬芽和夏芽。只有当新梢长度超过架面生长空间后再进行摘心，摘心只保留顶端的一个副梢任其生长，其他副梢继续采用“单叶绝后”处理。

对于生长势强、冬芽易萌发的品种如美人指、克瑞森无核等品种，新梢不用摘心，只做引绑，其上花序以下的副梢全部采用“单叶绝后”处理，花序以上的采用“留双叶摘心”处理。只有当新梢长度超过架面生长空间后再进行摘心，摘心只保留顶端的一个副梢任其生长，其他副梢采用“单叶绝后”处理。

（2）营养枝摘心和副梢处理。对于冬芽不易萌发的品种如京亚、巨峰，新梢只要不超过架面，就不需摘心，其上的副梢在2叶以前从基部抹除即可。只有当新梢生长超过架面后，再进行摘心，摘心后保留顶端的一个副梢任其生长，进入秋季后从基部抹除。

对于生长势强、冬芽易萌发的品种如美人指、克瑞森无核等，新梢也不用摘心，其上的副梢全部进行“单叶绝后”处理。只有当其生长超过架面50厘米后，再进行摘心，同样摘心后只保留顶端的一个副梢任其生长，进入秋季后从基部抹除。

3. 葡萄新梢引绑　葡萄引绑主要是使新梢均匀分布在架面上，构成合理的叶幕层，以利于通风透光，减少病虫害的发生。一般在新梢长到50厘米左右时，采用猪蹄扣捆绑法固定到铁丝和架材上（图6-16）。

图6-16　猪蹄扣捆绑法

新梢引绑主要有倾斜式、垂直式、弓形引绑及吊枝等方法。倾斜式引绑适用于各种架式（图6-17），多用于引绑生长势中庸的新梢，以使新梢长势继续保持中庸，发育充实，提高坐果率及

花芽分化。生产上采用双十字架或十字形架的葡萄树，其新梢自然成为倾斜式引绑，从行向正面看树形呈V形或Y形，所以生产上也管双十字架和十字形架叫V形架或Y形架。

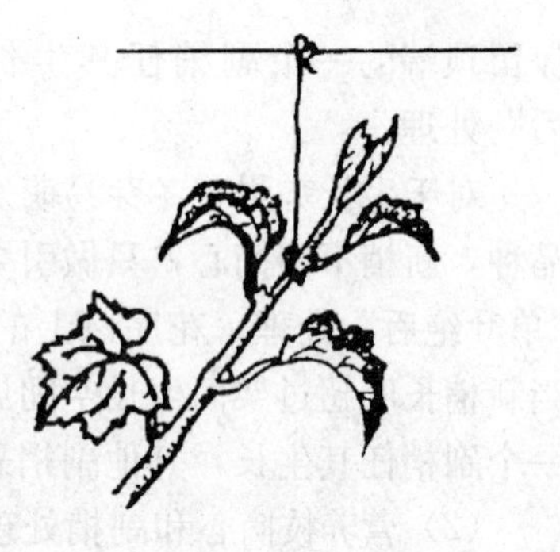

图6-17　葡萄新梢的倾斜式引绑（杨庆山，2000）

垂直式引绑和水平式引绑多用于单臂篱架或棚篱架的篱架面（图6-18），垂直式引绑主要用于延长枝和细弱新梢，利用极性促进枝条生长；水平式引绑多用在旺梢上，用来削弱新梢的生长势，控制其旺长。

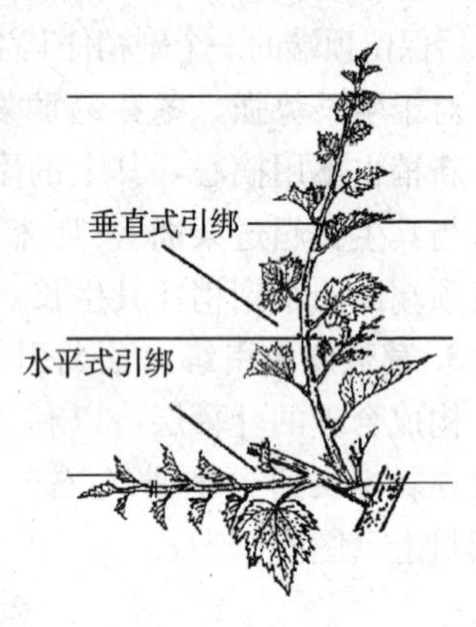

图6-18　葡萄新梢的垂直式引绑和水平式引绑

弓形引绑适用于各种架式，用于削弱直立强旺新梢的生长势，促进枝条充实，较好地形成花序，提高坐果率。具体操作为：以花序或第5～6片为最高点将新梢前端向下弯曲引绑。

吊枝多在新梢尚未达到铁丝位置时用引绑材料将新梢顶端拴住，吊绑在上部的铁丝上。对春季风较大的地区，尽量少用吊枝，因为新梢被吊住后，反而更容易被风从基部刮断。

4. 除卷须、摘老叶　卷须不仅消耗养分，而且影响葡萄绑蔓、副梢处理等作业，夏剪时应随时去除。对于黄化的葡萄老叶也应及时除去。生产上为促进葡萄上色，在未套袋葡萄果实开始转色或套袋果实摘袋后，去除果实附近遮挡果实的2～3片叶，以增加光照，促进果实上色（图6-19）。

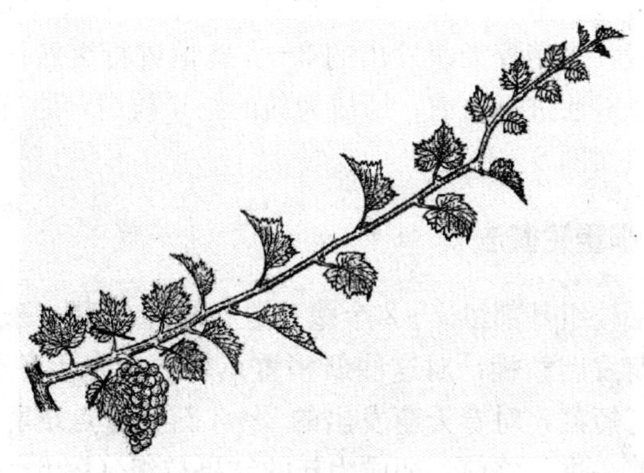

图 6-19　摘除挡光的老叶

三、结果枝组的更新

随着树龄的增加，结果部位会逐年外移，当架面已经不能满足新梢正常生长的时候，就要对结果枝组进行更新。

（一）选留新枝法

葡萄主蔓或结果枝组基部每年都会有少数隐芽萌发形成的新

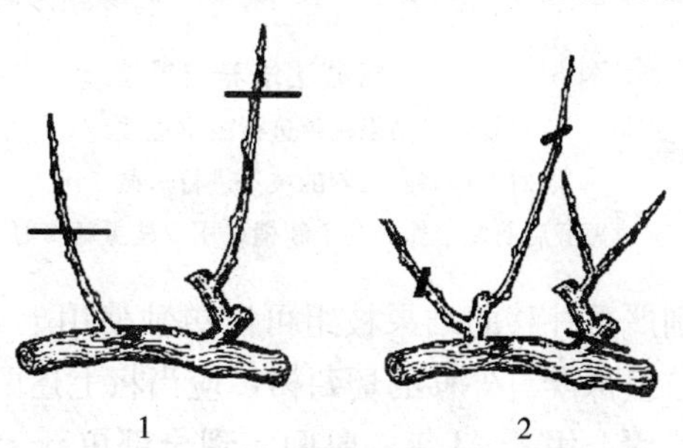

图 6-20　选留新枝法培养结果枝组

1. 对当年培养的枝条留 3 个芽进行短截，衰老枝组继续正常修剪，保持产量
2. 对第二年培养的 2 个新梢采用双枝更新修剪，并去除衰老的结果枝组

梢，对于这些新梢要重点培养，使其发育充实，冬季留2～3个芽进行短截，来年春天萌发出的2～3新梢进行重点培养，冬季采用双枝修剪法进行修剪，即成为新的结果枝组，原有结果枝组从基部疏除（图6-20）。

（二）极重短截法

在结果枝组基部留1～2个瘪芽进行极重短截，来年这些瘪芽有可能萌发出新梢，对这些新梢重点培养，来年冬季留2～3饱满芽进行短截，对春天萌发出的2～3新梢重点培养，冬季采用双枝修剪法进行修剪，即成为新的结果枝组（图6-21）。

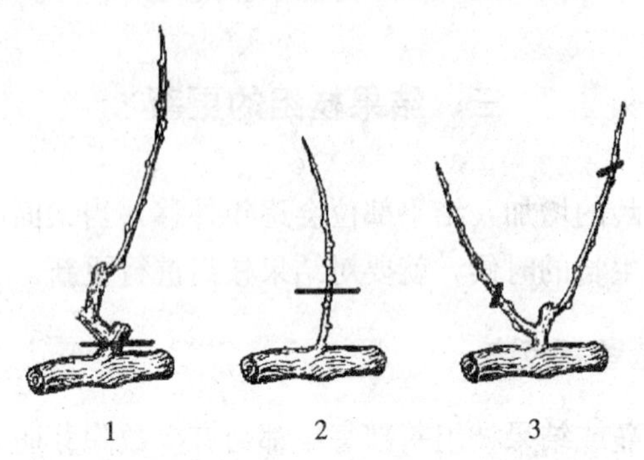

图6-21　极重短截法培养结果枝组

1. 对衰老的结果枝组进行极重短截

2. 对来年萌发培养的枝条进行短截

3. 对短截后萌发培养的两个新梢采用双枝更新修剪

对于个别严重外移的结果枝组可以单独使用上述两种方法，大部分结果枝组都严重外移的葡萄树，应当将上述两种方法结合起来，交替使用，用2～3年的时间实现全部更新。严禁为了省事，对所有结果枝组都实行极重短截法，从而对产量和树体造成严重影响。

第七章　树体管理

一、生命周期与相应的管理

（一）幼树期

幼树期是指从葡萄苗木定植到初结果这一时期。幼树期的主要任务是将葡萄引绑上架，快速成形，为结果打好基础。

1. 栽后第一年管理要点

定主蔓：苗木长到 15～20 厘米时，选一靠上直立的生长健壮的枝蔓留作主蔓，其余蔓均抹除。

施肥：苗高 30～50 厘米时，应结合浇水，在距苗木 25～30 厘米处施尿素，每株 25～30 克。

立架杆：苗木长到 50 厘米时，及时设立架杆，将苗木绑到杆上，促进苗木直立生长。

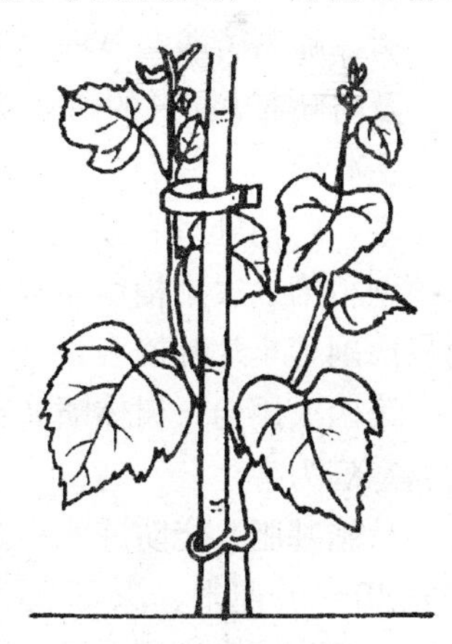

图 7-1　设立架杆
（杨庆山，2000）

副梢摘心：对主蔓上距地面 30 厘米以内的副梢，留 1 片叶连续摘心；对 30 厘米以上部位的副梢，则采用一次副梢留 3 叶片，二次副梢留 2 叶片，三次副梢留 1 片叶的“3-2-1”摘心法。

第二次浇水、施肥：在 6 月初，新根已形成，苗木进入生长阶段，此期浇水，不仅可提高苗木栽植成活率，还可以促进苗木生长。浇水时，结合施肥，每株用尿素

50克，施肥位置以距苗20厘米、深15厘米为宜。

锄草、松土：浇水后及时松土，以利土壤疏松透气，促进根系生长，同时铲除杂草。

第一次喷农药：进入雨季之前，即从7月上旬开始，树体全面喷布一次240倍半量式波尔多液，预防霜霉病的发生。

第三次浇水：进入7月份后，气温升高，此期浇水以促进苗木快速生长。浇水时，每株施尿素50克和磷酸二氢钾25克。施肥位置在距苗25厘米处，深度以15～20厘米为宜。土壤稍干即可松土，保持土壤疏松。

绑主蔓：随着苗木的生长，将苗木绑缚在支柱上，每隔20～30厘米一道，以使苗木直立生长。

第二次用药：进入7月下旬后，树体喷布200倍等量式波尔多液，预防霜霉病的发生。

第三次用药：8月份是降雨较多的月份，也是霜霉病发病严重的月份，因此如果出现霜霉病，可喷洒600倍液25%甲霜灵加800倍液70%代森锰锌，之后继续喷布200倍等量式波尔多液加以保护。

树体喷布磷酸二氢钾：进入8月份后，树体枝蔓开始老化成熟，及时喷布0.3%的磷酸二氢钾，加速树体成熟和花芽分化。

主蔓摘心：8月中旬开始主蔓摘心，以促使枝蔓成熟。

主、副梢处理：主蔓上的顶副梢采用“4-2-1”摘心法，即顶副梢第一次副梢留4片叶摘心，第二次副梢留2片叶摘心，第三次副梢1片叶摘心。

第四次用药：树体喷200倍等量式波尔多液，保护树体，免遭霜霉病为害。

秋施基肥、浇防冻水：进入10月中旬，在原定植沟外，开挖宽40～50厘米、深50厘米沟，扩穴，按每亩3 000～5 000千克的标准施入农家肥及50千克的钙镁磷肥；回填时，先填入表土，将表土和农家肥混合均匀，立即浇水沉实。入冬后，根据土壤墒情，浇防冻水。

冬剪：黄河中下游产区冬至前后开始，南方产区最晚在 1 月 10 号前后结束冬剪，埋土防寒区在土壤降温封冻前带叶修剪。当年的冬剪标准为：剪除所有副梢，根据剪口粗度确定剪留高度，剪口粗度标准为 0.8 厘米以上，高度依粗度而定，但不超过 1.5 米为宜。若苗木生长较弱，对剪留高度不够 50 厘米的苗木则平茬，第二年重新培养。

喷石硫合剂：冬剪结束后，立即喷布 5 波美度石硫合剂，消灭隐藏在树体上越冬的病菌及幼虫和虫卵，喷布时要求喷布周到、均匀。

埋土防寒：修剪结束后，即可埋土防寒，埋土前先在苗木基部培一小土堆（土枕），然后将苗木按倒在定植沟内，用表土埋严并拍实，埋土厚度为 30～40 厘米。

2. 栽后第二年管理要点　第二年萌芽后，抹除主蔓上位置不当和过密的营养枝，主蔓上带有花序的萌芽待可区分花穗时，每隔 20～25 厘米选留一个结果枝，其余抹除。一般原则是弱枝不留或少留花穗，壮枝一般留 2 穗，中庸枝留 1 穗。控制产量在 1 000～2 000 千克/亩，产量过高品质会降低。所留结果枝在开花前 3～4 天于花序上 5～6 叶摘心，一次副梢除先端留 1～2 个延长枝外，其余花穗以下副梢均抹除，以上副梢留 2～3 节摘心，抠除二次副梢上的芽眼，如此多次进行。对于果穗，可于初花期进行去副穗，掐除过长的穗尖，有利于穗形美观，增大果粒。

冬剪时，主蔓上已结果的枝留 2～3 芽短截，每 22 厘米左右留一个，作为第三年的结果母枝。此时树形已完成。

（二）盛果期

盛果期是指果树已开始大量结果，产量、品质和经济价值已开始达到最佳水平的时期。盛果期树的结果量逐年增加，营养生长逐渐减弱，若管理不当容易出现大小年。因此树体管理要点是

调节生长和结果的关系，改善光照条件，维持树势健壮，获得高产、稳产。

1. 产量控制 根据品种特性、架式特点、树龄、产量等确定结果母枝的剪留强度、更新方式及留芽量。结果母枝的剪留量为：篱架架面 8 个/$米^2$ 左右，棚架架面 6 个/$米^2$ 左右。冬剪时根据计划产量确定留芽量：留芽量＝计划产量/（平均果穗重×萌芽率×果枝率×结实系数×成枝率）

2. 新梢管理 葡萄盛果期树的新梢已显现花序时进行定梢。一般生长势强的品种和生长期较长的地区，每平方米棚架留梢 8～10 个；每平方米篱架留梢 10～13 个。生长势中庸的品种和生长期较短的地区，每平方米棚架留梢 12～15 个；每平方米篱架留梢 15 个左右；多数地区每平方米架面留梢 13～15 个。定梢时要根据品种、树势强弱、架面位置、新梢密度等来确定，强树多留，弱树少留，架密少留，架面上部多留，架面下部少留。

葡萄盛果期树抹芽的方法：主蔓上要抹除发育不良的瘦弱芽、尖头芽及着生部位不当、过密的芽。双生芽和三生芽还要抹除副芽，保留 1 个饱满的主芽。盛果期树的抹芽分 2～3 次进行，每隔 3～5 天 1 次。抹芽的原则是留稀不留密，留花芽不留叶芽。

3. 肥水管理 萌芽期、浆果膨大期和入冬前需要良好的水分供应，成熟期应控制灌水。多雨地区地下水位较高，在雨季容易积水，需要有排水条件。

依据地力、树势和产量的不同，参考每产 100 千克浆果一年需施纯氮（N）0.25～0.75 千克、磷（P_2O_5）0.25～0.75 千克、钾（K_2O）0.35～1.1 千克的标准测定，进行平衡施肥。

葡萄一年需要多次供肥。一般于果实采收后秋施基肥，以有机肥为主，并与磷钾肥混合施用，采用深 40～60 厘米的沟施方法。萌芽前追肥以氮、磷为主，果实膨大期和转色期追肥以磷、钾为主。微量元素缺乏地区，依据缺素的症状增加追肥的种类或根外追肥。最后一次叶面施肥应距采收期 20 天以上。

（三）衰老期

衰老期是指果树的产量和品质从最佳水平开始下降，直到丧失经济价值的这段时期。衰老期修剪的主要任务是更新复壮，恢复树势，尽量延长结果年限，维持较好的产量。对衰老期的树，要充分利用营养枝培养新的结果枝组，同时对原有枝组更新复壮，采取回缩外移、衰弱结果枝组，刺激主蔓隐芽萌发新枝培养结果或从基部锯除老蔓重新培养。将过密的枝适当疏除，以保证枝组的旺盛生长。

二、葡萄周年管理

葡萄年生长周期可分为 8 个物候期，各个时期的特点及管理要点如下：

（一）树液流动期

春季气温回升，当地温达到 6～7℃时，欧美杂交种根系开始吸收水分、养分，达到 7～8℃时欧亚种葡萄根系也开始吸收水分、养分，直到萌芽，这段时期称为树液流动期。根系吸收了水分和无机盐后，树液向上流动，植株生命活动开始运转，如果此时形成伤口，易造成“伤流”，所以这个时期又称“伤流期”，此期管理要点：

1. 撤除防寒土　3 月下旬，埋土防寒的葡萄出土，较寒冷地区可分两次除土，除土时不能碰伤枝芽，4 月 5 日前完成该项工作。

2. 田间整理　整理支柱，紧固铁丝；剥老树皮，彻底烧毁。

3. 病虫防治　喷布 3～5 波美度石硫合剂或 5%硫酸亚铁，防治白粉病、介壳虫及其他越冬病虫菌源。

（二）萌芽期

气温继续回升，当日平均气温稳定在10℃以上时，葡萄根系发生大量须根，枝蔓芽眼萌动、膨大和伸长。芽内的花序原基继续分化，形成各级分枝和花蕾。新梢的叶腋陆续形成腋芽。从萌芽到开始展叶的时期称为萌芽期。萌芽期虽短，但很重要，此时营养好坏，将影响到以后花序的大小，要及时采取上架、喷药、灌水等管理措施，此期管理要点：

1. 上架　葡萄刚出土时枝条柔软，应尽快上架；上架时绑缚老蔓，老蔓要分布均匀；按树形要求绑好枝蔓，并补充修剪。

2. 土肥水管理　清耕果园，发芽前打一遍封闭式除草剂进行除草；为保墒提地温及防止病虫为害，可在地下铺一层地膜。葡萄上架后，追施芽前肥，成龄园亩施尿素或磷酸二铵40～50千克，施肥后浇水。如春旱4月下旬再灌水一次，灌水后中耕。

3. 病虫防治　当芽的鳞片裂开，芽呈绒球状时，喷3～5波美度石硫合剂，也可喷240倍半量式波尔多液（但两者不能混用，间隔期在半月以上），防治黑痘病、毛毡病、白腐病及红蜘蛛、介壳虫等病虫害。操作要细致，枝和芽都要喷上药。

4. 抹芽　展叶初期进行第一次抹芽。老蔓上萌发的隐芽、结果母枝基部萌发的弱枝、副芽萌发枝除留作更新外的地面发出的萌蘖枝，都全部除去。幼树枝蔓未布满架面时，结果母枝上双芽枝如都有花序，可全保留，以后做不同的摘心处理。

（三）新梢生长期

从展叶到新梢停止生长的时期称为新梢生长期。新梢开始时生长缓慢，以后随气温升高而加快，到20℃左右新梢迅速生长，日生长5厘米以上，出现生长高峰期，持续到开花才又变缓。新梢的腋芽也迅速长出副梢，此时如营养条件良好，新梢健壮生长，将对当年果品产量、品质和次年花序分化起到决定性作用。

管理要点为及时追施复合肥料，剪除多余的营养枝及副梢，抹芽定枝。

1. 芽梢管理　第二次抹芽，抹除不带花芽的新梢、密梢、隐芽萌发的新梢及枝腋间生出的芽梢等，做到初步定梢；消除新梢上的全部卷须，要留有一定数量的无果梢以备更新，比例为1～2：1；新梢长到50厘米左右时要绑缚，绑时要把新梢均匀排开，不可穿插，结合这次绑梢进行定枝。5月中旬（开花前3～5天）进行新梢摘心，通常在花序前5～7叶处摘心。花序和果穗处理详见花果管理一章。

2. 土肥水管理　有条件的葡萄园进行覆膜。追施花前肥，二年生的树喷1～2次磷酸二氢钾或尿素，三年生以上的树每株施硫酸铵或硝酸铵100～150克、硫酸钾100～200克或氯化钾50克，穴施，施后灌透水，中耕除草。花期喷布0.3％硼砂＋0.2％尿素。

3. 病虫防治　5月上中旬（花前1周）喷50％多菌灵600倍液＋0.3％尿素或10％宝丽安1 000倍液或70％甲基硫菌灵800～1 000倍液或68％杜邦易保1 200倍液，防治灰霉病、霜霉病、穗轴褐枯病、黑痘病、蔓割病、褐斑病等。落花后，可喷一遍科博700～800倍液。

（四）开花期

从始花期到终花期，这段时间为开花期，开花期的早晚和持续时间的长短与品种和气候条件有关。气温高，开花就早，花期也短；相反气温低或连阴雨，开花就晚且花期也长。一般品种在气温上升到20℃左右时，即进入开花期，花期一般1～2周时间。如气温低于15℃或连续阴雨天，开花期将延迟。盛花后2～3天和8～15天有2次落花和落果高峰，落花率、落果率达到50％左右，这属正常情况。

此期管理要点：花前、花后施肥浇水，对结果枝及时摘心，

对雌能花品种和授粉不良的品种，要进行人工辅助授粉，喷硼砂液。特别像巨峰、玫瑰香等品种，如生长过旺会严重落花落果，应在见花时摘心，并喷施硼肥。

（五）浆果生长期

子房膨大至果实成熟的一段时期称为浆果生长期。一般需要60～70天，长的需要100天。子房开始膨大，种子开始发育，浆果生长。幼果含有叶绿素，可进行光合作用制造养分，有两次生长高峰。当幼果长到高粱粒大小（2～4毫米）时，部分幼果因授粉不良等原因落果。这时新梢生长渐缓而加粗生长，枝条下部开始成熟，叶腋中形成冬芽。此期管理要点是进行追肥、掷蔓、防治病虫害。

1. 整理花序和果穗 在幼果生理落果后，疏去不能正常发育的小果，合理控制产量，保持果穗均匀整齐。

2. 合理使用膨大剂 四倍体品种疏果后浸蘸膨大剂，无核品种可浸低浓度赤霉素。膨大剂、赤霉素的使用浓度按照说明书要求，并根据不同品种和试验情况来决定。

3. 及时套袋 套袋前应用好一次内吸性杀菌剂，用药后抓紧套袋。详见花果管理一章。

4. 及时追肥 在幼果膨大前期，根部追施尿素15～20千克/亩、复合肥15～20千克/亩，施后浇水；或施多元叶面肥2～3次。

5. 田间管理 主要是适时浇水、中耕除草、摘心和去副梢。天气干旱时及时灌溉，切忌漫灌。遇连阴雨，应及时排水。同时进行摘心、去副梢，适当控制营养生长；及时绑缚新梢。

6. 病虫害防治 此期以防治霜霉病、炭疽病、白腐病为重点。

（六）浆果成熟期

果实变软开始成熟至充分成熟的阶段，时间半个月至2个月。这时果皮褪绿，红色品种开始着色；黄绿品种的绿色变淡，逐渐呈乳黄色；白色品种果皮渐透明。果实变软有弹性，果肉变甜。种子渐变为深褐色，此时浆果完全成熟。浆果成熟期与品种有关，分极早熟、早熟、中熟和晚熟品种。浆果成熟期要求高温干燥，阳光充足。部分早熟和中熟品种的成熟期正好赶上雨季，园中易涝，果实着色差，不甜不香。管理要点：注意排水防涝，疏叶，打掉无用副梢，喷施叶面肥，使果实较好地成熟着色。

1. 适时分批采摘　成熟的葡萄果皮有光泽，有一层浓厚的粉霜，果肉透明，食之有其固有的风味，种子呈棕褐色。根据成熟情况适时采摘，分批进行，以晴天上午露水干后采摘最适宜。

2. 注意防旱降温　在采摘阶段，如遇长期高温或无雨天气，可采用行间覆草来降低地温，同时要注意适时、适量灌水。灌水应采用环状沟灌法，即在树冠外围挖一道宽沟，将水灌入。

3. 适时追肥　此次追肥应以钾肥为主，每亩施用30～70千克，以促进果实着色成熟，增加可溶性固形物含量，提高品质。

4. 病虫害防治　注意炭疽病、白腐病、霜霉病的防治工作，做好防治虫害工作，主要虫害有吸果夜蛾、蝇蚊、金龟子等。

（七）落叶期

果实采收至叶片变黄脱落的时期称为落叶期。果实采收后，果树体内的营养转向枝蔓和根部贮藏。枝蔓自下而上逐渐成熟，直到早霜冻来临，叶片脱落。管理要点：此期应加强越冬防寒措施，预防早霜提前出现，为果树安全越冬做好准备。

1. 水分管理　北方葡萄园及时浇封冻水，提高土壤湿度，提高越冬抗寒性。南方视土壤水分含量多少，适时灌水，特别是11月施基肥的葡萄园，注意施肥后灌水。

2. 病虫害防治　结合冬季修剪，剪除有病的病虫枝蔓。清理葡萄园内及周围的病果、病枝、落叶和杂草，及时焚烧或深

埋；修剪后的枝条，集中处理。消灭葡萄架（包括桩）上的越冬卵块（比如斑衣蜡蝉）。

3. 及时施基肥 基肥以厩肥、堆肥等有机肥为好。每亩要求施用 4 000～5 000 千克有机肥，钙镁磷肥 70 千克，掺施 50～70 千克的复合肥。

（八）休眠期

从落叶到第二年春天根系活动树液开始流动为止，这段时期称为休眠期，也称冬眠期。我国幅员广阔，各地葡萄休眠期不一。葡萄休眠并不是假死，植株体内仍进行着复杂的生理活动，只是微弱地进行，休眠是相对的。管理要点：休眠期管理主要是施足基肥、修剪、灌水、剥除老树皮、清园，盖塑料薄膜或埋土防寒等。

三、副梢管理技术

及时合理地进行副梢管理，控制和利用好副梢是提高葡萄生产水平的一项重要措施。副梢管理应综合考虑品种、架形、肥水、土壤等条件。有的品种副梢生长弱，果穗容易出现日灼，应多保留叶片；反之副梢发生能力强的品种（如玫瑰香及一些酿酒品种），就要适当控制副梢。至于架形，总的前提是必须保证葡萄的新梢能在架面上均匀分布，一般新梢间的距离为 20 厘米左右。常用的副梢处理技术：

（一）幼树和初结果树的副梢管理

本着整形、结果两不误的原则，在适量结果的同时，科学扩大架面。按树形要求对其延长新梢摘心后，副梢应全部保留，除顶端副梢延长生长，留 4～6 片叶摘心外，其余副梢可留 2～3 片叶反复摘心。再发生的二次副梢，可对顶端一次副梢上留 3～5

片叶摘心，其他部位的二次副梢可全部疏除。

当利用副梢进行快速整形时，可在新梢或强壮的副梢上每隔1～2芽（节）选择一副梢进行定位培养，使其成为将来的结果母枝，而将其余的副梢抹除。

（二）成龄树的副梢管理

1. 主梢摘心后　保留部分副梢，或保留花序以上的副梢（留1～2片叶反复摘心），花序以下的副梢全部疏除，或保留花序附近1～2个副梢（留1～2片叶反复摘心），为果穗遮阴，防止日灼。这两种处理方法，有利于改善架面通风透光条件和果实发育。

2. 在结果新梢上仅留顶端两副梢　各留3～4叶反复摘心，一般在3次副梢后就不再保留。其他叶腋发出的副梢一律去除。这种副梢管理方法，适合于架面较低的篱架葡萄。

3. 主梢留9叶摘心　顶端一个副梢留9片叶摘心，其余副梢及由顶端副梢发出的2次副梢则一律去除。这种方法较简单易行，每个结果新梢上具有18片叶以上，适于在架面较高的篱架葡萄园应用。

4. 对于一些生长势强，坐果率低的品种　如巨峰，采取花前一周结果梢强摘心（留2～4叶），有利于提高坐果率。

四、采收后树体管理

葡萄采收后，叶片的同化作用仍在继续进行。营养物质开始在新梢、多年生枝蔓和根系中积累，从果实采收后到落叶这个时期，树体营养物质积累的多少与枝蔓成熟度、植株越冬抗寒性，以及翌年的长势、花芽分化、开花结果、产量和品质等都有密切关系，是争取明年葡萄丰收的基础。因此，葡萄采收后，管理仍要加强，主要应采取以下措施。

（一）促进枝条成熟、保护叶片

在做好夏剪的基础上，继续进行摘心、打叉、除卷须和细弱枝蔓，摘除病害严重的叶片，以减少养分消耗，调节树体养分流向，促进芽眼饱满老熟。对仍在生长的当年生枝条轻摘心、促进枝条成熟。

除有病虫害的叶片和干枯叶片需摘除外，其他叶片应尽可能加以保留，防止过早脱落。首先，要增施果后肥。采果后，要及时喷施叶面肥恢复树势，每 10 天左右喷洒 1 次 0.2%的尿素和 0.2%的磷酸二氢钾混合液，连喷 2～3 次，树势旺盛的园，可少施或不施，以防新梢徒长。其次，做好病虫害防治工作。采果后，仍要抓好病害防治，可选用 1：1：150～200 倍波尔多液，也可选用 80%必备 600 倍液、30%王铜悬浮剂 800 倍液、50%退菌特可湿性粉剂 500 倍液、瑞毒霉可湿性粉剂 700 倍液、65%的代森锌可湿性粉剂 500 倍液、70%甲基托布津可湿性粉剂 1 000倍液进行喷施。

（二）全园深耕、秋施基肥

深耕松土以及秋施基肥应“宁早勿晚”，一般不要超过 10 月份。秋季基肥一般亩施腐熟的畜禽粪 2 000～3 000 千克、复合肥 40 千克、过磷酸钙 50 千克。基肥施用方法分全园撒施和沟施两种，一般棚架葡萄多采用全园撒施，将肥料撒施后深耕。沟施，可根据树龄决定，采取环状沟或条状沟施肥。沟宽一般 40～80 厘米，深 30～40 厘米。肥料施入后加土覆盖。

雨水多时要及时清沟排水，如遇秋旱或冬旱应及时灌溉，保持田间持水量不低于 60%。

（三）适时冬剪

1. 修剪时期 黄河中下游产区冬至前后开始，南方产区最晚在1月10号前后结束冬剪，埋土防寒区在土壤降温封冻前带叶修剪。

2. 留芽量与留枝量的确定 冬剪植株留芽量的多少，必须每年根据树势和架面确定。

3. 修剪方法 根据品种特性和新梢质量采取疏除、短截、更新等修剪方式。

（四）及时清园

清除园内杂草，枯枝落叶及修剪下来的枝叶，以及采果后丢弃在园内的病果、病穗、病叶和病枝，摘除下来破损的套袋，集中到园外深埋或烧毁，以消灭病虫源。

五、葡萄的越冬防寒

在我国埋土防寒线以北的华北、西北、东北葡萄产区，必须进行埋土防寒，而且愈往北埋土开始的时间愈早，埋土厚度愈大，这样植株才能安全越冬。

在埋土防寒线附近的地区，入冬前也应对葡萄植株进行简易覆土防寒，以防冬季突然降温导致葡萄植株受冻。栽培抗寒性较弱的红地球、奥山红宝石、乍娜、葡萄园皇后、瓶儿、里扎马特等品种的地区更应重视埋土防寒工作。埋土防寒的时间和方法应根据当地气候和土壤条件以及葡萄品种和砧木的抗寒性强弱而定。

（一）埋土防寒时间

一般埋土防寒的时间为土壤封冻前15天，埋土时间过早或过晚对葡萄越冬均不利，埋土过早，一是植株未得到充分抗寒锻炼，会降低葡萄植株的抗寒能力；二是土壤温度高、湿度大，芽眼易霉烂。埋土过晚，根系在埋土时就有可能遭冻，而且土壤一

旦封冻，不仅取土困难，而且不易盖严植株，使枝芽和根系仍会受冻，起不到防寒作用。最适宜的防寒时间应在气温已经下降接近0℃，土壤尚未封冻前进行。

（二）埋土防寒方法

1. 地上全埋法 即在地面上不挖沟进行埋土防寒，方法是修剪后将植株枝蔓捆缚在一起，缓缓压倒在地面上，然后用细土覆盖严实。覆土厚度依当地绝对最低温度和品种抗寒性而定，一般品种在冬季低温为－15℃时覆土20厘米左右，－17℃时覆土25厘米，温度越低，覆土越厚。对一些抗寒性强的品种如巨峰、白香蕉等覆土可略薄一些。

2. 地下全埋法 在葡萄行间挖深、宽各50厘米左右的沟，然后将枝蔓压入沟内再行覆土。在特别寒冷的地方，为了加强防寒效果，可先在植株上覆盖一层塑料薄膜、干草或树叶然后再行覆土。此方法适宜于棚架和枝蔓多的成龄园采用。

3. 局部埋土法（根颈部覆土） 在一些冬季绝对最低温高于－15℃的地区，植株冬季不下架，封冻前在植株基部堆30～50厘米高的土堆保护根颈部。此法仅适用于抗寒能力强的品种和最低温度在－15℃以上的地方采用。若采用抗寒砧木（如贝达、北醇等）嫁接的葡萄，埋土防寒可以简单一些。覆土深度一般壤土和平坦葡萄园薄些，沙土和山地葡萄园要厚些。对于一些冬季最低温度虽达不到－17℃，但植株生长较旺、落叶较迟、挂果较多的当年嫁接换种的植株，也应及时进行适当的埋土防寒。

4. 防寒埋土操作要点 ①在每株葡萄茎干下架的弯曲处下方先用土或草秸做好垫枕，防止在植株上埋土时压断主蔓，同时在枝蔓下架处挖一深约35厘米的浅沟，以备摆放枝蔓。②埋土时先将枝蔓略为捆束放入沟内，两侧用土挤紧，然后在枝蔓上方覆土，边培土边拍实，防止土堆内透风。

5. 注意事项 ①埋土防寒前应先灌1次封冻水，可增加土

壤墒情，提高抗寒、抗旱能力，但要注意等表土干后再进行埋土防寒，防止土壤过湿造成芽眼霉烂。②采用挖沟防寒方法的，应提前挖好，并充分晾晒后再埋土防寒。③取土时不可离根太近，应离根颈部位1.0～1.5米之外，以防透风伤根。④埋土时土要平、要细，埋土要严，覆土厚度要均匀。冬季要经常检查，发现有裂缝和鼠洞的地方要用土填上，埋土不够的地方再加土。

6. 葡萄出土上架　当春季气温达10℃时，埋土防寒的葡萄就应及时出土上架，出土时间不能过早，以防晚霜和受冻，但出土也不能过晚，以防幼芽在土中萌发，出土时碰伤、碰断嫩芽，正确的出土时间应根据当地的气候和所栽品种的物候情况而决定，一般在芽膨大前及时出土。

出土上架操作要细心、谨慎，防止碰伤枝蔓和芽眼，出土上架绑蔓以后，可结合春季病虫防治及时喷布1次3～5波美度石硫合剂与0.3%五氯酚钠的混合液，以杀灭枝蔓上残存的越冬病虫。

（三）防寒栽培技术

我国西北、东北地区冬季寒冷时间较长，单靠埋土防寒仍收不到良好的效果，必须采用综合的防寒栽培技术才能达到降低管理成本、提高防寒效果的目的。其主要方法是：

1. 选用抗寒品种　经多年观察表明，龙眼、牛奶、无核白、巨峰及酿造品种雷司令、霞多丽等是抗寒性较强的品种；早熟品种莎巴珍珠及郑州早红等也比较抗寒。这些品种在适当的埋土条件下即可安全越冬。

2. 采用抗寒砧木　如贝达或山葡萄，可以大大减少埋土的厚度。

3. 深沟栽植　挖60～80厘米深的沟，施足底肥，深栽浅埋，逐年加厚土层，使根系深扎，以提高植株本身的抗寒能力。深沟浅埋栽植不但能增强植株的抗寒力，而且便于覆土防寒。

4. 尽量采用棚架整形 棚架行距大，取土带宽，而且取土时不易伤害根系。因此，北方寒冷地区栽植葡萄时应尽量采用小棚架。

5. 短梢修剪 北方地区葡萄生产期较短，在一些降温较早的年份，有的品种枝条成熟较差，因此夏季宜提早摘心，并增施磷钾肥料以促进枝条成熟和基部芽眼充实；冬季修剪用短梢修剪，以保留最好的芽眼和成熟最好枝段的枝条。

6. 加强肥水管理 栽培前期要增施肥水，及时摘心，而后期要喷施磷、钾肥，控制氮肥和灌水，秋雨多时要注意排水防涝，促进枝条老熟，提高植株越冬抗寒能力。

第八章　花果管理

一、花序管理

花序管理包括疏花序和花序整形。

（一）疏花序

开花前根据树势、枝条长势及产量要求，疏除不良花序，包括弱小、畸形、过密和位置不当的花序。使有限的养分集中供应保留的优良花序。对一般鲜食品种来说，原则上壮果枝可留 2 个花序，中庸枝留 1 个花序，弱枝不留花序。

疏花序宜尽早进行（开花前 3 周），可结合抹芽和定枝分两批进行，对于落花落果及大小粒严重的巨峰等品种，应当有一定比例的预备花序，等坐果后在疏果穗时继续细整。因气候条件、品种和对质量的要求不同，各地葡萄生产中的营养枝与结果枝的比例、叶果比稍有不同（表 8－1），如日本认为要使巨峰达到高质量要求，全株的叶果比为 15～18∶1。红地球为大果穗品种，一般营养枝与结果枝的比例为 2～3∶1，每新梢保留 20～22 片成熟叶片。

表 8－1　主要葡萄品种的花序和果穗的疏除标准（日本）

品种	底拉洼	康拜尔早生	蓓蕾 A	巨峰
开花前摘除比例	80%	40%	70%	0
结实后摘除比例	20%	60%	70%	100%
计划穗数（1 公顷）	12 万～15 万	6.0 万～6.5 万	6 万	4 万

（续）

品种		底拉洼	康拜尔早生	蓓蕾 A	巨峰
每个结果枝保留的穗数	强	2～3	2	2	1～2
	中	2	1	1	1
	弱	1	0	0	0～1
预定枝数（1 公顷）		6.0 万～6.6 万	5 万～6 万	5 万～6 万	5 万～6 万

（二）花序整形

包括除副穗、疏小穗和掐穗尖（图 8－1）。一个葡萄花序一般含有 200～500 朵花，巨峰一个标准果穗只需 30～50 个果粒。红地球的一个标准果穗只需 60～80 个果粒，葡萄的生理落果要脱落一部分，剩余的部分还是超过标准。

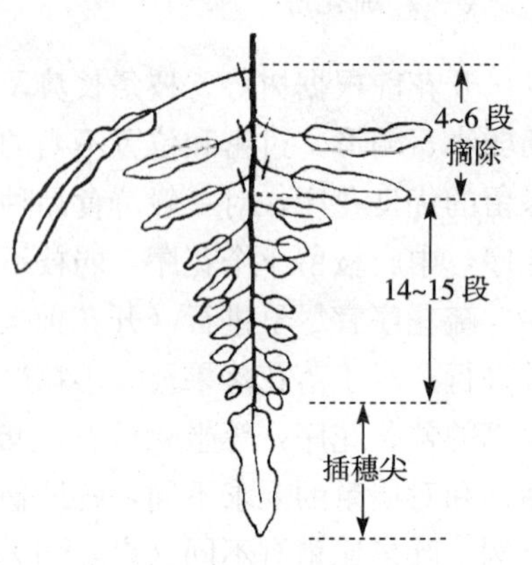

图 8－1　巨峰葡萄花序修整示意图

（从穗轴向穗尖方向，最上方的 4～6 段副穗和小穗疏除，接下来的 14～15 段小穗保留，穗尖整个疏除）

通常花序尖端及副穗上的花朵发育差开花晚，将其疏除可以节省养分的消耗。对巨峰葡萄的通常做法是掐去穗尖为花序长度的 1/5～1/4，同时去除整个副穗，坐果后要疏果粒。每穗果只留 30～50 个果粒。

二、果实管理

（一）修整果穗

对一些果穗紧密的品种（红地球、京秀、郑果大无核等欧亚种品种），为了达到果穗疏松和减轻病害的目的，在开花前喷布5～10毫克/千克的赤霉素，可以促进花序的伸长。

1. 疏果穗 谢花后1周内，果实似绿豆大小时进行第一次疏果穗。疏去坐果不良的果穗和病果穗。第二次疏果穗宜在谢花后2周坐稳果后进行。果实似黄豆大小时进行定果穗，疏除多余果穗，达到合理的叶果比。

2. 疏果粒 疏果粒的时间通常在坐稳果后，果粒似黄豆大小时，结合定果穗进行，此时果粒正处于迅速膨大期。疏掉畸形果、小果和病果等。红提葡萄的疏果标准是：小穗保留40～50粒，中穗保留51～80粒，大穗保留81～100粒，这样可以保证每穗重分别为500克、750克和1 000克左右。河北对牛奶葡萄的疏粒标准是：强枝和中庸枝每穗留100粒，弱枝留40～60粒。

（二）保花保果

为了获得好的产量和效益，保花保果是巨峰系欧美杂种品种栽培必不可少的关键技术。可采取如下措施来提高葡萄坐果率：

1. 合理施肥 开花前不施氮肥。葡萄对氮非常敏感，一旦氮肥过多，特别是花前大量追氮，易导致梢蔓旺长，引发落花落果，所以开花前不施氮肥，待幼果坐定后和秋季采收后再施氮肥，春季的追肥要在发芽前及早施。

2. 确保树势健壮 改善树体营养条件，对提高坐果率非常重要。

3. 疏除过多的花穗 及时抹芽、适时摘心，疏除多余花序，减少养分消耗。

4. 喷硼肥 在开花前半个月进行叶面喷施0.3%的硼砂液，可促进花粉管伸长和花粉萌发，有利于授粉受精，提高坐果率。喷雾时要均匀细致，以防硼中毒。

（三）调节负载量

有些葡萄品种极易形成花芽，结实率很强，而且花序和果粒数多，因而容易负载过量，引起落花落果。所以，花前2～4周疏除多余的花序，花前10天掐花序尖和副穗，适当调整负载量，可有效促进选留花序的开花坐果。

（四）果实套袋

葡萄套袋栽培具有促进果面着色、提高果面光洁度、预防病虫害、提高商品价值、增加经济效益等优点，是当今世界各国争相采用的重要措施之一，也是发展无公害葡萄的重要途径(图8-2)。

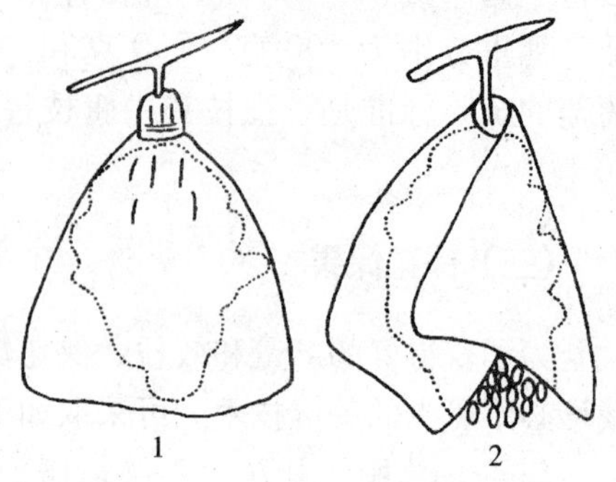

图8-2　葡萄果实套袋

1. 全封闭　2. 打伞

（吕湛，2001）

1. 葡萄套袋栽培的效果　①套袋可减轻病虫害；②套袋可使果面清洁；③套袋可以改善果实风味。

2. 套袋的主要缺点　①费工、费时；②袋内光照差，一般着色度比不套袋的低20%～30%，尤其对直射光着色的红色品种，有严重影响；成熟期比不套袋的推迟7～10天；③果实的含糖量和维生素C含量略有下降趋势；④个别品种在套袋栽培时易发生日烧。

3. 葡萄套袋技术

（1）葡萄专用果袋种类及适用范围。葡萄套袋应根据品种及各地区的气候条件的不同，选择适宜的果袋种类（表8-2）。

表 8-2　葡萄专用果袋种类及适用范围

果袋种类	适用范围
白色纯木浆纸果袋	适用于大多数品种
黄色纯木浆纸果袋	适用于黄绿色、日灼病发生严重地区及对日灼敏感的葡萄品种
无纺布果袋	适合在避雨栽培条件下使用

（2）葡萄专用果袋规格。不同的葡萄品种的果穗大小有所不同，可分大、中、小3种型号。小号的规格为175毫米×245毫米，中号的规格为190毫米×265毫米，大号的规格为203毫米×290毫米。在袋的上口一侧附有一条长约65毫米的细铁丝，作封口用，底部两个角各有一个排水孔。

（3）套袋时间。通常是在谢花后半个月坐果稳定后，随着疏果的完毕，即可及早进行套袋，其时幼果似黄豆大小，这样可以防止早期侵染的病害。套袋时间不宜过晚，否则，失去预防病虫的意义。套袋要避开雨后的高温天气进行，否则会使日烧加重。

（4）套袋方法。套袋前，全园喷一遍杀菌剂，如多菌灵、代森锰锌、甲基托布津等，重点喷布果穗，药液晾干后再进行套袋。将袋口端6～7厘米浸入水中，使其湿润柔软，便于收缩袋口，提高套袋效率，并且能将袋口扎实扎严，防止病原、害虫及雨水进入袋内。套袋时，先用手将袋撑开，使纸袋整个鼓起，然后由下往上将整个果穗全部套住，再将袋口收缩在果穗柄上，用一侧的封口丝紧紧扎住。

（5）去袋的时期和方法。葡萄套袋后可以不去袋，带袋采收，也可以在采收前10天左右去袋。红地球等红色葡萄品种的着色程度因光照的减弱而降低，为了促进着色，采收前20天左右需要去袋。巨峰等容易着色的品种可以不去袋。去袋时为了避免高温伤害，不要将纸袋一次性摘除，先把袋底打开，逐渐将袋去除。

（6）去袋后的管理。葡萄去袋后一般不再喷药，但要注意防止金龟子的为害。果实临近成熟，果实周围的叶片老化，光合作用降低，所以适当摘除部分老叶片，不仅不影响果实的成熟，还会增加果实表面的光照和有效叶面积的比例，有利于树体的养分积累。

4. 葡萄套袋的注意事项

（1）在花期，必须掐穗尖，以提高坐果率，使果形紧凑美观。

（2）套袋前必须做好果穗整形。

（3）套袋前喷一次杀菌剂。针对霜霉病、炭疽病、白腐病、灰霉病等病害，喷药晾干后应立即套袋。

（4）对于难着色的品种采前20天左右去袋，使果实充分着色。

（五）防止裂果

葡萄裂果严重降低了其商品性和经济效益（图8-3）。发生裂果的原因有：品种特性、着色后期久旱遭雨和大灌水，水分供应不均匀，幼果期遇大风、高温天气，修剪、疏果留果不合理，负载过重及病害所致。针对裂果的主要原因，应从以下几个方面采取措施：

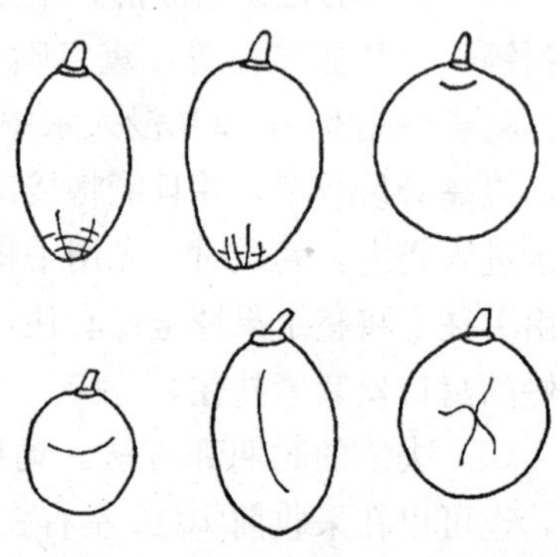

图8-3　葡萄裂果的几种类型

（1）选种不裂果的葡萄品种。欧美杂种品种果皮厚，裂果轻；欧亚种群品种的果皮较薄，裂果较为严重。

（2）果实生长发育期要保持水分供给均匀。高温季节要及时灌水，雨后及时排水。果实发育后期要少量、多次灌水，杜绝大水漫灌，平时注意保墒，防涝防病。

(3) 对果粒紧密的品种，改结果新梢花前摘心为花后摘心，使其适当落果，或在花前疏除部分小穗，以求果穗松紧适度。通过疏枝、疏穗调节负载量，防止果粒过于紧密，挤压过甚导致裂果。疏除徒长枝、过密枝、病枯果枝等，减少营养消耗。修剪伤口要及时保护。

(六) 适时采收

鲜食葡萄必须适时采收，才能保证质量。采收期偏早，糖度低，酸度高，着色不良，香气淡，风味差，但充分成熟了的果实，如迟迟不收，便有裂果脱粒的危险，而且影响树势恢复。

第九章　土肥水管理

一、土壤管理

葡萄园常用的土壤管理方法有五种：清耕法、生草法、覆盖法、免耕法、间作法。五种土壤管理方法各有各的优缺点，一般都是两种以上结合使用，目前国外应用最为广泛的是果园行间生草树下覆盖的管理方法。

（一）清耕法

果园清耕就是在果树生长季节多次进行浅耕除草或使用除草剂，保持果园地面干净的一种土壤管理制度。

1. 常见耕作方法

（1）犁耕。在幼龄果园行间进行犁耕，达到除草和松土的目的。

（2）旋耕。用旋耕机进行果园行间平整土地、耙碎土块、混拌肥料、疏松表土。

（3）中耕。中耕的作用是疏松表土，铲除杂草，是果园经常进行的耕作措施。一般每年要进行多次的中耕除草。

（4）除草剂。利用各种专用除草剂对果园杂草进行清除。

2. 优缺点　清耕制使果园中没有杂草等其他植物与葡萄竞争养分和水分，对幼龄果树的生长和根系发育有利，同时消灭了部分土传害虫。缺点是破坏土壤结构，使果园适应能力下降，管理繁琐费工，成本高。频繁使用除草剂对人体健康不利，同时也不利于葡萄无公害生产。

（二）生草法

生草制在果树生产发达国家应用非常广泛，生草法特别适用于有机质含量低、水土易流失的果园（彩图 17）。果园生草种类的选择标准是要求矮秆或匍匐生，适应性强，耐阴、耐践踏，耗水量少，与果树无共同的病虫害，能引诱天敌，生育期较短。

1. 草种选择　葡萄园适宜的草种有三叶草、百脉根、毛叶苕子、紫云英、鹰嘴豆、黑麦草、草木樨、沙打旺、紫穗槐、田菁、小冠花等，混播比单播的效果要好。

2. 播种时间　以白三叶为例，最佳播种时间为春、秋两季。春播可在 4 月初至 5 月中旬，秋播以 8 月中旬至 9 月中旬最为适宜。

3. 播种量　不同的草种，播种量不同，白三叶 8 千克/公顷，百脉根 7.5 千克/公顷，毛叶苕子 30 千克/公顷，紫云英 22.5 千克/公顷，黑麦草 22.5 千克/公顷。

4. 种植方式　条播和撒播。撒播种子不易播匀，出苗不整齐，对成坪不利；条播有利于种子萌芽和幼苗生长，极易成坪。条播行距以 15～25 厘米为宜，土质肥沃又有水浇条件，行距可适当放宽；土壤瘠薄，行距要适当缩小；同时播种宜浅不宜深，以 0.5～1.5 厘米为宜。

5. 生草果园管理　生草初期应注意加强水肥管理，灌水后应及时松土，清除野生杂草，尤其是恶性杂草。适时刈割，生草最初几个月，不要刈割，生草当年最多刈割 1～2 次。一般生草园每年刈割 2～4 次。刈割要注意留茬高度，一般以 20 厘米为宜，刈割下的草覆盖于树盘上。

6. 生草的好处　果园生草能够改良土壤，减少水土流失，保水保肥；提高土壤有机质含量，改善土壤团粒结构，固氮能力强，增进地力。调节地温，缩小地表温度变幅，有利于果树根系的生长发育。提高果园对病虫害的抗性。生草果园土壤养分供给

全面，有利于提高果实品质。生草园每年只割几次草，减少了劳动投入，降低了劳动强度，提高了经济效益。

7. 生草的缺点 果园生草在耕层较浅和干燥土壤条件下会和果树争水争肥，经常割草会缓解这种竞争关系；在种植的草还未形成草坪之前要及时清除杂草，防止其产生竞争关系，一旦草坪形成，会抑制杂草生长。

（三）覆盖法

覆盖法是在树冠下或稍远处覆以稻草、麦草、锯末、秸秆、杂草等有机质或塑料薄膜等无机物的土壤管理方法。

1. 覆盖方法 有机物覆盖一般采用树盘或顺行覆盖，厚度20厘米，随覆盖物的沉实和腐烂，覆盖层变薄，应及时添加，保持15厘米左右厚度。过长的作物秸秆要切短为40厘米，覆盖后及时压土防风，覆盖时间四季均可进行，覆盖制度应连续进行才能充分发挥效益，覆盖期间要及时防治病虫。

一般山地果园或干旱果园适宜进行塑料薄膜覆盖。新栽幼树采用单株覆盖，在果树定植并施肥浇水后，以树干为中心修1米^{2}的树盘，树盘四周稍高，然后将地膜中间穿孔套过树干，周围用土压住即可。成龄果园可在树两侧顺行向覆盖1～2米宽的塑膜，覆膜范围以树冠投影为准。

2. 优点 防治水土流失、抑制杂草生长、减少蒸发、防治返碱、缩小低温变化幅度、增加有效态养分和有机质含量。

（四）免耕法

主要是利用除草剂清除杂草，土壤基本不进行耕作，适于土层深厚、土质较好的果园，尤其是对于耕作与割草存在困难的地区最适合。

免耕能保持土壤自然结构，可逐步改善土壤，便于果园管理操作，节省劳动，但连年使用除草剂使恶性杂草对除草剂产生抗性，不易清除；另外，长期使用除草剂不利于劳动者身体健康和果园的无公害生产。

（五）果园间作

果园间作是充分利用果园行间的空间，种植一些个体矮小、与果树没有共同病虫害的经济作物，以提高果园的经济效益。

1. 间作作物管理要求 ①间作物要与果树保持一定距离，在树冠投影下不得种植；②间作物的需水临界期要与果树的需水临界期错开；③间作物要植株矮小、生长期短、适应性强；④间作物与葡萄没有共同病虫害。

2. 优缺点 间作的优点是可充分利用果园空间，提高果园经济效益，缩小地面温度变化幅度，改善果园生态条件。缺点是与葡萄竞争水肥，不利于磷钾肥积累，并且增加了果园管理强度和投入。

二、施肥与营养管理

（一）葡萄需肥特性

葡萄根系发达，对养分吸收量大。葡萄园要增施磷肥且最好与有机肥混合发酵后作基肥施入。葡萄对钾的需求超过了氮和磷，尤其是在果实膨大期增施钾肥尤为重要，追施钾肥时最好用硫酸钾。葡萄喷施钙肥对提高果实采后品质，延长货架期有良好的作用。酸性土或沙质土壤上的葡萄园易缺镁，碱性土壤易缺铁，花期前后对硼的需求最大。

（二）常见肥源介绍

1. 有机肥 有机肥不仅能为农作物提供全面营养，而且肥效长，可增加和更新土壤有机质，改善土壤的理化性质和生物活性，是绿色食品生产的主要养分。应用较多的有机肥主要有厩

肥、鸡粪、人粪尿、堆肥、沤肥、饼肥、绿肥、作物秸秆等。

（1）厩肥。也称为圈肥、栏肥，是指以家畜粪尿为主，混以各种垫圈材料积制而成的肥料。各种家畜圈肥养分含量如下表9-1所示。

表9-1 常用的几种厩肥营养物质含量（%）

种类	有机质	氮(N)	磷(P_2O_5)	钾(K_2O)	钙(CaO)	镁(MgO)	硫(SO_3)
猪厩肥	25.0	0.45	0.19	0.60	0.08	0.08	0.08
牛厩肥	20.3	0.34	0.16	0.40	0.31	0.11	0.06
马厩肥	25.4	0.58	0.28	0.53	0.21	0.14	0.01
羊厩肥	31.8	0.83	0.23	0.67	0.33	0.28	—

（2）鸡粪。鸡粪是一种比较优质的有机肥，但在施用前必须经过充分的腐熟，在腐熟前要适量加水，加入5%的过磷酸钙，肥效会更好。腐熟的方法可将鸡粪投入粪池泡沤，也可以进行表面封土堆沤。鸡粪经充分腐熟后是优质基肥。

（3）人粪尿。人粪尿在腐熟过程中应该遮阴加盖，并不与草木灰、石灰等碱性物质混合，以防止氨的损失，也常掺土堆积而成土粪。肥效较快，可作追肥与基肥。

（4）堆肥。堆肥是利用各种植物残体（作物秸秆、杂草、树叶、泥炭、垃圾以及其他废弃物等）为主要原料，混合人畜粪尿经堆制腐解而成，又称人工厩肥。肥效长且稳定，同时能增加土壤保水、保温、透气、保肥的能力，与化肥混合使用又可弥补化肥的缺陷。

（5）沤肥。作物茎秆、绿肥、杂草等植物性物质与河泥、塘泥及人粪尿同置于积水坑中，经微生物发酵而成。一般作基肥施入果园，肥效迟但持续时间长。

（6）饼肥。饼肥是油料种子榨油后剩下的残渣，可直接作肥料施用。饼肥种类很多，主要有豆饼、菜子饼、麻子饼、棉子饼、花生饼、茶子饼等。其养分含量因原料及榨油方法的不同而不同。含氮量较多，可作基肥和追肥。

(7) 绿肥。用各种杂草或作物的残体掺土和其他肥料发酵而成，可作基肥，是良好的改土肥料，特别适于黏重的土壤，与人粪尿等混施效果更好，是丘陵缺肥地区的好肥源。

(8) 草木灰。草木灰是很好的钾肥源，注意堆放时不要和尿混合，防止失效。可作追肥和基肥。

2. 化肥　化肥即化学肥料，成分单纯，有效成分含量高，易溶于水，易吸收，也称为“速效性肥料”。只含有一种元素的化肥称为单元肥料，如氮肥、磷肥、钾肥以及微量元素肥料等。含有氮、磷、钾 3 种营养元素中的两种或三种的化肥，称为复合肥。一般常用的化肥种类有碳酸氢铵、尿素、硫酸铵、钙镁磷肥、钾肥及复合肥等，这些肥料各有各的特点。

碳酸氢铵：含氮 17%左右，在高温高湿环境中极易产生氨气分解挥发，呈弱酸性。

尿素：含氮 46%左右，是固体氮肥中含氮最多的一种，肥效比硫酸铵稍慢，但肥效长。尿素呈中性，适于各种土壤。若用于根外施肥，浓度以 0.1%～0.3%为宜。

硫酸铵：含氮 20%～21%，易溶于水，肥效快，一般肥效期在 10～20 天，呈弱酸性，多用于追肥。

钙镁磷肥：含磷 14%～18%，微碱性，肥效较慢，肥效期长。可与秸秆、厩肥等制作堆肥增加肥效，宜作基肥。适于酸性或微酸性土壤，并能补充土壤中钙、镁的不足。

硫酸钾：含钾 48%～52%，主要作基肥，也可用于追肥，宜挖沟深施，靠近发根层收效快。用作根外施肥时，浓度不超过 0.1%。呈中性，一般土壤均可施用。葡萄是喜钾果树，施用硫酸钾效果很好。

复合肥：一般都含有氮、磷、钾，有些还含有其他微量元素。用于基肥和追肥均可。应用复合肥在生产中省去了不少工序，目前在果树中应用较多。

3. 有机肥和化肥特点比较

(1) 有机肥具有明显的改土培肥作用；化肥长期施用会对土壤造成不良影响，使土壤“越种越馋”。

(2) 有机肥养分全面平衡；化肥养分单一，长期施用易造成土壤养分不均衡。

(3) 有机肥养分含量低，施用量大；化肥养分含量高，施用量少。

(4) 有机肥见效慢，肥效期长；化肥见效快，肥效期短。

(5) 有机肥长期施用可改善果实品质；化肥施用不当会降低果实品质。

(6) 有机肥有利于土壤肥力的不断提高；长期大量施用化肥导致土壤的自我调节能力下降。

(三) 施肥技术

1. 施肥时间和方法

(1) 基肥。一般以葡萄采收后施入最为合适。秋施比春施好，秋施比冬施好。基肥以有机肥为主，配以适量的化肥混合后施用效果更好。一般基肥施用量占全年施用量的60%～70%。有机肥应距根系分布层稍远、稍深处施用，以诱导根系向更深更远处延伸。但对于幼树易徒长的品种，如巨峰等，应注意控制基肥中氮素的用量。

(2) 追肥。葡萄通常每年追肥3～4次。第一次追肥在发芽前，以氮肥为主配施磷、钾肥，注意结合浇水，宜施用人粪尿掺杂尿素或硫酸铵，施用量占全年的10%～15%。但对于巨峰等长势较强的品种应根据树势的强弱控制氮肥的用量。第二次追肥在落花后（在5月下旬至6月中旬），此时幼果开始膨大，追肥以氮肥为主，配施磷、钾肥，其用量占全年的15%～20%。第三次施肥在果实着色初期，以磷、钾肥为主，配施少量氮肥，若树势强壮，可不施氮肥，施肥量占全年的10%左右。第四次追

肥在采果后进行，氮、磷、钾配合施用，但本次施肥对中早熟品种效果较好，对于晚熟品种易诱发副梢，效果不好。所以，第四次追肥应根据栽培品种而定。

2. 施肥方式　施肥方式有很多种（图 9-1），生产中应根据不同实际情况，选择适宜的施肥方式。

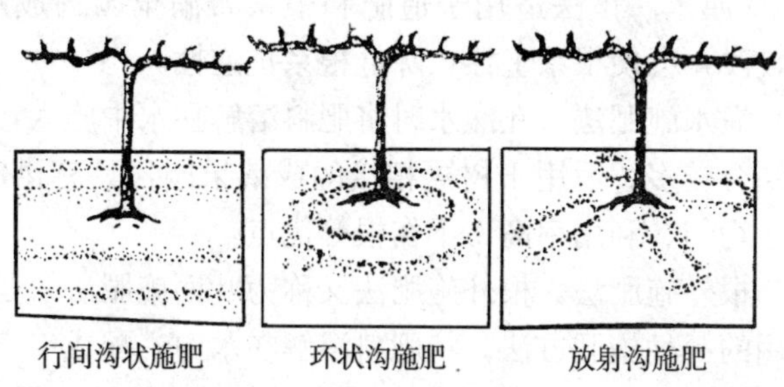

图 9-1　几种施肥方法

（1）环状沟施法。在树冠垂直投影外 20～30 厘米处，以树干为圆心，挖一条 40～50 厘米宽，40～60 厘米深的环状沟，底部填施有机肥和少量表土，上面撒些化肥，然后覆土。追肥时沟深 20 厘米。适用于幼龄树，但挖沟时容易切断水平根，且施肥范围小，易使根系上浮。

（2）放射沟施法。在距树干 1 米处，以树干为中心，向树干外围等距离挖 4～8 条放射状直沟，沟宽 40～50 厘米，深 20～40 厘米，沟长与树冠平齐，将肥料施于沟中覆土。这种施肥方式在葡萄生产中应用不多。

（3）行间沟状施肥法。适用于密植葡萄园，沿果树行间挖 20～30 厘米宽、30 厘米深的条状沟，沟长与树行相同，将肥料施于沟中。此法适用于宽行密植的果园，便于机械化操作。

（4）穴施法。在距树干 1 米处的树冠下，每隔 50 厘米左右均匀的挖深 40～50 厘米，上口径 40～50 厘米，底部直径 5～10 厘米的锥形坑，浇水施肥均在坑中进行。该法多用于保水保肥能

力差的果园。

(5) 打眼施肥法。在树冠下用土钻等工具打眼，将肥料施入眼内，并灌水，让肥料慢慢深入根部。该法适用于密植果园和干旱区的成龄果园。

(6) 全园施肥法。先将肥料撒遍全园，然后深翻入土，深度在20～25厘米。该法适用于追肥和根系布满全园的成龄果园。因施肥较浅，会使根系上浮，降低根系抗逆性。

(7) 灌水施肥法。在灌水时将肥料溶解在水中施入，与喷灌和滴灌结合较多。适用于树冠相接的成龄果园，具有供肥及时、肥料分布均匀、利用率高、不伤根等优点。

(8) 根外施肥法。根外施肥法又称为叶面施肥法，是生产上经常采用的一种施肥方法。将肥料溶解在水中，配成一定浓度的肥液，用喷雾器等工具喷洒在叶面上。该法一般用于根外追肥。对于树冠相接的成年树和密植果园更为适合（详见附录9）。

(9) 注射施肥法。俗称打针施肥法，在树干基部钻3个深孔，用高压注射机将肥液注入树体，该法常用于矫治果树缺素症。

3. 施肥量的确定 葡萄全年施肥量的计算方法有以下几种：

(1) 根据生长量确定施肥量。按葡萄树体每年的生物生长量和土壤的供肥量以及肥料的利用率来确定当年的施肥量。这种方法在葡萄测土配方施肥中可以应用，但在生产中不易开展。

(2) 根据果实产量确定施肥量。我国各地丰产园的技术资料显示，我国葡萄园每生产100千克葡萄果实需要从土壤中吸收氮0.5～1.5千克、磷（P_2O_5）0.4～1.5千克、钾（K_2O）0.25～1.25千克，其比例为2∶1∶2.4。可通过叶分析方法来确定和调整施肥量，实现科学施肥。

(3) 根据经验确定施肥量。根据山东、河北、辽宁等地果农的生产经验，在有机肥料施用量充足的情况下，氮磷钾等大量元素化肥的施用量为每100千克有机肥料掺入过磷酸钙1～3千克，

随秋施基肥施入果园。其他速效化肥每100千克葡萄追施1～3千克。有机肥料质量好的可控制在1～2千克，质量差的控制在2～3千克。

三、灌溉与排水

在葡萄的栽培管理中，要根据气候变化、土壤水分状况及不同品种需水规律，对葡萄园采取综合水分管理，建立最优化的合理灌溉制度。

（一）葡萄需水特性

葡萄较耐旱，但在不同的季节和不同生育阶段对水分的需求有很大差别。生长初期需水最多，快开花时需水量减小，开花期间需水量少，以后又逐渐增多，在浆果成熟初期达到高峰，以后又降低。葡萄浆果需水临界期是第一生长峰的后半期和第二生长峰的前半期，而浆果成熟前1个月的停长期对水分不敏感。

（二）灌水

一般在葡萄生长前期，要求水分供应充足，生长后期要控制水分，保证及时停止生长，使葡萄适时进入休眠期，以顺利越冬。一般在以下几个主要的时期进行灌水：

1. 萌芽期 此时对土壤含水量要求较高。这次灌水可促进植株萌芽整齐，有利于新梢早期迅速生长，增大叶面积，加强光合作用，使开花和坐果正常。在北方干旱地区，此期灌水更为重要，最适宜的田间持水量为75%～85%。

2. 幼果膨大期 此期为葡萄需水的临界期。新梢生长最旺盛，应结合追肥，促进幼果迅速生长，减少生理落果。如水分不足，易使幼果皱缩脱落，如干旱严重将使产量显著下降。

3. 浆果转色前 从浆果进入生长期至果穗着色，天旱时要

适量灌水。但成熟前应该严格控制灌水，一般鲜食品种应在采收前 15～20 天停止灌水，酿酒品种，应当在采收前期 20～30 天停止灌水。成熟期遇大雨应及时排水。

4. 采果后 采果后结合深耕施肥适当灌水，有利于恢复树势，增强后期光合作用。

5. 封冻水 在北方各省，必须在土壤结冻前灌一次透水，灌水量要渗至根群集中分布层以下，才能保证葡萄安全越冬，并可以防止早春干旱。

（三）排水

葡萄园土壤积水过多，根系呼吸受阻，对生长、结果影响很大，因此，在多雨季节和低洼地区的葡萄园做好夏、秋季果园排水。目前，葡萄园排水多采用挖沟排水法，即在葡萄园规划修建由支沟、干沟、总排水沟贯通构成的排水网络，并经常保持沟内通畅，一遇积水则能尽快排出。

第十章　主要病害及防治

一、真菌性病害

（一）葡萄黑痘病

1. 症状　又称疮痂病（彩图 18），主要为害葡萄的绿色幼嫩组织。从萌芽到生长后期均可发生。在果面上初现深褐色圆形小斑点，后扩大为圆形或不规则形病斑，中央灰白色，上生黑色小点，边缘有紫褐色晕圈，似“鸟眼状”。病斑多时连成大斑，硬化或龟裂，病斑仅局限于果皮而不深入果肉。叶片上病斑褐色圆形，中央灰白色，后穿孔呈星状开裂，外围具紫褐色晕圈。新梢、枝蔓、叶柄或卷须染病，初呈褐色不规则形短条斑，后为灰黑色，边缘深褐色或紫色，中部凹陷龟裂，严重时嫩梢停止生长，卷曲或萎缩死亡。

2. 发病条件　主要以菌核在新梢和卷须的病斑上越冬，通过雨水传播，远距离传播主要靠带菌苗木或插条。发病适温为 24～26℃。雨水多、湿度大的地区发病重，地势低洼、排水不良、通风透光差或偏施氮肥易发病。

3. 防治方法

（1）选用抗病品种。如仙索、白香蕉、巴柯、赛必尔 2003 和赛必尔 2007、贵人香、水晶、金后等。中抗品种有葡萄园皇后、玫瑰香、法兰西兰、佳利酿、吉姆沙等。

（2）加强栽培管理，清除菌源。合理增施磷钾肥，控制氮肥，防止徒长，增强树势，改善通风透光条件，以减少发病。结合修剪，剪除病枝、病叶、病果和病穗，并集中深埋或烧毁，以

减少菌源。

（3）药剂防治。开花前或落花后及果实长至黄豆粒大时各喷一次 1：0.7：200 倍式波尔多液或 20%龙克菌胶悬剂 400～500 倍液、50%多菌灵可湿性粉剂 600 倍液、70%甲基硫菌灵可湿性粉剂 1 000 倍液、50%可灭丹可湿性粉剂 800 倍液、40%多·硫悬浮剂 600 倍液、80%代森锰锌可湿性粉剂 800 倍液防治，交替或混合使用。为防止产生药害，不要将波尔多液与代森锰锌混合使用。每隔 10～15 天喷一次。

（二）葡萄霜霉病

1. 症状 该病只为害地上部幼嫩组织，如叶片、新梢、花穗和果实等（彩图 19）。叶片染病，初现半透明的淡黄绿色油浸状斑点，边缘不清晰，后扩展成黄色至褐色多角形病斑。湿度大时，病斑背面产生白色霉层，病斑最后变褐，叶片干枯。

2. 发病条件 主要以卵孢子在病组织中或随病残体在土壤中越冬。借风雨传播，通过气孔侵入，可进行再侵染。该病的发生与流行受气候条件的影响很大。一般在秋季发生，属生长后期病害，冷凉潮湿的气候利于发病。秋季低温、多雨易引起该病的流行。果园地势低洼、通风不良、修剪差利于发病，南北架比东西架发病重，对篱架比单篱架发病重，棚架比篱架发病重，低棚架比高棚架的发病重，偏施氮肥发病重。含钙量多的葡萄抗病力强。

3. 防治方法

（1）选用抗病品种。选用美洲种系列品种，因美洲种葡萄较欧亚种抗病。抗病品种有巨峰、康拜尔、康可、香槟等；较感病品种有龙眼、紫电霜、无核白、牛奶等；感病品种有玫瑰香、黑罕、罗马尼亚等。嫁接时选用吸收钙能力强的抗病砧木。

（2）加强管理。秋季剪除病枝、病蔓、病叶，并集中深埋或烧毁。葡萄架下喷石灰水以杀灭病残体。适当增施磷钾肥，及时

排水，提高结果部位及棚架高度，主蔓斜绑，及时摘心，清除园中杂草，改善通风透光条件。

（3）药剂防治。要抓住病菌初侵染的关键时期喷药，可用1∶0.7∶200倍式波尔多液或50%杀菌王水溶性粉剂1 000倍液、64%恶霜·锰锌可湿性粉剂700倍液、72%霜脲·锰锌可湿粉剂600倍液、69%安克·锰锌可湿性粉剂600倍液、72%杜邦克露可湿性粉剂600倍液进行防治，10～15天左右喷1次，连喷2～3次。棚室保护地发病时，可施用15%霜疫清烟剂，每亩用量250克熏1夜，或喷撒防霜霉病的粉尘剂，隔10天左右1次，防治3～5次。

（三）葡萄白腐病

1. 症状 主要为害果穗和枝梢（彩图20），也可为害叶片。一般靠近地面的果穗先发病，受害后产生浅褐色水浸状病斑，后扩大出现干枯。果实染病，初现浅褐色水浸状腐烂，后蔓延至全果，果梗干枯缢缩。发病1周后呈深褐色，果皮下密生灰白色小粒点，病果失水干缩呈深褐色僵果，严重的全穗腐烂。病果易脱落，干枯的僵果穗常挂在枝上不易脱落，这是白腐病重要特点。枝蔓染病，多发生在摘心或机械伤口处，病斑初为淡红色水浸状，边缘深褐色，后逐渐变暗褐凹陷，表面密生灰白色小粒点，当病斑绕枝蔓一周时，其上部叶片萎蔫枯死。后期病皮纵裂呈丝状与木质部分离，呈乱麻状，病部下端常隆起呈肿瘤状。

2. 发病条件 该菌属兼性寄生菌，对不良环境有很强的抵抗力。借雨水溅散传播，通过伤口、水孔或蜜腺侵入。高温高湿的气候条件有利于该病的发生和流行。发病期间遇暴雨或雹灾造成伤口多发病重，果穗距地面越近越易发病。地势低洼、土壤黏重、排水不良、地下水位高、通风不良易发病，篱架式比棚架式发病重，双篱架比单篱架发病重，东西架比南北架发病重。品种间抗病性有一定的差异。

3. 防治方法

（1）选用抗病品种。如黑虎香、尼克斯、白亚白利、克沙巴、甲洲、安故、蓓蕾等。

（2）清除菌源，加强管理。清除地面的病残组织，及时摘除病果、病蔓和病叶，以减少菌源。适当提高结果部位，及时摘心，改善通风透光条件，及时排水，降低园内湿度，减少不必要伤口可减轻发病。

（3）药剂防治。发病初期喷50％可灭丹可湿性粉剂800倍液或70％甲基硫菌灵可湿性粉剂1 000倍液、50％混杀硫悬浮剂500倍液、1∶0.5∶200倍式波尔多液、40％多·硫悬浮剂500倍液防治。隔10～15天喷1次，连续防治3～4次。

（四）葡萄炭疽病

1. 症状 葡萄炭疽病是葡萄成熟期引起果实腐烂的主要病害（彩图21），也是南方葡萄早春花穗腐烂的主要原因。果实染病，初期产生褐色圆形小斑点，后逐渐扩大，稍凹陷，表面着生许多呈轮纹状排列的小黑点。潮湿时，其上长出粉红色孢子团。严重时果粒上布满褐色病斑，果实腐烂。嫩梢、叶柄或果枝染病，病斑长椭圆形，深褐色。果梗、穗轴受害后，果穗生长受阻，果粒干缩。叶片染病多在叶缘处产生近圆形暗褐色病斑，湿度大时，产生粉红色分生孢子团，病斑较少，一般不引起落叶。

2. 发病条件 主要以菌丝体在枝蔓上越冬。借雨水溅散传播，因此田间发病与降雨关系密切，降雨后数天易发病。日灼的果粒易发病。株行过密，双篱架葡萄园发病重。施氮过多发病重，配合施用钾肥可减轻发病。地势低洼、土壤黏重、通风透气不良发病重。

3. 防治方法

（1）选用抗病品种，如赛必尔2003和赛必尔2007、康拜尔、牡丹红、先锋、玫瑰露、黑潮等。中抗品种有烟台紫、黑虎香、意大利、巴米特、水晶、小红玫瑰等。

(2) 清除病枝梢及病残体，在春芽萌动前喷3～5波美度石硫合剂+0.5%五氯酚钠于枝干及植株周围，以清除越冬菌源。

(3) 加强栽培管理。秋冬季施足有机肥，果实发育期追施适量磷、钾肥，以保持植株生长旺盛，增强抗病力。及时排水，适当疏花疏果，及时绑蔓，提高结果部位，采前新梢摘心，改善通风透光条件，以减少发病。

(4) 药剂防治。要提早喷药保护，在初花期开始喷80%炭疽福美可湿性粉剂700～800倍液或70%甲基硫菌灵悬浮剂1 000倍液、50%多菌灵可湿性粉剂600～700倍液、10%苯醚甲环唑水分散粒剂1 500～2 000倍液、50%可灭丹可湿性粉剂800倍液、25%炭特灵可湿性粉剂500～600倍液、50%使百克或施保功可湿性粉剂1 000倍液、1∶0.7∶250倍式波尔多液、30%绿得保胶悬剂400～500倍液等进行防治。每隔10～15天喷1次，连防3～4次。

(5) 疏果后，及时套袋防止发病。于采前20天摘袋，促果实增糖上色。

（五）葡萄灰霉病

1. 症状　主要为害花穗、果穗或果梗、新梢及叶片（彩图22）。果穗染病，病斑淡褐色水浸状，后变为暗褐色，整个果穗软腐。潮湿时，其上着生淡灰色霉层。新梢、叶片染病后产生淡褐色，不规则形病斑。有时具不明显轮纹，其上生稀疏灰色霉层。

2. 发病条件　该病借气流传播到花穗上进行侵染，借风雨传播进行多次再侵染。低温高湿有利于发病。葡萄花期，气温不高，若遇连阴雨，空气湿度大常造成花穗腐烂、脱落。成熟期，由于果实糖分转化，水分增高，抗病性降低也易发病。此外，管理粗放、磷钾肥不足、机械伤、虫伤较多易发病。地势低洼、枝梢徒长、果园郁闭、通风透光不足发病重。葡萄不同品种间抗性

不同，红加利亚、黑罕、黑大粒、奈加拉等高度抗病，白香蕉、玫瑰香、葡萄园皇后等中度抗病，巨峰、洋红蜜、新玫瑰、白玫瑰、胜利等高度感病。

3. 防治方法

（1）加强栽培管理。增施有机肥、磷钾肥，控制氮肥用量，适当修剪，通风降湿，抑制发病。

（2）药剂防治。于花前喷50％速克灵可湿性粉剂1 500倍液或50％扑海因可湿性粉剂1 000倍液、50％甲基硫菌灵·硫黄悬浮剂800倍液、70％甲基硫菌灵可湿性粉剂1 000倍液、50％可灭丹可湿性粉剂800倍液、65％抗霉灵可湿性粉剂1 000倍液，25％咪鲜胺乳油1 000倍液进行防治，隔10～15天喷1次，防2～3次。

（六）葡萄白粉病

1. 症状 该病主要为害叶片、新梢及果实等幼嫩器官，老叶及着色果实较少受害（彩图23）。叶片染病，初期叶面或叶背产生白色或褪绿小斑，后病斑逐渐扩大，表面长出白色霉层，严重的遍及全叶，使叶片卷缩或干枯。嫩蔓染病，初现灰白色小斑，随病情扩展，由白色粉斑变为不规则形大褐斑，上覆灰白色粉状物。果实染病出现黑色芒状花纹，上覆一层白粉，病部表皮变为褐色或紫褐色至灰黑色。局部发育停滞，形成畸形果，易龟裂露出种子。果实发酸，穗轴和果实容易变脆。

2. 发病条件 主要以菌丝体在被害组织或芽鳞片内越冬。翌年春季借风传播，落到寄主表面萌发侵入。气温在29～35℃时病害扩展快，干旱或雨后干旱或干湿交替利于流行。

3. 防治方法

（1）清除菌源。秋末彻底清除病叶、枝蔓、病果，并集中烧毁或深埋，以减少菌源。于发芽前喷2～3波美度石硫合剂或45％晶体石硫合剂40～50倍液杀死越冬病菌。

（2）药剂防治。发病初期可喷50%甲基硫菌灵·硫黄悬浮剂800倍液或50%溶菌灵可湿性粉剂700倍液、40%多·硫悬浮剂600倍液、5%己唑醇悬浮剂1 000～1 500倍液、50%硫悬浮剂200～300倍液、12.5%腈菌唑乳油3 000倍液，可取得良好的防治效果。

（七）葡萄褐斑病

1. 症状　又称斑点病、角斑病等。褐斑病分为大褐斑和小褐斑两种，主要为害中下部叶片，病斑直径在3～10毫米的为大褐斑病（彩图24）。症状因品种不同而异，美洲种病斑呈圆形或不规则形，边缘红褐色，中部黑色，有的病斑周围有黄绿色晕圈，具不明显同心轮纹。湿度大时，可见灰色至褐色霉状物。龙眼、甲州等品种上，病斑近圆形或多角形，边缘褐色湿润状，中部有黑色圆形环纹。病斑连片发生时，叶片变黄，严重的干枯破裂或早期脱落。小褐斑病病斑红褐色至暗褐色，不规则形，叶背病斑近圆形，浅青黄色，后变为红褐色至褐色，其上着生黑色茸毛状霉层。

2. 发病条件　病菌借气流和雨水传播，从气孔侵入引起发病，7～9月进入发病盛期。高温高湿利于病害的发生和流行。管理粗放、肥料不足、树势衰弱易发病。湿气滞留、挂果负荷过大、多雨、湿度大发病重。多雨年份及地区发病重。

3. 防治方法

（1）选用抗病品种，如美国红提、粉红亚都蜜、奥古斯特、达米那等。

（2）加强管理。适当增施有机肥或高效复合肥，及时排水，生长中后期摘除下部黄叶、病叶，以利通风透光，降低湿度，增强树势，提高植株抗病力。秋后及时清除落叶，并集中烧毁或深埋，减少越冬菌源。

（3）药剂防治。发病初期可喷1∶0.7∶200倍式波尔多液或

30%绿得保胶悬剂400～500倍液、70%代森锰锌可湿性粉剂500～600倍液、50%甲基硫菌灵·硫黄悬浮剂800倍液，每隔10～15天喷一次，连防3～4次。要注重喷下部叶片，正、反两面都要喷到。

（八）葡萄房枯病

1. 症状 该病主要为害果实、果梗和穗轴，严重时也为害叶片（彩图25）。果穗受害，在果梗基部或近果粒处产生淡褐色病斑，外具一暗褐色晕圈，逐渐扩大，颜色加深，当病斑绕梗一周时，果梗干枯缢缩，病菌从小果梗蔓延到穗轴上。果粒染病，病斑褐色不规则形，仅果蒂部失水萎蔫，后扩展至全果，变紫或变黑后干缩成僵果，果粒表面长出稀疏的小黑点。果粒变黑成僵果后挂在蔓上不易脱落。

2. 发病条件 主要借风雨或昆虫传播。属高温高湿病害，果实着色后高温多雨利于发病和流行。果园管理粗放、植株衰弱、郁闭潮湿发病重。

3. 防治方法

（1）选用抗病品种。美洲系葡萄抗病性较强，如黑虎香等。

（2）加强管理。增施有机肥，多施磷钾肥，以增强抗病力。及时修剪，生长季节注意排水，改善通风透光条件。秋冬季彻底剪除病枝、病叶和病果，并集中烧毁或深埋。

（3）药剂防治。于落花后开始喷1∶0.7∶200倍式波尔多液或50%甲基硫菌灵·硫黄悬浮剂800倍液、50%可灭丹可湿性粉剂800倍液、50%混杀硫悬浮剂500倍液进行防治。隔15～20天喷1次，防治3～5次。

（九）葡萄黑腐病

1. 症状 主要为害果实、叶片、叶柄和新梢等部位。果实染病，病斑初呈紫褐色，后逐渐扩大成边缘褐色，中央灰白色略凹陷斑，果实软腐，干缩成黑色或灰蓝色僵果，病部产生大量小黑粒点。叶片染病，叶脉间产生红褐色近圆形小斑，扩大后中央呈灰白色，外部褐色，边缘黑色，上生许多黑色小粒点，呈环状排列。该病症状与房枯病相似，但房枯病主要为害果实，很少为害叶片。黑腐病除为害果实外，还为害新梢、叶片、卷须和叶柄等。

2. 发病条件　翌春气温升高，靠雨点溅射或昆虫及气流传播。病菌潜育期长短与气候条件密切相关，温度高潜育期短。温湿度条件适宜时，可进行再侵染。高温、高湿利于该病发生及流行。果实着色后，近成熟期易发病。管理粗放、肥水不足、虫害多的果园易发病。地势低洼、土壤黏重、通风排水不良发病重。不同品种间抗性存在差异，一般欧洲系统较感病，美洲系统较抗病。

3. 防治方法

（1）清除病残体，及时摘除病果、病枝并销毁，以减少菌源。于发芽前喷3～5波美度石硫合剂或45%晶体石硫合剂21～30倍液预防。

（2）加强管理。选用抗病品种。加强肥水管理，增施有机肥，及时排水，改善通风透光条件，控制结果量，以增强树势。

（3）药剂防治。于开花前、谢花后和果实膨大期喷1∶0.7∶200倍式波尔多液保护新梢、果实和叶片。也可喷45%晶体石硫合剂300倍液或50%多菌灵可湿性粉剂600倍液、50%甲基硫菌灵·硫黄悬浮剂800倍液、70%代森锰锌可湿性粉剂500倍液、50%可灭丹可湿性粉剂800倍液进行防治。每隔10～15天喷1次，连续防治2～3次。

（十）葡萄穗轴褐枯病

1. 症状　主要为害幼嫩的穗轴组织。发病初期，先在穗轴上产生褐色水浸状斑点，后迅速扩展致穗轴变褐坏死，果粒失水

萎蔫或脱落。有时病部表面着生黑色霉状物。一般很少向主穗轴扩展，后期干枯的穗轴易在分枝处折断脱落。幼小果粒染病，仅在表皮上产生深褐色圆形小斑，随果粒的膨大，病斑表面呈疮痂状。后期病痂脱落，果穗萎缩干枯。

2. 发病条件 病菌借风雨传播，可进行再侵染，属兼性寄生菌，侵染取决于寄主组织的幼嫩程度和抗病力。花期低温多雨，木质化缓慢，树势衰弱易发病且扩展快，随着穗轴的老化，病情逐渐稳定。地势低洼、通风透光差、果园郁闭发病重。老树较幼树易发病。品种间抗性存在差异，一般龙眼、玫瑰露、康拜尔早、密而紫较抗病，其次有北醇、白香蕉、黑罕等，而玫瑰香几乎不发病。红香蕉、红香水、黑奥林、红富士较感病，巨峰最感病。

3. 防治方法

（1）选用抗病品种。加强栽培管理，控制氮肥，增施磷钾肥，改善果园通风透光条件，以减少发病。

（2）合理修剪，清除越冬菌源。葡萄幼芽萌动前喷3～5波美度石硫合剂或45％晶体石硫合剂30倍液、0.3％五氯酚钠1～2次以保护鳞芽。

（3）药剂防治。于开花前后喷10％多氧霉素可湿性粉剂1 000倍液或3％多氧清水剂800倍液、70％代森锰锌可湿性粉剂400～600倍液、80％喷克可湿性粉剂600倍液、50％扑海因可湿性粉剂1 000倍液进行防治。

（十一）葡萄蔓枯病

1. 症状 该病主要为害蔓或新梢。初期病斑红褐色，略凹陷，后扩大为黑褐色大斑。秋天病蔓表皮纵裂呈丝状，易折断，病部表面产生很多黑色小粒点。主蔓染病，导致病部以上枝蔓生长衰弱或枯死。新梢染病，叶片变黄，叶缘卷曲，新梢枯萎。

2. 发病条件 病菌借风雨传播，经伤口或气孔侵入引起发病。多雨或湿度大的地区易发病，植株衰弱、冻害严重的葡萄园发病重。

3. 防治方法

(1) 发现病斑，及时刮除，重者剪掉或锯除，并用5波美度石硫合剂或45%晶体石硫合剂30倍液消毒伤口。

(2) 加强管理，增施有机肥，疏松改良土壤，及时排水，注意防冻。

(3) 于发芽前喷一次5波美度石硫合剂。在5～6月及时喷1∶0.7∶200倍式波尔多液2～3次或53.8%可杀得2 000干悬浮剂1 000倍液、10%世高水分散粒剂2 000～2 500倍液进行防治。

（十二）葡萄锈病

1. 症状　主要为害中下部叶片。初期叶面出现零星小黄点，周围水浸状，后期叶背形成橘黄色夏孢子堆，逐渐扩大，沿叶脉处较多。夏孢子堆成熟后破裂，散出大量橙黄色粉末状夏孢子，叶片干枯或早落。秋末病斑呈多角形灰黑色，其上着生冬孢子堆，表皮一般不破裂。

2. 发病条件　该菌在寒冷地区以冬孢子越冬，初侵染后产生夏孢子堆，夏孢子堆裂开散出夏孢子，通过气流传播，在有水滴及温度适宜时，夏孢子长出芽孢，通过气孔侵入叶片。条件适宜时可进行多次再侵染，秋末形成冬孢子堆。高湿有利于夏孢子萌发，但光线抑制萌发，因此夜间高湿有利于该病的流行。降雨或夜间多露的高温季节利于发病。管理粗放，植株长势差易发病。山地葡萄较平地发病重。葡萄各品种间抗性存在差异。

3. 防治方法

(1) 选用抗病品种，如玫瑰香、红富士、黑潮等。中度抗病品种有金玫瑰、新美露、纽约玫瑰、大宝等。

(2) 加强管理。增施有机肥，防止缺水缺肥，及时排水，改善通风透光条件，以提高树势，增强抗病力。及时清除老叶、病叶，并集中烧毁或深埋，以减少田间菌源。枝蔓上可喷3～5波美度石硫合剂或45%晶体石硫合剂30倍液保护。

(3) 药剂防治。发病初期喷0.2～0.3波美度石硫合剂或45%晶体石硫合剂300倍液、40%多·硫悬浮剂400～500倍液、20%百科乳剂2 000倍液、12.5%速保利可湿性粉剂4 000～5 000倍液、40%福星乳油7 000倍液进行防治，每隔15～20天喷1次，防治1～2次。

（十三）葡萄白纹羽病

1. 症状 该病先为害细根，逐渐向侧根和主根上发展。病根表面覆盖一层白色至灰白色的菌丝层，在白色菌丝层中夹杂有线条状的菌索，被害根部皮层组织逐渐变褐腐烂后，外部的栓皮层如鞘状套于木质部外面。后期病部长出圆形的黑色菌核。根部被害严重时，根际表层土壤亦可见灰白色菌丝层。此病与根朽病的最主要的区别是前者在感病根的表面形成白色羽绒状的菌索，而根朽病产生的白色菌索仅限于木质部和皮层之间。受害严重的植株，地上部生长衰弱，最后导致全株死亡。

2. 发病条件 引起葡萄白纹羽病的几种镰刀菌都是土壤习居菌，它们的寄主范围广泛，对土壤中的恶劣环境及拮抗菌的抗性较强，可在土壤中能存活多年。主要从伤口入侵，生长衰弱、有损伤的根系易受侵染，发病重且发展速度较快。土壤耕作粗放，干旱、缺肥、土壤盐碱化、土壤板结、通气性不良、结果多的果园易发病。

3. 防治方法

(1) 加强管理，增施有机肥料，应施用充分腐熟的有机肥料，促使根系发育，提高根系的抗病力。及时排水，防止根系受淹。防治地下害虫，冬季搞好防寒保护，尽可能减少根部伤口的产生。

（2）药剂防治。及时剪除病根，根颈处病斑可用刀刮除，并用1%硫酸铜液或波尔多液涂抹保护。剪、刮下的病组织，要集中烧毁，减少侵染源。

（3）土壤消毒。为防止病害继续扩展蔓延，可采用药剂灌根的方法，以杀死土壤中病菌。可用70%甲基托布津800倍液或50%苯来特1 000倍液、50%退菌特250～300倍液、1%硫酸铜溶液进行灌根，每株葡萄浇灌10千克左右。

（十四）葡萄白绢病

1. 症状　主要为害葡萄的根颈部分，发病初期表皮出现水浸状、不规则的褐色病斑，然后表面长出白色网状具有光泽的菌丝层，并逐渐增多，直到覆满整个根颈，最后蔓延到土表。受害的根颈皮层逐渐腐烂，甚至可蔓延到主蔓，腐烂程度可深达木质部。后期在病组织的表面和附近的土壤中，长出许多褐色菌核。

2. 发病条件　该病一般在雨季发生，高温高湿发病重。土壤黏重、地势低洼、排水不畅利于发病。

3. 防治方法

（1）苗木消毒。可用70%甲基托布津或50%多菌灵800～1 000倍液或石灰水浸苗木10～30分钟，然后栽植。

（2）加强栽培管理。5月中旬结合防治根结线虫病浇施50%多菌灵和50%辛硫磷药液1 500倍液，间隔7天，连续2次。生长后期浇施等量式波尔多液250倍液，可有效控制该病的发生蔓延。树体地上部分出现症状后，可将树干基部主根附近的土扒开晾晒，能抑制病害扩展。

（3）刮除病斑，化学防治。用1%硫酸铜液消毒伤口，再外涂波尔多液进行防治。

二、细菌性病害和病毒性病害

（一）葡萄根癌病

1. 症状　主要为害葡萄根颈处、主根、侧根及二年生以上近地部主蔓。染病初期产生豆粒状病瘤，随瘤体膨大，颜色逐渐加深变褐，外皮粗糙，内部组织木质化或变坚硬，呈球形至扁球形或不定形。雨季病瘤吸水后逐渐松软，变褐腐烂发臭。苗木染病后，发育受阻，生长缓慢，植株矮小，侧根和须根少，严重的叶片黄化、早落。成年葡萄染病后结果量减少，果小，严重的无花无果，树龄缩短，最后枯死。

2. 发病条件　根癌细菌主要在病部皮层内或混入土中越冬。在土壤中可存活一年以上，通过雨水、灌溉水及地下害虫传播。从虫伤、机械伤、剪口、嫁接口及其他伤口侵入。侵入后只定植于皮层组织，刺激周围细胞加速分裂，形成癌肿。温湿度是根癌细菌侵染的重要条件，土壤湿度高病菌易侵染，温度在28℃时癌瘤长得快且大，高于31～32℃不能形成，低于26℃形成慢且小。此外，碱性土壤利于发病。土壤黏重，排水不良发病重。耕作不慎或地下害虫为害，冬季压蔓、修剪等造成伤口利于病菌入侵，增加发病机会。苗木带菌是远距离传播的主要途径。

3. 防治方法

（1）严格检疫、苗木消毒。禁止引进病苗和病插穗。苗木用1%硫酸铜浸5分钟，再放入2%石灰液中浸1～2分钟消毒后再定植。定期检查，发现病株应立即挖除并烧掉。

（2）选用抗病品种和砧木。可选用马林格尔、狮子眼、奈加拉、红玫瑰、黑莲子、莎巴珍珠等品种栽植。抗病砧木有河岸2号、河岸6号、河岸9号、和谐等。

（3）加强栽培管理。增施酸性肥料或有机肥和绿肥，提高土壤酸度，改善土壤结构。耕作和田间操作时尽量避免产生伤口，防治地下害虫和土壤线虫，以减少虫伤。加强肥水管理，及时排水，降低湿度，提高植株抗病力。预防霜害，在冬季压蔓或早春出土前后可喷布0.5波美度石硫合剂或72%农用链霉素可溶性粉剂3 000倍液进行防治。

(4) 刮除病瘤。用小刀将病瘤刮除，直到露出无病的木质部，并涂高浓度石硫合剂或波尔多浆以保护伤口。

(5) 生物防治。利用放射土壤杆菌K84制剂浸种或浸根后定植，能有效抑制癌肿组织形成，有很好的防治效果。

(二) 葡萄扇叶病

1. 症状　又称退化病。因病毒株系的不同其症状分为3类：①传染性变型或称扇叶。由变型病毒株系引起，表现为植株矮化、生长衰弱，叶片变形不对称，呈环状或扭曲皱缩，叶缘锯齿尖锐，有时出现斑驳。新梢染病后分枝异常，节间缩短或长短不等。果穗染病，果穗少且小，果粒小，坐果不良。②黄化型。由产生色素病毒株系引起，早春呈现铬黄色褪色，叶色改变，具散生的斑点，严重的全叶黄化。③脉带型。传统认为是由产生色素的病毒株系引起。初期沿主脉变黄，后向叶脉间扩展，叶片轻度变形、变小。

2. 发病条件　葡萄扇叶病毒可由多种土壤线虫传播，通过嫁接亦能传毒。线虫在病株上饲食数分钟便能带毒，整个幼虫期都能带毒和传毒，但蜕皮后不带毒。成虫保毒期可达数月。带毒苗木是远距离传播的主要途径。

3. 防治方法

(1) 加强检疫。禁止从病区引进苗木或其他繁殖材料。对已感染或怀疑感染病毒的苗木，进行茎尖脱毒培养，获得无毒苗木后再种植。嫁接时挑选无病接穗或砧木。

(2) 土壤处理，防治线虫。扇叶病在田间主要经土壤线虫传播，因此可用5%克线磷颗粒剂100～400毫克/升有效成分浸根

5～30 分钟。还可用溴甲烷、棉隆等处理土壤，都可杀灭线虫，减少发病。

（3）加强管理。定植前施足腐熟的有机肥，生长期合理追肥、修剪，以增强根系和树势，提高抗病力。

（三）葡萄卷叶病

1. 症状 该病典型症状是叶片从叶缘向下反卷。春季或幼嫩叶片症状不明显，只是病株比健株矮小，萌发迟。夏季症状逐渐明显，枝蔓基部的成熟叶更明显，反卷的叶片常发脆。果穗染病，色泽不正常或变为黄白色。植株染病后果实变小，着色不良，成熟期延长，含糖量下降。

2. 发病条件 染病的插条、芽及砧木都可传播卷叶病毒，田间菟丝子也可传毒。多数砧木为隐症带毒，因此通过根茎传病的危险性较大。

3. 防治方法

（1）选用无毒苗木。发现病株，及时挖除并销毁。

（2）热处理脱毒。将苗木或试管苗放于 38℃热处理箱中，人工光照 56～90 天，取新梢 2～5 厘米，经弥雾扦插长成新株，脱毒率可达 86％。脱毒苗经检测无毒后方可用作母株。

三、葡萄的生理病害

（一）缺素症

1. 缺氮

症状：叶色变淡呈浅绿色，最后黄化。叶片薄而小，易早落。枝蔓细且短，新梢伸长生长停止早，果穗、果粒变小（彩图 26）。

病因：土壤肥力低，有机质和氮素含量低。管理粗放，杂草丛生易导致缺氮。

防治方法：秋季施基肥时混施无机氮肥。生长期追施速效氮肥2～3次。还可叶面喷施0.2%～0.3%尿素水溶液，效果最好。

2. 缺磷

症状：葡萄缺磷时，萌芽晚，萌芽率低。植株生长缓慢，叶片变小，叶色暗绿带紫，缺磷严重时叶片呈暗紫色，老叶首先表现症状。叶缘发红焦枯，出现半月形死斑。坐果率低，果粒轻，成熟晚，着色差，含糖量降低。

病因：磷在酸性土壤上易被铁、铝的氧化物所固定而降低磷的有效性；在碱性或石灰性土壤中，磷又易被碳酸钙所固定，所以在酸性强的土壤或石灰性土壤中，均易出现缺磷现象。土壤熟化度低、有机质含量低的贫瘠土壤也易缺磷；低温促进缺磷，因为低温可影响土壤中磷的释放并抑制葡萄根系对磷的吸收，从而导致缺磷。

防治方法：叶片喷洒浓度为1%～3%的过磷酸钙浸出液，2次左右，或根外喷施浓度为0.2%～0.3%的磷酸二氢钾溶液2次，间隔期7～10天，进行补救，效果较好。结合浇水，可加施磷酸二铵。

3. 缺钾

症状：葡萄对钾的需求量较大。生长前期，表现为基部叶片叶缘褪绿发黄，叶缘产生褐色坏死斑，并向叶脉间扩展，叶缘卷曲下垂，叶片畸形或皱缩，严重时叶缘组织焦枯坏死，至整叶枯死（彩图27）。夏末，枝梢基部的老叶受阳光照射呈现紫褐色至暗褐色，即所谓的“黑叶”。一般较健株叶片小，枝蔓发育不良、果小、含糖量低，整个植株易受冻害或染病。

病因：葡萄缺钾多在旺盛生长期出现。土壤速效钾含量在40毫克/千克以下时发病严重。一般土壤酸性较强、有机质含量低不利于钾素积累，易发生缺钾症。

防治方法：增施有机肥或沤制的堆肥，如草木灰、腐熟的植

物秸秆及其他农家肥。可叶面喷施草木灰水溶液50倍液或硫酸钾溶液500倍液、磷酸二氢钾300倍液。但钾肥不易过量，否则会引起缺镁症。

4. 缺铁

症状：初期呈现叶脉间黄化，叶片呈青黄色或现绿色脉网，后叶面变黄似象牙色或白色，严重褪绿部位常变褐坏死。新梢生长缓慢，坐果少。如能及时改善缺铁状况，新梢可转为绿色，但较早发病的老叶，颜色恢复较慢。

病因：铁可以促进多种酶的活性，缺铁时叶绿素的形成受到影响使叶片褪绿。田间铁以氧化物、氢氧化物、磷酸盐、硅酸盐等化合物存在于土壤里，分解后释放出少量铁，以离子状态或复合有机物被根吸收。但有时土壤中不一定缺铁，而是土壤状况限制根吸收铁，如黏土、土壤排水不良、土温过低或含盐量增高都容易引起铁的供应不足。尤其是春季寒冷、湿度大或晚春气温突然升高新梢生长速度过快易引起缺铁。由于铁以离子的形式在葡萄体内运转到所需要的部位，并与蛋白质结合形成复杂的有机化合物，所以不能在葡萄体内从一个部位移到另一个部位，从而导致新梢或新展开的叶片易显症。

防治方法：①加强栽培管理。早春浇水要设法提高水温和地温。增施有机肥，及时松土，降低土壤含盐量。②叶面喷硫酸亚铁，每升水中加硫酸亚铁5～7克，隔15～20天喷1次。也可在修剪后，每升水中加硫酸亚铁200～250克，涂抹顶芽以上枝条效果较好。

5. 缺硼

症状：叶、新梢、子房均可显症，葡萄开花前新梢尖部附近卷须变为黑色，呈结节状肿大后坏死。开花时冠帽不脱落，有的脱落生花歪斜，子房形成小粒果实，无核，脱落或不结实。叶部主要在上部叶片或副梢各叶脉间或叶缘处出现浅黄色褪绿斑，严重者畸形或叶缘焦枯，7月中下旬开始落叶。有别于仅在基部叶片出现症状的缺镁症。

病因：主要由于缺乏硼素引起。

防治方法：①增施有机肥，采用配方施肥技术，尤其在3月中下旬应施入硼砂：在离树干30～90厘米处，撒施34%～48%硼砂25～28克，隔3年施1次。及时防治葡萄根瘤蚜及纹羽病。②于花后半个月喷洒0.3%硼酸液，并加入半量石灰。也可喷硼砂液，每升水加入34%～48%硼砂6克，于花前3周喷洒叶面。

6. 缺锌

症状：葡萄缺锌主要表现两种症状：①新梢叶片变小，即“小叶病”。叶片基部开张角度大，边缘锯齿变尖，叶片不对称。②出现花叶。叶脉间失绿变黄，叶脉清晰，有绿色窄边。褪色重的病斑最后坏死。有的葡萄品种表现为种子少，果粒小，果粒大小不等，导致产量下降。

病因：该病主要在初夏开始发生，主、副梢的前端首先显症。碱性土壤中，锌盐常呈难溶解状态，不易被吸收，造成葡萄缺锌。土壤内含锌量低或沙质土易导致锌流失，可引起葡萄缺锌。

防治方法：①加强管理。在沙地和盐碱地增施堆肥或腐熟有机肥。②叶面喷锌。在缺锌的葡萄上喷硫酸锌溶液500～1 000倍液。剪口涂抹锌盐。葡萄缺锌时，于剪口处涂抹硫酸锌，可使病树恢复正常，增加产量。

7. 缺镁

症状：缺镁症是葡萄上常见的一种缺素症，主要从植株基部老叶发生，起初在叶脉间褪绿，后脉间发展成黄化斑点，多由叶片内部向叶缘扩展，最后导致叶片黄化，叶肉组织坏死，仅留叶脉保持绿色，界线明显。一般生长初期症状不明显，进入果实膨大期后逐渐加重，坐果量多的植株在果实还未成熟便出现大量黄叶，黄叶一般不早落。缺镁对果粒大小和产量影响不大，但果实着色差、成熟推迟、糖分低、品质降低。

病因：缺镁症是一种生理病害，主要是由于土壤中可置换性镁不足，多因缺乏有机肥造成土壤供镁不足而引起。此外酸性土壤中镁元素易流失，施钾肥过多也会影响植株对镁的吸收，造成缺镁。

防治方法：①加强管理。采用配方施肥技术，合理施用氮、磷、钾和镁肥，减缓缺镁症发生。每年落叶后开沟增施优质有机肥，对缺镁严重的葡萄园应适当减少钾肥用量。②在葡萄开始出现缺镁症时，可叶面喷3%～4%硫酸镁，隔20～30天喷1次，共喷3～4次，可减轻病症。缺镁严重土壤，可考虑有机肥与硫酸镁混施，每亩100千克。也可开沟施入硫酸镁，每株0.9～1.5千克，连施两年。也可把40～50克硫酸镁溶于水中，注射到树干中。

8. 缺锰

症状：锰元素在植物体内不易运转，缺锰主要是幼叶先表现病状，叶脉间组织褪绿黄化，出现细小的黄色斑点，类似花叶症状，并为最小绿色小脉所限。第一叶脉与第二叶脉两旁叶内仍保持绿色。进一步缺锰，会影响新梢、叶片、果粒的生长与成熟。

病因：锰对植物的光合作用和碳水化合物代谢有促进作用。缺锰会阻碍叶绿素形成，影响蛋白质合成，植株出现褪绿黄化的症状。酸性土壤一般不会缺锰，但土壤黏重、通气不良、地下水位高、pH高的土壤易发生缺锰症。

防治方法：增施有机肥，改善土壤。在缺锰的葡萄园于花前喷0.3%～0.5%硫酸锰溶液，可以缓解缺锰状况，还能起到增产、促进果实成熟的作用。

（二）葡萄水罐子病

1. 症状 该病一般于果实近成熟时开始发生。初期在穗尖或副穗上发生，严重时全穗发病。有色品种果实着色不正常，颜色暗淡、无光泽，绿色与黄色品种表现为水渍状。果实含糖量

低，酸度大，含水量多，果肉变软，皮肉极易分离，成一包酸水，用手轻捏，水滴溢出。果梗与果粒之间易产生离层，病果易脱落。

2. 病因　因树体营养不足所引起的生理性病害。结果量过多，摘心过重，有效叶面积小，肥料不足，树势衰弱时发病重；地势低洼，土壤黏重，透气性较差的果园发病重；氮肥过多，缺少磷钾肥时发病较重；成熟时土壤湿度大，诱发营养生长过旺，新梢萌发量多，引起养分竞争，易发病；夜温高，特别是高温后遇大雨易发病。

3. 防治方法　加强栽培管理，注意增施有机肥料及磷钾肥料，控制氮肥使用量，增强树势，提高抗性。合理负载，适度轻摘心，适当增加叶面积。果实近成熟期，停止追施氮肥与灌水。喷施磷酸二氢钾液也可防治葡萄水罐子病。

（三）葡萄日灼病

1. 症状　果粒发生日灼时，果面出现淡褐色近圆形病斑，边缘不明显，果实表面先皱缩后逐渐凹陷，严重的果穗变为干果，失去商品价值（彩图 28）。卷须、新梢尚未木质化的顶端幼嫩部位也可受日灼伤害，使梢尖或嫩叶变褐萎蔫。

2. 病因　果实染病常在果穗着色成熟期，多发生在裸露于阳光下的果穗上，因树体缺水，供应果实水分不足而导致。这与土壤湿度、施肥、光照及品种有关。当根系吸水不足，叶片蒸发量大渗透压升高，叶肉含水量低于果实时，果实内的水分容易被叶片夺走，使果实水分失衡而发生日灼。当根系发生沤根或烧根时，也会出现日灼。一般大粒品种易发生日灼。有时荫蔽处的果穗，因修剪、打顶、绑蔓等移动位置或气温突然升高植株不能适应时，新梢或果实也可能发生日灼。

3. 防治方法

①加强栽培管理。适当密植，采用棚架式栽培，使果穗处在

阴凉中，通风透光良好。增施有机肥，提高保水力。防止水涝或施肥过量烧根的现象。

②在高温发病期可适时适量灌水，持续强光下葡萄体温急剧升高，蒸腾量大要及时灌水以降低植株体温，避免日灼发生。还可喷洒 0.1%的 96%硫酸铜来增强植株抗热性。喷洒 27%高脂膜乳剂 80～100 倍液，保护果穗。

③疏果后套袋，于采收前 20 天摘袋，防止日灼效果较好。

（四）葡萄生理裂果病

1. 症状 主要发生在果实近成熟期。果皮和果肉呈纵向开裂，有时露出种子。裂口处易感染霉菌或腐烂，失去经济价值（彩图 29）。

2. 病因 主要由于生长后期土壤水分变化过大，果实膨压骤增所致。尤其是葡萄生长前期比较干旱，近成熟期遇到大雨或大水漫灌，根从土壤中吸收水分，使果实膨压增大，导致果粒纵向开裂。地势低洼、土壤黏重、灌溉条件差、排水不良的地区发病重。

3. 防治方法 增施有机肥或施用腐熟的堆肥，疏松土壤，适时适量灌水、及时排水，避免水分变化过大，生长后期要防止大水漫灌。适当疏果，保持适宜的坐果量。疏果后套袋，于采收前 20 天左右摘袋，以促进果实上色，可有效地防止裂果。

（五）环境问题引起的生理病害

分为两类，一是由于温度、水分等环境因子异常变化引起的树体受害，如干旱和低温引起的冻害（彩图 30），突然高温引起的热伤害（彩图 31）等。二是由于环境污染引发的葡萄生理性病害，如厂矿附件的废气污染引起的葡萄受害（彩图 32）。对于第一类问题，加强水分、温度管理可减轻病害发生；第二类问题，属于园址选择不当，具体建园地点选择参见第二章。

第十一章 主要虫害及防治

一、葡萄二星叶蝉

葡萄二星叶蝉又叫葡萄二星斑叶蝉、葡萄二点叶蝉、葡萄二点（小）浮尘子、葡萄斑叶蝉，分布比较广泛。

1. 形态特征 成虫体长2.9～3.7毫米，体色有红褐及黄白两型，头顶上有2个明显的黑色圆斑；前胸背部前缘有褐色斑纹数个，小盾板基缘侧角处各有1个大黑斑。前翅半透明，淡黄白色，翅面有不规则形状的淡褐色斑纹。卵长椭圆形，稍弯曲，初为乳白色，渐变为橙黄色。若虫有黑色翅芽，初孵化时为白色。以后逐渐变红褐色或黄白色。

2. 发生规律 以成虫在土缝、杂草、枯叶等处越冬，翌年3月间越冬代成虫出蛰，先在园边发芽早的花卉和杂草上为害，4月末5月初迁到葡萄上为害并产卵，5月中旬第一代若虫出现，第一代成虫在6月上中旬开始发生，以后各代重叠，末代成虫在9～10月发生，直到葡萄落叶，然后随气温降低进入越冬的场所。

3. 为害特点 主要以成虫和若虫在葡萄叶背面刺吸葡萄汁液为害。叶片被害初期呈点状失绿，叶面出现小白点，随着为害加重，各点相连成白斑，直至全叶苍白，提早落叶。虫粪形成一层密集的小黑颗粒，可污染叶片、果面。为害特点是先从老叶开始，逐渐向上蔓延，一般不为害嫩叶，成虫活泼，受惊后飞往别处，盛发期成虫飞能发出雨击打叶片的声音。

4. 防治方法 秋后彻底清除葡萄园内落叶和杂草，集中烧

毁或深埋，消灭其越冬场所。生长期适当提高架面，改善通风透光条件，架面基部尽量少留枝叶。

药剂防治主要防治时期在上半年，葡萄开花以前结合防病，加入杀虫剂如乙酰甲胺磷、菊酯类农药进行防治。抓住成虫、若虫期，尤其是第一代若虫发生期比较整齐，掌握好时机施药可获得良好防治效果。常用农药有80%敌敌畏乳油1 000～1 500倍液、50%马拉硫磷乳油800～1 500倍液、90%晶体敌百虫1 500倍液、2.5%溴氰菊酯乳油1 000～1 500倍液或20%氰戊菊酯乳油1 000倍液等。

二、葡萄斑衣蜡蝉

属同翅目，蜡蝉科，又称椿皮蜡蝉、斑蜡蝉等，在我国大部分地区均有分布（彩图33）。

1. 形态特征 成虫体长15～20毫米，翅展40～56毫米，体暗褐色，被有白色蜡粉。头顶向上翘起，呈突角形，复眼黑色，向两侧突出。前翅革质，基半部淡褐色，有黑斑20多个，端部黑色，脉纹淡白色。后翅基部1/3红色，有黑斑7～8个，中部白色，端部黑色。卵长圆形，褐色，卵40～50粒/块，平行排列上覆一层土灰色粉状分泌物。若虫与成虫相似，体扁平，翅不发达，初孵化时白色，后变黑色，体上有许多小白斑（彩图33）。

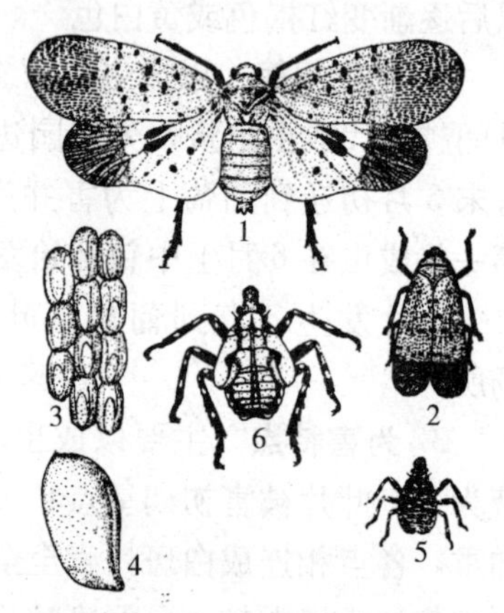

图11-1 斑衣蜡蝉

1. 成虫 2. 成虫静止状态 3. 卵块 4. 卵侧面观 5. 初龄若虫 6. 成长若虫

（李知行，2004）

2. 发生规律 每年1代，

以卵在葡萄枝蔓、架材和树干等部位越冬。翌年4月间陆续孵化。6月下旬出现成虫，8月份交尾产卵。成虫则以跳助飞，多在夜间交尾活动为害。从4月中下旬至10月份，为若虫和成虫为害期。8～9月为害最重。

3. 为害特点 斑衣蜡蝉以若虫、成虫刺吸葡萄枝蔓、叶片的汁液。叶片被害后，形成淡黄色斑点，严重时造成叶片穿孔、破裂。将其排泄物撒落于枝叶和果实上后，引起煤污病发生，影响光合作用，降低果实质量。

4. 防治方法 建园时远离臭椿、苦楝等树木。结合枝蔓的修剪和管理将枝蔓和架材上的卵块清除或碾碎，消灭越冬卵，减少翌年虫口密度。

在幼虫大量发生期，喷施4.5%高效氯氰菊酯乳油800～1 000倍液、2.5%溴氰菊酯乳油1 000～1 500倍液、20%氰戊菊酯乳油800～1 500倍液、50%马拉硫磷乳油800～1 500倍液等，狠抓幼虫期防治，可收良好效果。由于虫体特别若虫被有蜡粉，所用药液中如能混用含油量0.3%～0.4%的柴油乳油剂或黏土柴油乳剂，可显著提高防效。

三、葡萄根瘤蚜

该虫属同翅目，根瘤蚜科，是一种毁灭性的害虫，是国内外重要的检疫对象。该虫仅为害葡萄，原产于北美洲，后传入数十个国家（彩图34）。

1. 形态特征

根瘤型：成虫无翅，寄生于根部，形成根瘤。体长1.2～1.5毫米，呈卵圆形，体暗黄色至鲜黄色，体背各节有黑色瘤，头部4个，各胸节6个，各腹节4个。触角3节，第三节最长，端部有一个圆形或椭圆形感觉圈。无腹管。卵为长椭圆形，长约0.3毫米，初为淡黄色，稍有光泽，后逐渐变暗黄色。若虫初孵

化为淡黄色，触角为半透明，以后体色略深，足变为黄色。

叶瘿型：寄生于叶部形成叶瘿，无翅孤雌蚜体长0.9～1.0毫米，近圆形，体背无黑色瘤，背部隆起，触角3节，末节端部有刺5根。卵为长椭圆形，淡黄色，较根瘤型的卵色浅而明亮。初孵若虫体色较浅。

有翅型：成虫体长0.9毫米，长椭圆形，前宽后窄，触角3节，末节有感觉圈2个；前翅前缘有长形翅痣，只有3根斜脉。卵有2种，大卵长0.36毫米，小卵长0.27毫米。

有性型：由卵孵出，大卵孵化为雌蚜，小卵孵化为雄蚜。雌成虫体长0.38～0.5毫米，无口器，无翅，体黄褐色，胸部各节有刺毛8根。雄虫体长0.32毫米，外生殖器突出于腹部末端，呈乳突状。卵深绿色，长0.27毫米（彩图34）。

2. 发生规律 该虫的繁殖速度快，代数多，根瘤型每年5～8代，叶瘿型每年7～8代。生活史复杂，它的生活史有完整的和不完整的两种，在美洲葡萄上有完整的生活史，既有根瘤型也有叶瘿型，叶瘿型的以卵在树上越冬，第二年孵化出后一直在叶片上为害，即为叶瘿型，每代都有部分蚜虫爬到根为害，转为根瘤型。根瘤形也是孤雌生殖，以若虫和成虫在根上为害，形成根瘤。秋末产生有翅型，以孤雌产卵，卵孵化为有性型，并交配产卵越冬。在欧洲型品种上是不完整的，如我国的山东、辽宁等地，只有根瘤型，少发生叶瘿型，以初龄若虫及少量卵在10毫米以下的土层中、2年生以上的粗根杈、缝隙被害处越冬，到第二年4月开始活动。5月上旬产第一代卵，为害而形成根瘤，并扩散转移为害，直到秋末转入越冬。6～11月份不断产生有翅蚜，从土里爬出上树，8～9月发生量较大，但在枝蔓上很难找到其所产的卵。该虫对环境适应力强，卵和若虫在－14～－13℃才被冻死，干旱易造成大发生，多雨不利于繁殖，土壤黏重、板结和沙质土壤不利于其生存。

3. 为害特点 以成虫和若虫在根的表面刺吸为害，被害的粗根形成木瘤，细根则形成根瘤，能引起根部的腐烂。叶瘿形的蚜虫在寄主的表面定居为害，受害处背面凹陷而再背面形成虫瘿，被感染的植株发育不良，产量下降，发生严重的能引起整株枯死。

4. 防治方法

（1）加强检疫，严格执行检疫制度。该虫多由苗木和接穗传播。在调运苗木时要仔细地检查处理，特别从国外引进苗木时，要严格检疫，避免该虫的传入。

（2）苗木处理。从疫区引种时先将苗木在40℃的热水中浸5～7分钟，然后转入50～52℃的热水中浸7分钟，也可用50％辛硫磷乳油1 500倍液浸1分钟，晾干即可。

（3）选好育苗地。实践证明沙地无根瘤蚜存在。

（4）土壤处理。原有虫株刨除更新，然后用1.5％乐果粉处理土壤，每株0.75～1.00千克，隔几年再建园，彻底根除疫区。

（5）选育抗根瘤蚜的砧木。用免疫性砧木嫁接葡萄，培育抗根瘤性苗木。

（6）药剂防治。可用50％抗蚜威可湿性粉剂2 000～3 000倍液灌根，也可用二硫化碳消灭根上的蚜虫，每平方米打9个孔，打10～15厘米深，每孔注入6～8克，注孔距植株不能少于25厘米，以防发生药害，处理时土壤含水量以30％为宜，土壤温度在12～18℃，温度过高易发生药害，过低杀虫效果差，应在春节开花前或秋季收获后进行。

四、葡萄瘿螨

真螨目，瘿螨科，过去常称葡萄潜叶壁虱、葡萄毛毡病。在我国大部分葡萄产区均有分布，在辽宁、河北、山东、山西、陕西等地为害严重。

1. 形态特征 雌成螨：圆锥形，白色或灰色。雄成螨体形略小。腹部有多数暗色环纹，体长 0.1～0.28 毫米，背盾板似三角形，背盾板上有数条纵纹，近头部生有2对足，腹部细长，尾部两侧各生有1根细长的刚毛，爪羽状。幼螨共2龄，淡黄色，与成螨无明显区别。卵椭圆形，近透明白色（图11-2）。

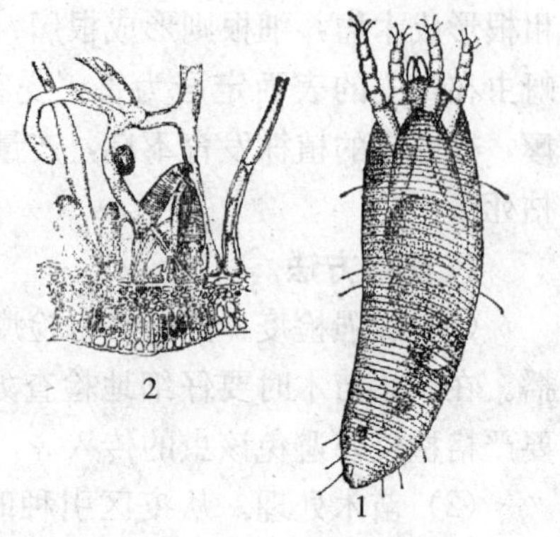

图 11-2 葡萄瘿螨

1. 成虫 2. 被害叶的横切面

（李知行，2004）

2. 发生规律 葡萄瘿螨一年发生多代，成螨群集在芽鳞片内绒毛处，或枝蔓的皮孔内越冬，有群集越冬习性。翌年春季随着芽的萌动，从芽内爬出，随即钻入叶背茸毛间吸食汁液，刺激叶片茸毛增多，不断扩大繁殖为害。全年以6～8月份为害最重，高温多雨时对发育不利，虫口有下降趋势。秋后成螨陆续潜入芽内越冬。

3. 为害特点 成、若螨在叶背刺吸汁液，初期被害处呈现不规则的失绿斑块。以后斑块状表面逐渐隆起，叶背凹陷并产生灰白色茸毛，似毛毡。后期斑块逐渐变成锈褐色，最后呈黑褐色。严重时也能为害嫩梢、嫩果、卷须和花梗等，使枝蔓生长衰弱，产量降低。

4. 防治方法 冬春彻底清扫果园，收集被害叶片烧毁或深埋。在葡萄生长初期，发现有被害叶片时，也应立即摘掉烧毁，以免继续蔓延。

插条能传播瘿螨，从有瘿螨的地区引入苗木，在定植前，最好用温汤消毒，即把插条或苗木先放入 30℃热水中浸 5～8 分钟，再移入 45℃热水中浸 5～8 分钟，可杀死潜伏的瘿螨。

早春葡萄芽萌动时，喷3～5波美度石硫合剂加0.3%洗衣粉的混合液，或50%硫悬浮剂，以杀死潜伏在芽内的瘿螨。这是防治关键期，喷药要细致均匀。

在发生严重的园区，也可使用15%哒螨灵乳油1 000～2 000倍液、20%螨克乳油1 000倍液、73%炔螨特乳油2 500～3 000倍液、5%噻螨酮乳油1 500～2 000倍液。全株喷洒，使叶片正反面均匀着药。发芽后用药较发芽前用药效果更好。

五、葡萄短须螨

真螨目，细须螨科，该虫又叫葡萄红蜘蛛。在我国北方分布较普遍，在山东、河北、河南、辽宁等地部分葡萄产区发生，南方部分葡萄产区也有发生。

1. 形态特征

雌成螨：体长约0.32毫米，红褐色，眼点红色，腹背中央呈鲜红色，背面体壁有网状花纹，中央呈纵向隆起，无背刚毛，4对足短粗且多皱纹，各足胫节末端有1条刚毛。雄螨：外形与雌螨相似，唯末体与足之间有一收窄的横缝。卵：鲜红色且有光泽，椭圆形。幼螨：鲜红色，体长0.13～0.15毫米，足3对且

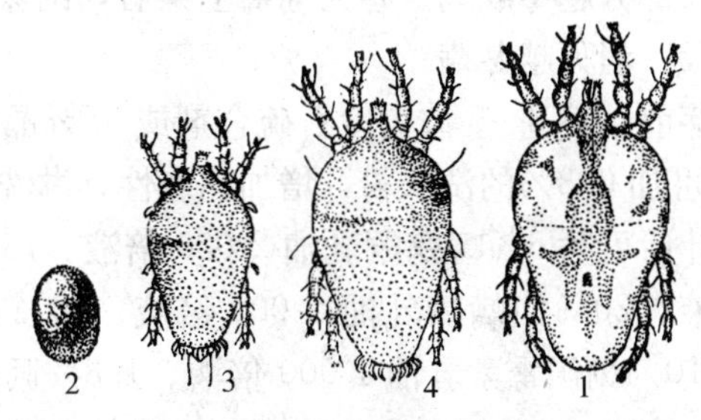

图11-3　葡萄短须螨

1. 成虫　2. 卵　3. 幼螨　4. 若螨

（北京农业大学，1996）

为白色。若螨：体长 0.24～0.30 毫米，淡红色，体后部较扁平，末端周缘有 8 条叶片状刚毛（图 11－3）。

2. 发生规律 该螨每年发生 5～8 代，在山东、河南每年 6 代，以雌成螨在裂皮下、叶痕、芽腋间及枯散的芽鳞绒毛内群体越冬。春季萌芽后约 4 月中下旬出蛰雌虫开始出蛰，为害刚展叶的幼芽、幼叶，大约半个月后开始产卵，雌成螨一般在产卵后 20 天后死去，全年世代交错重叠，7 月份大量为害果穗，8 月份虫口密度最大，达受害高峰。10 月底开始转移到叶柄基部和叶腋间，11 月中旬全部隐蔽越冬。短须螨的为害从散生到密集，幼虫有群体脱皮的习性，该螨最适发育温度为 29℃左右，相对湿度为 80%～85%，一般 7、8 月份最适于该螨的发育，因此繁殖最快，虫口密度最大。

3. 为害特点 以幼虫、若虫、成虫由基部为害嫩梢、叶片、果穗等。新梢受害后，表皮产生黑褐色小颗粒状突起，叶片受害后首先在叶脉两侧呈现褐色锈斑，由绿色变成淡黄色，然后变红，最后焦枯脱落。果实受害最初为铁锈色斑，然后组织坏死、表面粗糙、着色差、产生龟裂，穗柄、果柄受害后变褐色粗皮，脆硬易折，果面呈铁锈色。

4. 防治方法 冬前清理蔓上老皮，喷药于蔓上，然后埋上防寒，可消灭部分越冬成螨。春天葡萄上架后，刮除葡萄枝蔓老皮，集中烧毁，消灭越冬螨。

早春萌芽前，喷 3～5 波美度石硫合剂或 45%晶体石硫合剂 30 倍液，也可加 0.3%的洗衣粉，增加黏着性，淋洗式施药。

葡萄展叶后可喷 5%噻螨酮乳油 2 000 倍液、73%炔螨特乳油 2 000 倍液、20%四螨嗪乳油 2 000 倍液、20%三唑锡乳油 2 000倍液、10%浏阳霉素乳油 1 000 倍液、1.8%阿维菌素乳油 1 000～2 000 倍液、0.3 波美度石硫合剂、晶体石硫合剂 400 倍液等。所有药剂均应注意不要连续使用，应交替使用，延缓叶螨抗药性，并采取淋洗或细致喷雾。

六、葡萄透翅蛾

鳞翅目，透羽蛾科，国内分布于辽宁、河南、江西、湖南、四川、陕西等地区。

1. 形态特征　成虫：体长18～20毫米，翅展30～36毫米，形似黄蜂，体黑褐色，头的前部及颈部黄色，触角紫黑色，后胸两侧黄色。腹部有3条横带，前翅红褐色，前缘外缘及翅脉黑色，后翅半透明。雄蛾腹部末端左右各有长毛丛1束。卵：长约1.1毫米红褐色，长椭圆形，扁平。幼虫：末龄体常25～38毫米，头部红褐色，胸、腹部黄白色，口器黑色，老熟时则带紫红色，前胸背板有倒八字形纹，全体疏生细毛。

2. 发生规律　该虫一年发生一代，以老熟幼虫在葡萄枝蔓内越冬，次年春在被害处先咬一圆形羽化孔，以丝封闭，然后化蛹。6～7月份为成虫羽化期，成虫性比约1∶1，寿命3～6天。卵散产在芽间、嫩梢及叶柄和叶脉处，单雌产卵50～100粒，幼虫孵化后多从叶柄基部蛀入嫩梢髓部为害，形成长形的孔道，嫩梢被蛀孔后转移到粗蔓中为害，虫粪从蛀孔处排出。7～8月幼虫可转移1～2次，因此为害最重，9～10月间幼虫陆续老熟，在被害枝蔓内越冬。

3. 为害特点　主要为害枝蔓，以幼虫为害，造成当年生枝枯死，幼虫为害髓部，在茎内形成长的孔道，在蛀口附近常有虫粪堆积。葡萄多以直径约0.5厘米以上的枝条受害，被害蔓变粗膨大，表皮变为紫红色，上部叶子变黄枯死。

4. 防治方法　冬剪时剪去被害枝蔓并烧毁，夏季经常检查嫩梢，发现有虫粪的蛀孔和膨大呈瘤状的新梢及时剪掉，集中烧毁处理。

在成虫产卵一周左右和幼虫孵化期，喷50%杀螟松乳油1 000倍液、90%敌百虫晶体1 000倍液或80%敌敌畏1 000～

1 500倍液，可杀灭初孵幼虫，效果显著。

粗枝受害时，可从蛀孔注入50%敌敌畏乳油20～50倍液，然后将蛀孔封闭，或用浸有80%敌敌畏药液10～20倍液的棉球塞住蛀孔，以熏杀幼虫。

七、葡萄虎蛾

鳞翅目，虎蛾科，又称葡萄黏虫、葡萄虎夜蛾等。分布于黑龙江、辽宁、河北、山东、河南、山西、湖北、江西、贵州、广东等地。

1. 形态特征 成虫：体长18～20毫米，头胸部紫棕色，腹部杏黄色。前翅灰黄色带紫棕色散点，中部至臀角具4个黑斑，后翅杏黄色外缘具一紫黑色宽带。幼虫：长约40毫米，第八腹节稍隆起，头橘黄色，有黑斑。体黄色具有不规则褐斑，背线黄色明显，胸足外侧黑褐色，腹足全黄色。卵：外观

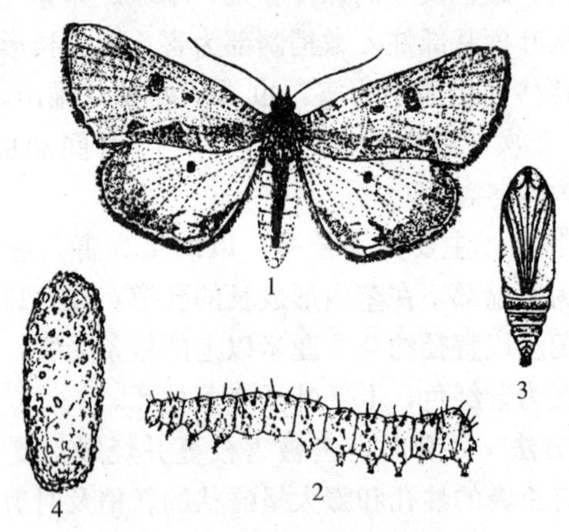

图11-4 葡萄虎蛾

1. 成虫 2. 幼虫 3. 蛹 4. 茧

（李知行，2004）

如馒头状，高约 0.33 毫米，初产时为淡黄绿色，顶部有凹陷（图 11-4）。

2. 发生规律　华北地区每年发生 2 代，以蛹在树盘老蔓根部及架附近表层土中越冬，翌年 5 月中下旬开始羽化，卵产于叶上，6 月中下旬幼虫孵化，8 月中旬至 9 月中旬为第二代幼虫为害期。

3. 为害特点　幼虫取食叶肉，将叶片吃成缺刻，严重时将上部嫩叶吃光，仅残留叶柄和粗脉，常群集食叶，幼虫触动时吐黄水。

4. 防治方法　结合秋施基肥时，将表层土翻入深层，减少越冬虫量。药剂防治主要在幼虫发生期使用 80%敌敌畏乳油 1 500倍液或 90%敌百虫 1 000 倍液、20%氰戊菊酯 4 000～5 000 倍液喷施可有效防治。

八、葡萄天蛾

鳞翅目，天蛾科，又名葡萄轮纹天蛾，广泛分布于辽宁、河北、河南、山东、山西、陕西、江苏、广西、广东等地。主要为害葡萄、爬山虎等。

1. 形态特征

成虫：体长 45 毫米左右，翅展 90 毫米左右，体肥大呈纺锤形，体翅茶褐色，腹面色淡，近土黄色。体背中央自前胸到腹端有 1 条灰白色纵线，复眼后至前翅基部有 1 条灰白色较宽的纵线。复眼球形较大，暗褐色。触角短栉齿状，前翅各横线均为暗茶褐色，前缘近顶角处有 1 个暗色三角形斑，后翅周缘棕褐色，中间大部分为黑褐色，缘毛色稍红。

幼虫：老熟时体长 80 毫米左右，绿色，体表布有横条纹和黄色颗粒状小点。头部有两对平行的黄白色纵线，分别于蜕裂线两侧和触角之上，均达头顶。胸足红褐色，基部外侧黑色，端部

外侧白色，其上有1个黄色斑点。第1～7腹节背面前缘中央各有1个深绿色小点，两侧各有1条黄白色斜短线，于各腹节前半部，呈八字形。

卵：球形，直径1.5毫米左右，表面光滑，淡绿色。

蛹：体长45～55毫米，长纺锤形。初为绿色，逐渐背面呈棕褐色，腹面暗绿色。臀棘黑褐色较尖。气门椭圆形黑色，可见7对，位于第2～8腹节两侧（图11-5）。

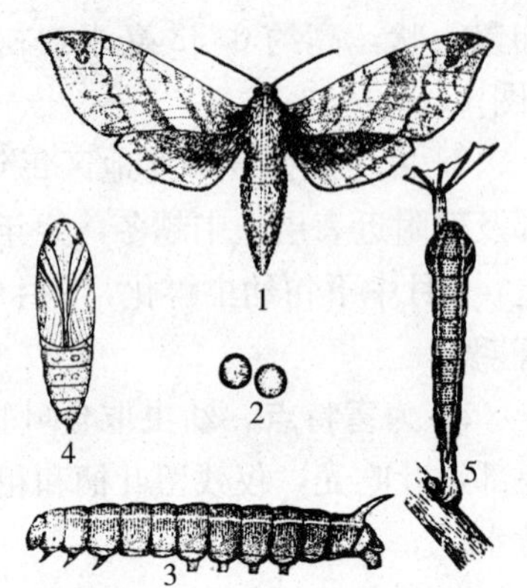

图11-5 葡萄天蛾
1. 成虫 2. 卵 3. 幼虫
4. 蛹 5. 幼虫为害状
（李知行，2004）

2. 发生规律 每年发生1～2代，成虫夜晚活动，有趋光性。以蛹于表土层内越冬，次年5月底至6月上旬开始羽化，6月中、下旬为盛期，7月上旬为末期。成虫于葡萄株间飞舞，多在傍晚交配，卵多产于叶背或嫩梢上，单粒散产。6月中旬田间始见幼虫，幼虫多于叶背主脉或叶柄上栖息，夜晚取食，白天静伏，栖息时以腹足抱持枝或叶柄，头胸部收缩稍扬起，后胸和第一腹节显著膨大。受触动时，头胸部左右摆动，口器分泌出绿水。幼虫活动迟缓，食光一枝叶片后再转移邻近枝为害。7月下旬开始陆续老熟入土化蛹，蛹期10余天。8月中旬田间见第二代幼虫为害至9月下旬老熟入土化蛹冬。

3. 为害特点 幼虫将叶片食为缺刻或孔洞，高龄幼虫为害仅残留叶柄。

4. 防治方法 成虫期可采用黑光灯诱杀，结合葡萄冬季埋土和春季出土挖除越冬蛹。结合夏季修剪等管理工作，寻找被害状和地面虫粪捕捉幼虫。在幼虫发生期使用80%敌敌畏乳油

1 500倍液或90%敌百虫1 000倍液、20%氰戊菊酯4 000～5 000倍液喷施可有效防治。幼虫易患病毒病，在田间取回自然死亡的幼虫，制成200倍液喷布枝叶，有一定的效果。

九、葡萄虎天牛

鞘翅目，天牛科。在华北、华中、东北均有发生（彩图35）。

1. 形态特征　成虫体长16～28毫米，体黑色，近圆筒形，前胸红褐色，翅鞘黑色，两翅鞘合并时，基部有X形黄色斑纹。近翅末端有一条黄色横纹。幼虫末龄体长约17毫米，淡黄白色。前胸背板淡褐色，头小黄白色，无足，全体疏生细毛。卵长约1毫米，乳白色。

2. 发生规律　每年发生1代，以幼虫在葡萄枝蔓内越冬。翌年5～6月间开始活动，继续在枝内为害，有时幼虫将枝横行啮切，使枝条折断，向基部蛀食。7月间幼虫老熟在被害枝蔓处化蛹。8月间羽化为成虫，将卵散产于新梢基部芽腋间或芽鳞缝隙。幼虫孵化后，即蛀入新梢木质部内纵向为害。

3. 为害特点　虎天牛以为害一年生结果母枝为主，有时也为害多年生枝蔓。横向切蛀，形成了一极易折断的地方，虫粪充满蛀道，不排出枝外，故从外表看不到堆粪情况，这是与葡萄透翅蛾的主要区别。落叶后，被害处的表皮变为黑色，易于辨别。每年5～6月间会大量出现新梢凋萎的断蔓现象。

4. 防治方法　冬季修剪时，将为害变黑的枝蔓剪除烧毁，以消灭越冬幼虫。生长期根据出现的枯萎新梢，在折断处附近寻杀幼虫。发生量大时，在成虫盛发期喷布50%杀螟松乳油1 000倍液或20%杀灭菊酯3 000倍液。使用铁丝钩杀幼虫，或用棉花蘸50%敌敌畏乳油200倍液堵塞虫孔。成虫产卵期喷500倍液的90%敌百虫或1 000倍液的50%敌敌畏乳油。

十、葡萄十星叶甲

鞘翅目，叶甲科，又名葡萄十星叶虫、葡萄花叶、葡萄金花虫，分布于我国湖北、湖南、河北、河南、山东、福建、广东、陕西、辽宁等地。

1. 形态特征 成虫体长约 12 毫米，土黄色，椭圆形。头小，缩于前胸内。前胸背板及鞘翅上有许多小刻点。触角淡黄色丝状，末端第 3 节及第 4 节端部黑褐色。幼虫体长 10～15 毫米，体扁而肥，近长椭圆形，头部较小，黄褐色，除前胸及尾节外，各节背面均具两横列黑斑，除尾节外，胸腹部两侧各具有凸起的肉瘤 3 个。卵椭圆形，初产为黄绿色，后变为暗褐色，长约 1 毫米，表面有小凸起（图 11 - 6）。

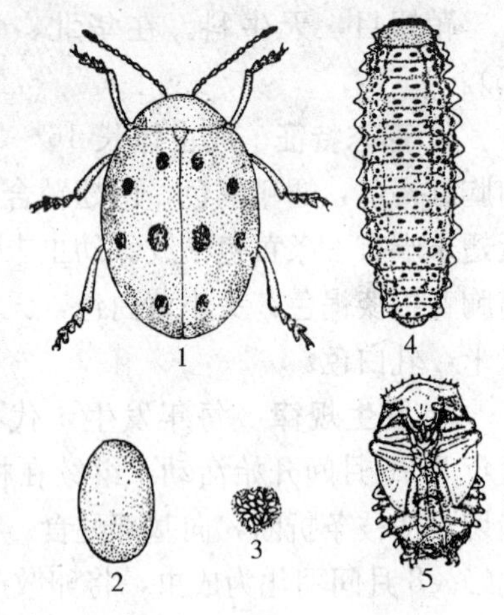

图 11 - 6 葡萄十星叶甲
1. 成虫 2. 卵 3. 土中卵块
4. 幼虫 5. 蛹
（李知行，2004）

2. 发生规律 1 年 1～2 代。以卵在寄主根际、落叶层下、石堆下、表土下、墙缝间等处越冬。卵于翌年 5 月下旬开始孵化，6 月是为害盛期。8 月中旬至 9 月中旬为产卵盛期。成虫夜伏昼出，受惊时落地假死，并分泌出黄色有恶臭的液体自保。雌成虫产卵于葡萄植株 30 厘米范围内枯枝落叶上、杂草丛中，以葡萄枝干接近地面处居多。单雌产卵多达 700～1 000 粒。

3. 为害特点 以成虫和幼虫为害葡萄叶片、芽，将叶片咬成孔洞，大量发生时将全部叶肉食尽（连幼芽也不放过），仅留下一层薄的绒毛及叶脉、叶柄，造成叶片网状枯黄，并且相连成片，致使葡萄缺乏营养，植株生长发育受阻，产量降低甚至绝收，同时还会严重影响绿化效果。

4. 防治方法　6 月在其化蛹盛期，利用中耕松土、施肥的机会，进行园土翻整，铲除虫蛹，秋末清理枯枝烂叶时，要仔细清理、铲除植株附近和葡萄园附近的杂草、残枝败叶，并集中烧毁，消灭越冬的虫卵和部分成虫。利用成虫和幼虫假死的习性，在清晨或傍晚将薄膜、帆布或容器布置在植株下方，振动葡萄枝干，使成虫和幼虫落下，收集并集中处死。药剂防治可使用 2.5%溴氰菊酯乳油、20%氰戊菊酯乳油 800～1 500 倍液喷施。

十一、金 龟 子

为害葡萄树的金龟子种类很多，常见有白星花金龟（彩图 36）、豆兰金龟子、铜绿丽金龟等，均属鞘翅目。

1. 形态特征　白星花金龟：成虫体长 17～24 毫米，体宽9～12 毫米。椭圆形，背面较平，体较光亮，多为古铜色或青铜色，有的足绿色，体背面和腹面散布很多不规则的白绒斑。卵呈圆形或椭圆形，长1.7～2.0 毫米，乳白色（彩图 36、图 11 - 7）。

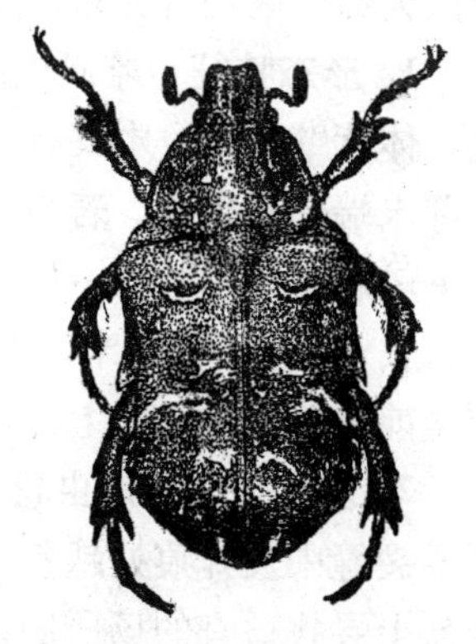

图 11 - 7　白星花金龟
（北京农业大学，1996）

2. 发生规律　为害葡萄的几种金龟子都是 1 年 1 代。白星花金龟可以成虫越冬，所以春天出现的较早，葡萄萌芽期从土中钻出来，白星花金龟 5 月上旬转移到地面为害，6 月上中旬便出现成虫，主

要为害叶片、芽、花和幼果。成虫具有假死性，可进行人工防治。

3. 为害特点 该类害虫食性很杂，除为害葡萄外，还为害其他果树和林木，他们的幼虫统称为蛴螬，生活在土中，食害根部，是苗期主要的地下害虫。白星花金龟主要吃葡萄的成熟果实，豆兰金龟子主要吃花穗、幼果及嫩叶，铜绿丽金龟常常以成虫群集为害果树防风林等树木叶片，金龟子活动为害时间长、食量大，往往给生产带来很大的损失。

4. 防治方法 消灭越冬虫源秋季深耕，春季浅耕，破坏越冬场所。利用成虫的假死性，在其活动时进行扑杀。药剂防治可在成虫期用90%敌百虫晶体800～1 000倍液或50%敌敌畏乳油1 000倍液毒杀成虫。

十二、东方盔蚧

同翅目，蚧科，又称扁平球坚蚧、褐盔蜡蚧、水木坚蚧。在全国葡萄产区均有分布，是葡萄的主要害虫之一（彩图37）。

1. 形态特征 雌成虫：体长3.5～6.0毫米，椭圆形，红褐色，体背壁硬化，中央有4条纵排断续的凹陷，形成5条隆脊，腹部末端具臀裂缝。若虫：初孵若虫粉白色，越冬若虫为褐色，上下较扁平，体外有一层极薄的蜡层，触角、足有活动的能力。卵：长0.5～0.6毫米，淡黄白色，长椭圆形，腹面微微内陷，孵化前为粉红色，卵上微覆蜡质白粉。

2. 发生规律 该虫每年发生2代，以2龄若虫在老蔓翘皮下或裂缝中及叶痕处越冬，翌年3月中下旬开始活动，先后爬到枝条上寻找适宜的场所固定下来，4月上旬羽化为成虫，5月上旬开始产卵，5月下旬至6月初为孵化盛期，从母体下爬出的若虫先在葡萄叶背叶脉两侧为害，后到幼嫩新梢上为害，最后固定在枝干、叶柄、穗轴或果粒上为害。7月下旬羽化为成虫，7月末至8月上旬产卵，第二代若虫8月间孵化，8月中旬为盛期，到10月间迁回树体老蔓翘皮下、裂缝等隐蔽处越冬。在葡萄园内尚未发现雄虫，主要以孤雌卵生的方式繁殖后代。

3. 为害特点　以若虫和成虫为害葡萄枝蔓、叶柄、果（穗）轴和果粒等，虫体经常排泄出黏液，滴落在果面及叶片上，在潮湿、炎热的夏季经常在叶面和果面滋生一层黑色的霉菌，影响光合作用，严重时枝条枯死，树势衰弱。

4. 防治方法　葡萄园周围不要栽种刺槐和紫穗槐，以减少虫源。萌芽前，人工刮除老树皮，露出介壳虫体，然后喷5波美度石硫合剂，消灭越冬的害虫。在若虫孵化期是防治的关键时期，可喷2.5%敌杀死乳油2 500倍液或40%速扑杀乳油700～1 500倍液对消灭介壳虫的若虫均有好处。

十三、绿 盲 蝽

半翅目，盲蝽科，又称棉青盲蝽、青色盲蝽、小臭虫等。为杂食性害虫，可为害棉花及多种果树。

1. 形态特征　成虫，体长约5毫米，绿色，较扁平，前胸背板深绿色，前翅革质大部分为绿色，膜质部分为淡绿色。卵：长约1毫米，长袋形，初产时白色，后变为黄绿色，卵盖乳黄色，无附着物。若虫：若虫5龄，体为浅绿色，上有黑色的细毛，触角淡黄色，足淡绿色，3龄开始长出翅芽，翅芽末端黑色。

2. 发生规律　每年发生3～5代，以卵在葡萄枝蔓的皮缝和芽眼内或其他果树的断枝及疤痕处越冬。翌年4月上中旬，平均气温10℃以上、相对湿度达70%左右时孵化为若虫，以若虫或成虫为害葡萄芽、幼叶，一直为害到5月底至6月初，成虫从葡萄树上迁到园内外杂草或其他的果树及棉花上繁殖为害，8月下旬出现第四代或第五代成虫，最后一代成虫于10月上旬从葡萄

园内、外杂草上再迁移回葡萄上产卵越冬。

3. 为害特点 以若虫和成虫刺吸嫩叶和花序，幼叶受害，被害处形成红褐色，针头大的坏死斑点，随叶片的伸展长大，以小点为中心，拉成圆形或不规则的空洞，花梗花蕾受害后则干枯脱落。

4. 防治方法 在9月份彻底清除园中或园边的寄主杂草，如藜、蒿类，减少最后一代成虫的发生量，从而减少越冬卵量。多雨季节注意开沟排水、中耕除草，降低园内湿度。当芽眼鳞片开裂膨大成绒球时，喷一遍3波美度的石硫合剂，可有效降低虫卵基数和虫卵的孵化率。葡萄展叶后，发现若虫为害，要立即喷药防治，一般药剂用触杀性的拟除虫菊酯类和有机磷农药，如2.5%敌杀死乳油2 500倍液或20%氰戊菊酯乳油2 000倍液均有较好效果。

十四、烟 蓟 马

缨翅目，蓟马科。在我国分布很广，寄主种类很多，除为害葡萄外，还为害苹果、李子等多种果树及农作物和蔬菜。

1. 形态特征 成虫：体长0.8～1.5毫米，淡黄色至深褐色，背面色略深，虫体细长，边缘有很多长而整齐的续状缘毛，翅脉退化，只有2条纵脉，翅不用时平行放置在背上，头略向后倾斜。若虫：淡黄色，形态与成虫相似，无翅，胸腹部有微细的褐色斑点，点上生粗毛。卵：肾形，淡黄白色（图11-8）。

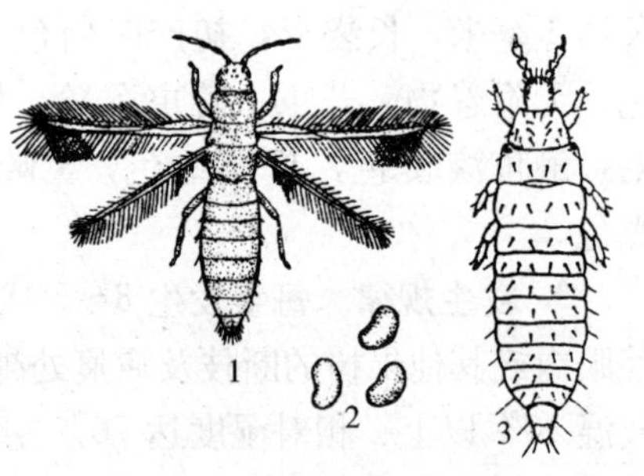

图11-8 烟 蓟 马
1. 成虫 2. 卵 3. 若虫
（李知行，2004）

2. 发生规律　该虫在华北每年发生3～4代，华南可发生20代以上，在北方多以成虫和若虫在杂草和死株上越冬，少数以蛹在土中越冬。第二年葡萄展叶后开始为害，以5月份较重，7～8月，可以同时看到几种虫态为害花蕾和幼果，至9月份虫口逐渐减少。成虫活跃，能飞善跳，便于迁移扩散。该虫怕光，喜欢在阴面上为害，高温高湿不利于该虫的发生，卵多产在叶背皮下和叶脉内，卵期6～7天。

3. 为害特点　以成虫和若虫刺吸葡萄的幼果、嫩梢和叶片等部位，为害的新梢生长受到抑制，叶片变小，卷曲成杯状或畸形，有时出现穿孔，幼果受害初期，果面上形成纵向的黑斑，使整穗果粒呈黑色，但只为害表皮，后期果面形成纵向木栓化褐色锈斑，成熟期遇雨易裂果，降低果实的商品价值。

4. 防治方法　冬季彻底清园，铲除田边的杂草、枯枝落叶，消灭越冬的虫源。蓟马的天敌有小花蝽和姬猎蝽，对蓟马的发生量有一定的控制作用，使用药剂防治时注意保护天敌。发生初期可喷施50%杀螟松乳油1 000倍液、20%杀灭菊酯乳油2 500倍液、1.8%阿维菌素乳油3 000倍液。

十五、葡萄白粉虱

同翅目，粉虱科。是棚室栽培中果树和蔬菜上的主要害虫，可为害葡萄、草莓、黄瓜、菜豆、茄子、番茄、青椒等十几种水果蔬菜（彩图38）。

1. 形态特征　成虫：翅面上被有白色蜡粉，外观呈白色。停息时翅合拢成屋脊状，翅脉简单。若虫：长卵圆形，淡绿色，外表有白色长短不齐的蜡丝。卵：椭圆形，有细小卵柄，初产时淡黄色，孵化前变黑（图11-9）。

2. 发生规律　在温室条件下一年可发生10余代，世代重叠，5～6月为成虫羽化期，葡萄生长期均有为害，7～9月份虫

口密度增长很快，为害十分严重。成虫有两性生殖和孤雌生殖的能力，雌雄常成对并列在一起，卵散产，有一小卵柄从气孔插入叶片组织内。

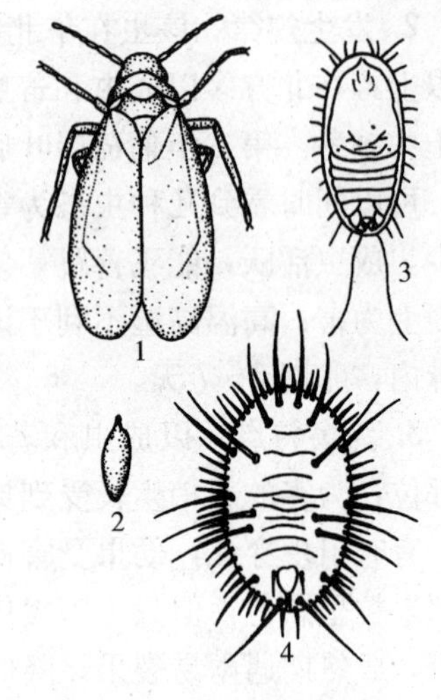

图 11－9　温室白粉虱

1. 成虫　2. 卵　3. 若虫　4. “蛹”背面观

（袁峰，2001）

3. 为害特点　白粉虱喜群集于嫩叶上取食为害，成虫对黄色、绿色有趋性。被害处发生褪绿斑，其排泄物还易引起黑霉病，并使叶片早期脱落。

4. 防治方法　利用成虫对黄色的强烈趋性，在成虫发生期可在温室内设置黄板诱杀成虫。可使用 10％噻嗪酮乳油 1 000 倍液、2.5％功夫乳油 1 500 倍液、20％灭扫利乳油 2 000倍液、2.5％溴氰菊酯乳油 1 500 倍液均有明显效果。

十六、葡萄瘿蚊

双翅目，瘿蚊科，也叫葡萄实心虫，分布于吉林、辽宁、山东、山西、陕西等地。

1. 形态特征　成虫：体长 3～4 毫米，全体被淡黄色的短毛，前翅暗灰色，透明，仅有 4 条翅脉。后翅退化为平行棒。形似小蚊子，头小，复眼大、黑色，两眼上方结合，触角丝状，雄虫触角比身体略长，中胸发达，3 对足均细长，各节粗细相似。腹部 8 节，雌虫部较肥大，产卵管针状，褐色。雄虫腹部较细瘦。幼虫：体长 3.0～3.5 毫米，乳白色至淡黄色，略扁，呈纺锤形，无足，各体节间略缢缩。蛹：体长 3.0～3.5 毫米，最初为黄白色，逐渐变为黄褐色，头顶有一对刺状突起。

2. 发生规律　葡萄瘿蚊在葡萄上1年发生1代，越冬成虫于葡萄显序期大批出现产卵，以产卵器刺破花顶通过柱头直接产卵于子房胚囊内，产卵果穗上多数果粒着卵，并只产1粒，一穗葡萄上多数果粒都有卵，产卵较集中，葡萄架的中部果穗上卵较多，卵期15天左右。幼虫孵化后即在果内为害，20多天后老熟，在果内化蛹。

3. 为害特点　以幼虫在葡萄果心蛀食，并将粪排在其中，盛花后坐果初期，被害果迅速膨大，呈畸形生长，较正常果粒大5～6倍，造成果实畸形，失去经济价值，影响较严重。有核品种多因果心被蛀食而不能形成种子。

4. 防治方法　葡萄幼果期至成熟前，检查葡萄果穗，发现被害果及时摘除，集中处理，杀灭其中的幼虫和卵，可有效地控制该虫的为害。发生量大时，在葡萄开花前，喷50%杀螟松乳油1 000倍液、50%敌敌畏乳油2 000倍液、1.8%阿维菌素乳油4 000倍液或2.5敌杀死乳油2 500倍液，均对控制该虫的为害有明显效果。

十七、葡萄星毛虫

鳞翅目，斑蛾科，又名葡萄毛虫、葡萄斑蛾等，在中国大部分地区均有发生（彩图39）。

1. 形态特征　成虫：体长约10毫米，翅展约25毫米，全体黑色，翅半透明，略有蓝色光泽。雄成虫触角呈锯齿状，雄成虫触角羽毛状。雌蛾腹部末端第1、2节间的两侧生有灰白色的性外激素分泌腺，是区别雄蛾的明显特点。卵：圆形，乳黄色，成块产于叶背。幼虫：初龄为乳白色，头褐色，后渐变为紫褐色，末龄体长约10毫米。体节背面疏生短毛，每节具4个瘤状突起，在背上有4条黄色纵线，边缘有黑色细纹，瘤状突起上生

有数根灰色短毛和2根白色长毛。蛹：黄褐色，长约10毫米，外有白茧包围（图11-10）。

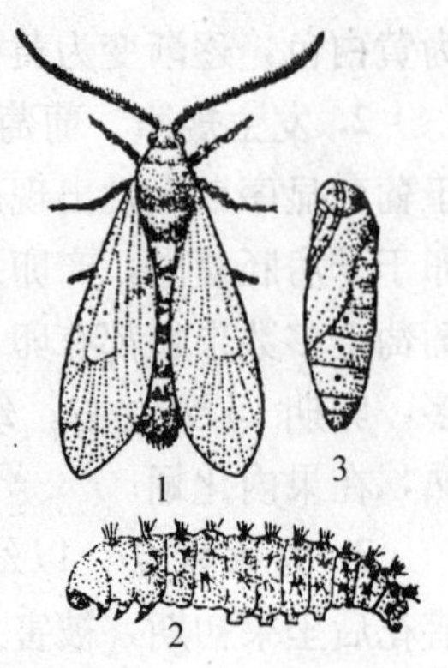

图11-10　葡萄星毛虫
1. 成虫　2. 幼虫　3. 蛹
（李知行，2004）

2. 发生规律　每年发生2代，以2～3龄幼虫在老蔓翘皮和植株基部的土块下结茧越冬。第二年葡萄萌芽后便迁移到芽上为害。第一代幼虫出现在6月上旬，第二代幼虫出现在8月初，雌蛾羽化后活动性差，多停留在茧壳周围，靠性信息素招引雄虫交尾、有多次交尾、分次产卵习性。第一代幼虫密度大，为害严重。幼虫初期多集中在葡萄叶背为害，长大后有吐丝坠落习性，可转到其他植株或枝条上为害。

3. 为害特点　以幼虫为害葡萄嫩叶、叶片、花序和果实。叶芽受害后萎缩干枯，不能抽枝，幼叶被害后形成穿孔，成叶受害重时仅留下网状的叶脉，造成早期落叶，花序受害不能正常开花，果穗、叶柄被害后出现干枯脱落，幼果被害时先在果肩处咬洞，严重时把果全部吃光。

4. 防治方法　结合冬剪，将葡萄枝蔓上的翘皮剥除、集中烧毁，消灭越冬幼虫。利用幼虫群集为害性、假死性和吐丝下垂习性，可进行人工捕杀。在幼虫发生期喷布50%敌敌畏乳剂或90%敌百虫2 000倍液或50%杀螟松乳剂1 000倍液均有明显效果。

十八、枣桃六点天蛾

鳞翅目，天蛾科，又叫桃天蛾、酸枣天蛾、桃六点天蛾、枣天蛾等。分布在辽宁、河北、河南、山东、山西、湖北、陕西、四川等地果产区。寄主有枣、酸枣、桃、樱桃、李、苹、梨、杏、葡萄、枇杷。

1. 形态特征　成虫：体长40～46毫米，翅展71～77毫米。前翅黄褐色至灰褐色，后角有相联结的棕黑色斑2块，后翅枯黄略带粉红色，外缘略呈褐色，近臀角处有2个黑斑。前胸背板棕黄色，胸部及腹部背线棕色，腹部各节间有棕色横环。前胸有4条深褐色波状横带。卵：馒头形，高约2.87毫米，翠绿色透明，有光泽。幼虫：体绿色，有横褶上着生黄白色颗粒。1龄幼虫头近似圆形。尾角上生有稀疏黑刺。腹部后边逐渐粗大。胸部两侧各有1条与背线平行的黄绿色线，腹部1～8节各有2个八字形纹。幼虫体壁布满黄色小颗粒。2～5龄幼虫头变为三角形，6龄幼虫头尖消失。老熟幼虫体长80～84毫米，绿色或黄褐色。蛹：体长30～45毫米，黑褐色，腹部末端有短刺。

2. 发生规律　每年发生2代，以蛹在表土层越冬，越冬代蛹翌年5月上旬至6月中旬羽化，5月下旬至6月上旬为幼虫为害盛期。第一代成虫7月上旬羽化，7月中下旬为幼虫为害盛期。幼虫共6龄，4龄开始为暴食期。成虫夜间产卵，产完卵后即死亡，有强趋光性。

3. 为害特点　以幼虫为害叶片。幼龄幼虫将叶片吃成孔洞或缺刻，稍大的幼虫常将叶片吃掉大部分甚至吃光，仅剩下叶柄。

4. 防治方法　秋季耕翻树盘，翻出越冬蛹将其风干、冻死或被鸟啄食。幼虫为害轻微时，根据树下虫粪寻找幼虫，振落捕杀。利用其趋光性，使用黑光灯诱杀成虫。早春越冬蛹羽化前，50%辛硫磷乳油100～200倍液喷树下地面，然后中耕一遍。在幼虫孵化盛期，用1.8%阿维菌素乳油3 000倍液、50%杀螟松乳油1 000倍液、灭幼脲1号或灭幼脲3号制剂500～1 000倍液、Bt乳剂500倍液等均有较好效果。

十九、雀纹天蛾

鳞翅目，天蛾科，又名爬山虎天蛾。分布广泛，在全国均有发生。

1. 形态特征 成虫：体长30～40毫米，体绿褐色，头、胸部两侧及背中央有灰白色绒毛，背线两侧有橙黄色纵线，腹部两侧橙黄色，背线棕褐色，各节间有褐色横纹，腹面粉褐色；前翅黄褐色或灰褐色，后缘中部白色，顶角至后缘基部有6～7条暗褐色斜条纹，后翅黑褐色，后角附近有橙黄色三角斑纹。幼虫：体长70～80毫米，青绿色或褐色。褐色型：全体褐色，背线淡褐色，第二腹节以后不明显，后胸亚背线上有1个黄色小点，第一、二腹节亚背线上各有1条较大的眼状纹。胸足赤褐色。绿色型：全体绿色，背线明显，亚背线白色，其上方浓绿色，其他斑纹同褐色型。卵：圆形，直径约1.3毫米，初产时为米黄色，后逐渐变为灰绿色。

2. 发生规律 一年发生1～4代，因地区而异。以蛹在土中越冬。翌年6～7月羽化，趋光性和飞翔力强，喜食糖蜜汁液，夜间交配产卵，卵产在叶片背面，7～8月幼虫陆续发生为害。初孵幼虫有背光性，白天静伏在叶背面，夜间取食。

3. 为害特点 以幼虫在叶背蚕食叶片，造成叶片残缺不全，甚至将叶片吃光。

4. 防治方法 结合冬耕，消灭土中越冬虫蛹。利用其趋光趋化性，悬挂黑光灯或者糖醋液，诱捕成蛾。幼虫为害期，可喷施90%敌百虫晶体1 000倍液或80%敌敌畏1 000～1 500倍液，或40%乐斯本乳油1 500倍液。幼虫易患病毒病，在田间取回自然死亡的幼虫，制成200倍液喷布枝叶，可取得一定的效果。

第十二章　病虫害综合防治

病虫害防治是果园优质高产的重要保证措施，应在“预防为主，综合防治”的方针下，及时防治病虫害，以达到减少投资、保护环境、生产绿色果品、提高经济效益的目的。

病虫害综合治理的概念：从农业生态体系整体出发，充分考虑环境和所有生物种群，在最大限度地利用自然因素控制病虫害的前提下，采用各种防治方法相互配合，把病虫害控制在经济允许为害水平以下，并利于农业的可持续发展。

实施病虫害综合治理的指导思想：在进行病虫害防治时，要从整个果园及其所处的环境做全面的考虑，综合考虑经济效益、生态效益和社会效益。最大限度的利用自然控制因素防止病虫害的发生，尽量能够创造一个不利于病虫害发生，而作物能够正常生长发育的环境，采取各种综合措施，在保证防治效果的前体下，尽量少用高毒广谱杀虫剂，不用有残留的农药。通过栽培措施提高树体抗病虫能力，充分利用生物农药和自然天敌控制病虫害。加强病虫害测报工作，减少盲目用药，在必须用药时，尽量局部用药和使用有选择性的低毒农药。注意农药的交替使用，减缓抗药性的产生。

一、农业防治

农业防治技术是无公害果品生产中病虫防治的首选技术。

（一）农业防治的优点

农业防治是果园管理的一部分，技术简便易行。农业防治与化学防治和生物防治之间没有明显的矛盾，可以在实行任何防治方法的同时，实行农业防治。此外，农业防治虽然不像化学防治那样对病虫害进行直接而迅速的杀伤，但因其改变了病虫害最适宜的生存环境，能够长期的控制病虫害的发生。

（二）农业防治的依据和措施

（1）以预防为主，实行植物检疫。及时预防危险性病、虫、草等新的有害生物的传入和扩散。尤其是从外地调运苗木和引种之前，要先了解调出地区有无检疫对象及疫情，坚持不从疫区调运种苗。必须调运时，要加强对调入的种苗进行检疫和消毒处理。通过检疫，能够有效地制止或限制危险性有害生物的传播和扩散。如葡萄根瘤蚜、美国白蛾和葡萄癌肿病都是我国主要检疫对象，到目前为止，对这些危险性病虫害控制效果较好，没有造成大面积发生为害。

（2）选用抗病虫的品种及砧木，培育壮苗，选用无毒苗，栽种抗性植株。生产上应用抗性品种是防治病虫害最经济有效的方法。如欧美杂种的巨峰系品种，抗黑痘病、炭疽病性能强，很受栽培者欢迎。又如从国外引进抗根瘤蚜和抗线虫的葡萄砧木，如和谐、自由等。通过无性嫁接培育出的葡萄苗木，能达到防治葡萄根部病虫害的目的。

（3）彻底清园，清除残枝。搞好果园清洁是消灭葡萄病虫害的根本措施。要求在每年春秋季节集中进行，并将冬剪剪下的枯枝叶、剥掉的蔓上老皮，清扫干净，集中烧毁或深埋，减轻翌年的为害。在生长季节发现病虫为害时，也要及时仔细地剪除病枝、果穗、果粒和叶片，并立即销毁，防止病害蔓延。

（4）刮树皮。为害果树的各种害虫的卵、蛹、幼虫、成虫及

各种病菌孢子、大都隐居在果树的粗翘皮裂缝里休眠越冬，而病虫越冬基数与来年为害程度相关，需要刮除枝、蔓、干上的粗皮、翘皮和病疤。

刮皮时间宜从入冬后至第二年早春2月间进行，不宜过早、过晚，以防树体遭受冻害及失去除虫治病的作用。操作时动作要轻巧，防止刮伤嫩皮及木质部。刮掉的树皮要收集起来集中烧毁或深埋。刮皮后最好喷一次倍量式波尔多液。

（5）加强土肥水管理。施肥、灌水必须根据果树生长发育需要和土壤的肥力决定。施用有机肥或无机复合肥，能改善果树氮肥过多、磷钾肥不足、土壤积水或干旱等现象的发生，能减少病虫害发生。地势低洼的果园，要注意排水防涝，促进植株根系正常生长，有利于增强树体抗逆性。

（6）合理修剪，改善通风透光条件。改善架面通风透光条件葡萄架面枝叶过密，果穗留量太多，通风透光较差，容易发生病虫害。因此，要及时绑蔓摘心和疏除副梢，创造良好的通风透光条件。接近地面的果穗，可用绳子适当高吊，以防止病虫为害。

（7）果园生草，增加植被多样化。植被丰富，有利于天敌的生存，如紫花苜蓿能够招引草蛉、食虫蜘蛛、食虫螨瓢虫、龟纹瓢虫、异色瓢虫、六点蓟马等天敌昆虫。

（8）合理间作、品种搭配和轮栽或倒茬。尽量避免重茬地；根据间作物的植物学特征，把互不传染病虫害的作物进行间作。大葱的根圈能产生抗菌微生物，对病菌能起到抑制作用，从而防止多种病害，间作大葱能有效阻止病原菌的繁殖，使土壤中已有病菌的密度下降，从而达到土壤消毒的目的。间作黑麦草、野百合、万寿菊能够抑制线虫为害。

（9）深翻、除草。结合施基肥深翻，可以将土壤表层的害虫和病菌埋入施肥沟中，以减少病虫来源。并要将葡萄植株根部附近土中的虫蛹、虫茧和幼虫挖出来，集中杀死。果园中的残枝落叶和杂草，是病虫害越冬和繁衍的场所，以减少病虫为害。

（10）深翻晒垡，利用日光消毒。深耕40厘米，能够破坏病菌的生存环境，同时借助自然条件，如高温、太阳紫外线等，杀死一部分土传病菌。

（11）早春地膜覆盖，防止病虫上树。

（12）秋季树干缠草绳，诱导越冬害螨、害虫，冬季解下草绳集中烧毁。

（13）必要时土壤淹水，使需氧有害生物窒息死亡。

（14）对于扦插和实生树，针对某种为害严重的土传病，改用高抗或免疫的砧木嫁接繁殖，可控制土传病的为害。

二、物理防治

利用果树病原、害虫对温度、光谱声响等特异性的反应和耐受能力，杀死或驱避有害生物的方法。如生产上栽培的无病毒葡萄苗木，常采用热处理方法脱除病毒。又根据一些害虫有趋光性的特点，在果园中安装黑光灯诱杀害虫，应用较为普遍，防治效果也较好，但要尽可能减少误诱天敌的数量。还可捕捉、杀死，方法简便，经济有效。

（一）隔绝、驱避

（1）病区隔离，工具消毒防止污染。

（2）喷用防病膜。如高脂膜，主要原料来源于植物，属植物源无毒性产品。喷洒在植物或其他固体上（土壤、果实等），可形成肉眼看不见的分子膜层。其薄膜层允许氧气和二氧化碳透过，而水分子却不易透过。高脂膜本身虽不具杀菌、杀虫的作用，但膜层可起到奇妙的物理效应。如驱避害虫、防治裂果、抵御风害、预防空气污染、防治小型害虫（蚜、螨、蓟马等）、增加产量、改善品质等众多功效。

（3）设置屏障，阻碍蚜虫等迁飞传毒。罩网避虫（防虫网），设防虫网阻虫。

(4) 果实套袋。葡萄套袋，能有效地保护果实，大大提升优质高档葡萄生产的商品比率。主要体现为：能最大限度地减少果实表面污染；有效地减少果实与枝叶的挂、擦伤；果面更加洁净光亮，细致美观；能避免或减轻病虫对果实的为害；能阻隔喷洒农药对葡萄表面的污染，减少果实内农药残留量；能显著增进着色品种的果实着色度，使得果实表面色彩艳丽。

(二) 人工灭虫

人工刮除或挂刷枝干上的介壳虫、树裂缝中越冬的小型害虫。人工摘取害虫卵块、捕捉幼虫集中销毁。

(三) 高温灭虫杀菌

(1) 设施栽培进行高温闷棚或烤棚。夏季将大棚覆盖后密闭选晴天闷晒增温，可达60～70℃，高温闷棚5～7天杀灭和抑制多种病虫害。

(2) 提高地温，伏季进行地面覆膜。夏季耕后灌足水，盖上塑料薄膜进行高温消毒，可使土层10厘米处最高温度达70℃，杀死大量病菌。土壤埋设点热线、施肥发酵升温等也可以杀灭土壤中的许多病虫害。

(四) 利用特异光射线

如使用黑光灯可以诱杀多种害虫，高压汞灯诱杀蝼蛄、地老虎，紫外线能够杀死多种病菌。

(五) 利用颜色进行防治

使用黄板、蓝板或白板诱杀害虫；使用银灰膜或银灰拉网、挂条驱避害虫；使用镀铝聚酯反光幕可以增温、降湿、防治病害发生；使用多功能膜可以防病、抑虫、除草。

（六）机械刺激

通过鼓风、喷水等进行抗逆锻炼，诱导作物抗性。

三、生态控制

生态控制也称生态调控，是害虫防治的一个新策略。在生态控制中，特别重视作物自身抗性、农业防治和生物防治等调控技术的灵活运用。

（一）破坏病虫最适生态环境

许多病虫害发生为害重，除了与本身的生物学特性有关外，环境条件的诱导或适合也是重要原因。因此，通过破坏病虫的适宜发生环境条件可以降低害虫的虫源基数或病菌的侵染来源，从而避免化学药剂的使用。如葡萄根瘤芽在土中为害根部并越冬，许多病原物潜伏在枝干皮下或落叶中等等，这些隐蔽的生活环境，药剂难以防治彻底；果园内通风透光条件差、湿度大，常引起多种病害发生。因此，必须通过一些栽培防治辅以必要的人工防治才能更有效地控制害虫为害。

（二）创造天敌和拮抗菌的最适生存环境

天敌和拮抗菌是果园生态系统中的有益生物群落，是果树害虫和病原微生物的重要自然控制因素。因此通过栽培管理及人工措施来强化这些自然控制因素来控制有害生物，不但节省防治成本，而且减少了有毒化学物质的使用，提高了果品的质量。

（1）创造拮抗菌的最适生存环境。拮抗菌等有益菌类大多对果树病原菌有较强的拮抗作用或诱发植株的抗病性，因而限制了病害的发展。在土壤中，拮抗菌常常对根病有较好的控制作用，但由于多种原因，拮抗菌不能完全控制果树病害，必须通过农业

措施增加拮抗菌的数量以加强其控害能力。这些措施有：

①果园内增施有机肥和菌肥，如堆肥、厩肥等，可以起到改善土壤理化性质、增加透气性的作用，从而改善土壤的微生物环境，促进拮抗菌的增殖，提高其活性，是许多土传病害的重要防治措施。

②叶面喷施菌肥，促进拮抗微生物增殖，以减轻叶病害的发生。

③在土壤中适当施入二硫化碳、叠氮化物、甲基溴化物等，可以刺激木霉的繁殖，杀死或抑制根朽病菌。

④将人工培养的拮抗微生物直接施入土壤或喷洒在果树上，可以有效发挥拮抗微生物的优势，达到控制病害的目的。

⑤将带有拮抗微生物的抑菌土移植到未发现拮抗微生物的果园，也可起到抗病作用。

⑥利用自然（如日晒）或人工的热力技术处理土壤，刺激土壤中拮抗菌的增殖，削弱病原菌的活力。

⑦在果园土壤中施用甲壳素，以增加拮抗菌的种类和数量。

⑧尽量避免频繁地施用广谱性杀菌剂，以免杀死拮抗菌或影响拮抗菌的活力。

（2）创造天敌的最适生态环境。创造天敌良好的生存和繁衍环境，保护和恢复天敌的控害能力，是实施无公害防治的基础。

①保护越冬的天敌昆虫。在山区果园，许多取食蚜虫的瓢虫常在山洞、山缝隙等处越冬，冬季来临时，死亡率较高。因此，可人工收集起来，置于温暖处或地窖内安全越冬，待来年春暖后释放于果园内。在秋末天敌发生量大的果园，可在树干基部绑草绳、草把或布条，吸引树上的天敌（如塔六点蓟马、小花蝽等）于其中安全越冬。待来年天气转暖后解开放走其中天敌，并消灭其中害虫。果园刮树皮防治枝干病害，应改冬季刮为春季开花前刮。此时，在枝干皮下、裂缝中越冬的天敌已出蛰活动或羽化。如果在早春刮树皮时，仍要注意保护天敌，可将刮下的树皮收集

起来，置于保护器具中，待天气转暖后放出天敌，将树皮烧毁。秋末可在果园挖坑堆草供蜘蛛、步甲等天敌栖息越冬。

②保护虫枝、虫叶中的天敌昆虫。许多虫果、虫梢、卷叶内，常常有多种寄生蜂寄生这些害虫中，田间人工防治时，应将这些虫果、虫枝、虫叶收集保存于大养虫笼内，待天敌羽化后放入果园。

③增加果园生态系统中的植被多样化。增加果园中的植被多样化，一方面增加了天敌的食料，从而增加天敌的种类和数量，另一方面为天敌提供了必要的生存环境。主要措施有：果园生草，根据当地实际情况，选择适宜的草种；园内种植蜜源植物，如油菜花等；果园周围、园内路旁可适当保留一些杂草，不仅能招引一些天敌，而且为蜘蛛、步甲等天敌提供隐藏场所。

④人工助迁天敌。果园周围的路边或其他场所的杂草如小飞蓬、艾蒿等植物上因蚜虫发生量大，招引了大量天敌如多种瓢虫、草蛉、小花蝽等天敌，可采集起来，置于一定容器内，然后再释放于果园，控制果树蚜虫等害虫。此外，若有的果园缺乏某种天敌，特别是一些专一性天敌，也可从已发生天敌的果园或其他树木上转移至果园内，如多种捕食介壳虫的瓢虫类。

⑤合理使用化学杀虫剂和杀螨剂。一般情况下，果园内天敌数量因大量使用广谱性杀虫剂而急剧下降，使已经建起来的自然控制因素遭到严重破坏。因此在实施生态控制时，必须掌握果园天敌发生的种类、物候期和杀虫剂选择性的有无及强弱，在使用杀虫剂时尽量选用那些环境友好型的品种。此外，在用药技术上也应加以改进，为天敌生存创造良好的生存环境。

四、虫害的生物防治

（一）生物防治的原理和对策

生物防治是综合防治的重要环节。主要包括以虫治虫、以菌治菌等方面。其特点是对果树和人畜安全，不污染环境，不伤害天敌和有益生物，具有长期控制的效果。如在葡萄生产上应用农抗402生物农药，在切除后的癌肿病瘤处涂抹，有较好防治效果。另外，自然界里天敌昆虫很多，保护利用自然天敌，防治果园中害虫是当前不可忽视的生物防治工作。

生物防治的基本原理：生物防治就是通过丰富的生态知识，引进有益生物或基因、基因产物，从而达到稳定而有效地防治靶标病虫的方法。生物防治的原理，就是生物种内和种间联系的研究：害虫如何找到寄主，植物如何拒绝侵染，天敌如何发现被寄生对象等。

生物防治的主要对策：

（1）控制害虫密度。主要途径有：①天敌的引进和移植。即从国外和国内异地引进有效天敌来控制当地害虫。②保护利用本地天敌。③天敌的人工大量繁殖和释放。

（2）利用有益生物作为活的屏障来阻止有害生物的侵染。

（3）诱导植物体内的抗性进行自然保护或抑制害虫为害。

（4）其他途径。如用昆虫的性外激素诱杀害虫等。

通过虫害的生物防治技术控制害虫，一方面改善了果园良好的生态环境，另一方面更重要的是减少了甚至不用化学杀虫剂，从而减少甚至避免了有毒物质的残留。因此，在果园开展生物防治以确保果品的无公害生产是至关重要的。

（二）以菌治虫

又称害虫的微生物防治法，它是利用昆虫的病原微生物杀死害虫。这类微生物包括真菌（霉菌）、细菌、病毒、原生动物等，它们对人畜均无不良影响，使用时比较安全，无残留毒性，害虫对病原微生物不会产生抗药性，因此，利用微生物农药防治害虫具有其独特的优点。

如北京农林科学院利用座壳孢霉防治温室粉虱，杀虫率达到

80%～90%。在病原细菌方面，苏云金杆菌（Bt）是目前世界上研究最多、产量最大的微生物杀虫剂，广泛用于农、林和卫生害虫的防治。此外，球形芽孢杆菌、日本金龟子芽孢杆菌等也有应用。

（三）以虫治虫

以虫治虫即用捕食性昆虫和寄生性昆虫来防治害虫。在果园害虫管理中，要注意保护好天敌，充分发挥其控害作用。必要时，考虑有效天敌的引进或移植。在利用以虫治虫时，关键问题是要注意用生态调控手段来增加天敌的数量，同时要协调好生物防治和其他防治措施特别是化学防治之间的矛盾。

（1）果园生态系统中重要的天敌昆虫类群。

①寄生性天敌。主要包括寄生蜂和寄生蝇两大类。这些天敌营寄生生活，将其卵产于害虫寄主的体内或体表，幼虫在寄主体内取食并发育，从而引起害虫的死亡，而成虫营自由生活，取食花粉、花蜜或植物蜜腺（如叶片蜜腺）分泌的蜜汁等，有的也不取食。

②捕食性天敌昆虫（包括蜘蛛和螨类）。捕食性天敌靠直接取食猎物或刺吸猎物体液来杀死害虫，其成虫和幼虫以相同的方式杀死猎物，致死速度比寄生性天敌快得多。

（2）果树害虫天敌的引进和移植。

①天敌的引进。输引天敌控制本地果树害虫是害虫生物防治的一项重要工作，我国在这一方面做了大量工作。如中国农业科学院生物防治研究所从美国引进了西方盲走螨防治我国西北干旱地区苹果上的李始叶螨与山楂叶螨，均取得了较好的效果。

②天敌的移植。是指在本国内从异地引进天敌控制害虫的有效措施。天敌的引进和移植应注意几方面的问题：第一，由专门的研究机构负责此项工作；第二，注意天敌的分类工作，即引进的天敌鉴定要准确；第三，引进天敌国家或地区（原产地）的气

候条件要与本国（或本地）相似，即要注意引进天敌的生态型问题。

（3）天敌的人工大量繁殖和释放。天敌的人工大量繁殖和释放是害虫生物防治的重要途径。

天敌的释放技术有两种，一种是接种式释放，即在害虫发生初期天敌尚未发生或发生量较少时或在害虫的某一发生阶段定期少量补充释放某种天敌，将害虫控制在早期或持续地控制在低密度水平。另一种是淹没式释放，即害虫大发生时，将室内大量繁殖的天敌像使用杀虫剂一样，大量释放至田间，在短时间内将害虫控制在经济受害水平以下。在果园害虫防治时，要针对害虫的为害程度高低或发生量多少，灵活地选用不同的释放方式，以节约防治成本和有效地控制害虫。

（四）以病毒治虫

昆虫病毒是以昆虫为宿主并使宿主发生流行病的病原病毒。在昆虫病毒中，有许多能引起农业害虫感病而死亡，并开发出了商业化病毒杀虫剂用于害虫的防治，如棉铃虫核多角体病毒等。在果树害虫中，也分离到了许多昆虫病毒，但缺乏商业化病毒杀虫剂。

昆虫病毒制剂的生产需用大量活体昆虫或昆虫组织培养才能得到，代价较高，这也是限制广泛应用的原因之一。

（五）利用昆虫激素

昆虫激素即昆虫内激素，常见的有三类：第一类是脑激素，也称脑活化激素，能刺激其他内分泌器官分泌激素；第二类是保幼激素，能抑制成虫器官分化和发育；第三类是蜕皮激素，能控制昆虫的生长蜕皮。激素用于病虫害的防治，其特点是高效、针对性强、毒性低、无污染。例如，昆虫性诱剂有很好的专一性，已成商品的有棉铃虫、小菜蛾、烟青虫性诱剂 3 种，在生产中用

于诱杀雌虫和对害虫数量进行预测。

（六）利用雄性不育技术防治害虫

如以色列的科研人员将地中海实蝇雄虫蛹进行放射性处理，使雄虫失去生育能力，然后将其人工放飞或飞机播撒到地中海实蝇高发果园区。当雄虫与可育的雌虫交配后，雌虫不能正常产卵，从而极大降低地中海实蝇的种群数量，减少对柑橘的为害和损失。目前以色列已经商业化生产不育的雄虫蛹，有效用于地中海实蝇的防治。

（七）利用抗生素防治病虫害

如农抗 120 灌根可防治黄瓜、西瓜枯萎病，喷雾防治瓜类白粉病、炭疽病、番茄早疫病、晚疫病均有良好的效果。农用链霉素、新植霉素喷雾防治甜椒、黄瓜、冬瓜、十字花科蔬菜细菌性病害有较好的效果；武夷菌素喷雾防治瓜类白粉病、番茄叶霉病、黄瓜黑星病、韭菜灰霉病具有良好的效果。杀虫杀螨抗生素如阿维菌素乳油防治美洲斑潜蝇、菜青虫、小菜蛾、菜蚜、螨类，防效可达 90％～100％；浏阳霉素 10％乳油对螨类的防效可达 85％～90％，且对天敌安全。

（八）其他控制技术

利用基因控制技术，即通过对相关基因的调控，使病原物的性状发生改变，从而使其不产生或降低致病作用，或将一些抗性基因导入农作物中，使作物产生抗虫性和抗病性。利用不同植物之间相克的特性，可以采用套种某些植物的方法来防治一些杂草，如套种高粱能抑制马齿大须芒草、垂穗草、柳枝稷等野草的生长；套种芝麻，可抑制禾本科杂草的生长。利用拮抗和竞争作用抑制有害微生物。利用植物源农药代替化学农药以减少环境污染，目前应用较多的有苦参碱、烟碱、鱼藤酮、茶皂素、木烟

碱、楝素乳油等。

当前，我国农业已进入一个新的发展阶段，面临着结构调整、产业升级、生态环境治理、提高产品质量、安全性和市场竞争的严峻挑战，生物防治是植物病虫害防治必不可少的措施，有着广阔的应用前景。

五、病害生物防治策略和方法

生物防治是在任何条件下或借助于任何措施，通过其他生物的作用来减少病原物的生存和活动从而减轻病害发生的方法，主要有以下策略和方法：

（一）利用有益微生物防治果树病害

如拮抗菌及其应用。某些真菌、细菌和放线菌对病原菌具有拮抗作用，它们被称为拮抗菌，在代谢活动中能够通过分泌抗菌素直接对病原物产生抑制作用。拮抗菌也可以诱导寄主产生防御性反应或直接寄生于病原菌而抑制病菌的生长。

（二）诱导植物对病原物产生抗性

一些植物用病原物的无毒突变体或与之亲缘关系密切的腐生菌接种，可以对后来病原物的侵染产生抗性。人们把这个现象称为“免疫”、“交互保护”或“诱发抗性”。

（三）利用抑病土

抑病土广义地指所有不利于病害发生的土壤，狭义的指那种能自然降低病害发生程度的土壤。连种抗病品种的土壤，由于根系分泌物中的某些物质能抵御病菌侵入而成为抑病土。曾有人发现在温室条件下种植番茄的土壤中，只加入8%的抑菌土，对镰刀菌枯萎病的有效控制就可达3年之久。

（四）利用“陷阱”植物

经济价值不高的作物作为“陷阱”植物，诱导病原物休眠结束而使其提前萌发，或者非寄主植物根泌物刺激其萌发，在没有感病寄主植物的条件下，这些病原物会因饥饿或者其他微生物袭击而死亡。

（五）利用天然植物产物

如罗勒等植物叶片中的香油精，可防治贮藏期果品的黄曲霉和杂色曲霉病；大蒜水溶液或有机溶剂浸出液中含有很有效的杀病原真菌和细菌的因子，若将桃子在无味的大蒜浸出液中浸泡，桃褐腐病可得到明显控制。

（六）阻止病原物形成传播体，使病原物不能产生后代

白粉病菌重寄生菌可破坏病原菌产孢结构，使其不能形成孢子而继续传播。镰刀菌一些分离散物可以寄生并破坏谷子白发病菌的卵孢子和黑麦麦角菌的菌核，从而中断其产生后代。通过清除和治理中间寄主、传播介体、无病寄主，能有效控制繁殖体的扩大。蚜虫传播病毒，可以通过消灭蚜虫而控制病毒病的发生。刺槐、杨树、侧柏等是一些病原菌的中间寄主，要避免用它们作防护林。

（七）取代或清除病残组织中的病原物

清理、焚烧、深埋病残组织；加速病组织腐解，造成营养物消耗和代谢物积累，如果这时病原物不能形成休眠结构，就会“饿死”或被其他微生物寄生而消解。

（八）保护寄主并增强其健康水平

可以通过接种有益微生物保护剪锯口及花器官、果实，保护

种子、幼苗和根系等易感染部位，如接种农杆菌 K84、枝状芽孢霉、枯草芽孢杆菌等。

（九）利用生物性杀菌剂

生物性杀菌剂作为一种抗生素杀菌剂具有高效、无毒、广谱、安全等特点，是生产绿色食品的理想农药，在生产中被广泛应用主要有农用链霉素、多氧霉素、井冈霉素、抗霉菌素 120、春雷霉素、土霉素、四环素、中草药及其他植物性杀菌剂。病毒灵、菌毒清、植病灵为预防病毒病为害的良药，具有防效高、毒性低及残留少的优点。由于病毒在果树植株体内系统侵染而目前尚无治疗特效药剂，但对果树预防性保护免遭病毒侵害的新药逐渐增多，试验药效显示大有开发推广潜力，将对生产绿色食品发挥更大的作用。

第十三章　农药的安全、合理使用

一、农药的相关知识

（一）农药的分类

1. 按化学特性分类

（1）酸性农药。遇碱性物质容易分解失效的农药，如硫酸铜、硫酸锌、马拉硫磷等。

（2）碱性农药。遇酸性物质容易分解失效的农药，如石硫合剂、波尔多液等。

（3）中性农药。大多数化学合成农药、植物性农药、微生物（如苏云金芽孢杆菌、木霉菌）农药等都是中性农药。

2. 按用途分类

（1）杀菌剂。杀菌剂包括保护性杀菌剂和治疗性杀菌剂两种。保护性杀菌剂是在病菌侵染葡萄之前施药，如科博、必备、硫制剂、波尔多液等。治疗性杀菌剂，是在病菌已经侵染葡萄或发病后施药，如甲霜灵、多菌灵、退菌特等。

（2）杀虫剂。用于防治作物及农林产品害虫的物质，统称杀虫剂。

①按来源分类。植物杀虫剂，如烟草水等；无机杀虫剂，如敌百虫等；生物杀虫剂，如苏云金杆菌等。

②按作用方式分类。胃毒剂，如敌百虫、杀螟松等；触杀剂，如功夫等；内吸杀虫剂，如歼灭等；熏蒸杀虫剂，如敌敌畏等；驱避剂，如驱避威等；拒食杀虫剂，如拒食胺等；诱致杀虫剂，如性引诱剂等；不育杀虫剂，如绝育磷等；粘捕杀虫剂，如

松香和蓖麻油配制的粘捕杀虫剂。

（二）农药的购买

1. 农药购买前的准备工作　（1）加强对果树植保知识的了解。（2）建立病虫防治档案，掌握自家果园中各树种、品种及病虫发生、防治情况，确定本年度防治重点，根据交替用药的原则，初步确定本年度所需农药的品种和数量。（3）向专业技术人员咨询，制定病虫周年防治历，以此为依据购买农药。

2. 选择可靠的购药渠道　选择果树技术部门经营的农资商店、科研单位和大专院校直属的销售机构或选择具有一定规模、信誉度高的销售商，不要选择流动药贩的农药。

3. 农药品牌的选择　选择知名度高的大型农药企业的产品及进口农药，药效有保证。同时信誉良好，出现问题赔付能力强。

4. 联合购买　种植者可多家联合购买，互相参谋，并可享受优惠价格。一旦出现问题，影响面大，容易引起有关方面的重视。

5. 搞清农药的成分与含量　因同一种农药商品名很多，以免重复购买和使用，也可对交替用药做到心中有数。

6. 杀虫剂及杀螨剂的购买　根据不同害虫的为害特性、防治难易、防治时期确定选购农药品种。对刺吸性口器害虫，如蚜虫等应选用内吸性强的杀虫剂；对具有蜡质层如介壳虫类要选用具有溶蜡能力的杀虫剂。对蛀食害虫要选用内吸性，并具有熏蒸作用的杀虫剂。杀螨剂可根据不同虫态选用触杀成螨、杀卵或螨卵兼治的农药品种。虫害发生初期，抗药性较低，可选用低含量、价格适中的农药。虫害发生后期要选用含量高、药效高、价位稍高的农药。

7. 杀菌剂的购买　对潜伏期长的病害以预防为主，可选择保护性能好、残效期长的杀菌剂。预防药害可选具有兼治其他病

害的常规药剂或专用药剂。治疗药剂一定要选专一对某种病害有治疗作用的农药。

8. 除草剂的购买 如需进行全园封闭，可选择具有封闭功能的除草剂。如对已长出的草进行铲除，可选择具有触杀功能的除草剂，如草甘膦等。不能购买对某种作物具有漂移性药害的除草剂，如2，4-D丁酯易对葡萄的叶片产生药害。

二、无公害农药相关知识

无公害农药是指用药量少，防治效果好，对人畜及各种有益生物毒性小或无毒，要求在外界环境中易于分解，不造成对环境及农产品污染的高效、低毒、低残留农药。

国家目前对无公害农药的管理没有特殊规定。在选购农药时，一是看毒性，要达到无公害，产品首先是低毒；二要看有效成分和剂型，进行综合判断。另外，还要特别注意的是，一些生产企业为迎合消费者心理，有的将毒性高的化学农药的标签上随意修改毒性标志，标明“无公害农药”、“绿色农药”。有的在无公害农药中掺混化学农药，甚至高毒农药等。

要使产品无公害，除了药剂本身因素外，最关键是要科学合理使用农药。一方面，要根据预测预报，采取综合防治方法，不能单纯使用农药。另一方面，要掌握农药性能和病虫防治适期，对症适时用药。尽量减少农药使用次数，不能盲目滥用。使用防效比较慢的无公害农药品种，要以预防为主，根据病虫发生情况，提前施药。对一些超高效用量的品种，不能随意增加用药量，以防病虫产生抗性。

（一）生物源农药

具体可分为植物源农药、动物源农药和微生物源农药。如：Bt、除虫菊素、烟碱大蒜素、性信息素、井冈霉素、农抗120、

浏阳霉素、链霉素、多氧霉素、阿维菌素、芸薹素内酯、除螨素、生物碱等。

1. 生物源农药的优点　①选择性强，对人畜安全。②对生态环境影响小。③可以诱发害虫流行病。不但可以对当年当代的有害生物发挥控制作用，而且对后代或者翌年的有害生物种群起到一定的抑制，具有明显的后效作用。④可利用农副产品生产加工。⑤生产设备通用性较好。⑥产品改良的技术潜力大。⑦开发投资风险相对较小。

2. 生物源农药的缺点　①防治效果一般较为缓慢。②有效活性成分比较复杂。③控制有害生物的范围较窄。④杀虫防病的作用机理特异。⑤易受到环境因素的制约和干扰。⑥产品有效期短、质量稳定性较差。

（二）矿物源农药（无机农药）

目前使用较多的品种有：硫悬浮剂、石灰硫黄合剂（液体或固体）、王铜（氧氯化铜）、氢氧化铜、波尔多液、磷化锌、磷化铝以及石油乳剂。

用矿物源农药防治有害生物的浓度与对作物可能产生药害的浓度较接近，稍有不慎就会引起药害。喷药质量和气候条件对药效和药害的影响较大。使用时要多注意。

（三）有机合成农药

限于毒性较小、残留低、使用安全的有机合成农药。如氯氰菊酯、溴氰菊酯、乐果、敌敌畏、辛硫磷、多菌灵、百菌清、甲霜灵、粉锈宁、扑海因、甲基硫菌灵、抗蚜威、禾草灵、稀杀得、禾草克、果尔、都尔等。

与无机农药相比，有机合成农药具有许多突出优点：第一，具有亲脂性；第二，扩大了农药的剂型品种；第三，有机合成农药大多在环境中会发生多种方式的降解，不会长时间停留在环

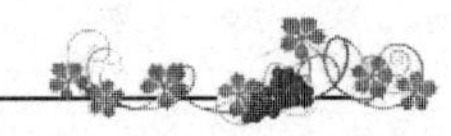

境中。

三、农药的安全合理使用

（一）农药使用不合理引发的问题

由于农药不合理使用引发的问题主要有农产品农药残留超标，影响食品安全；污染环境，农药残留严重；杀伤天敌，破坏自然生态平衡，引起害虫再生猖獗；病虫抗药性增加；农业生产成本加大；人畜中毒和药害事故时有发生。

（二）禁用与限制使用的农药

1. 禁用农药品种 六六六、滴滴涕、杀毒芬、二溴氯丙烷、杀虫脒、二溴乙烷、除草醚、艾氏剂、狄氏剂、汞制剂、砷、铅类、敌枯双、氟乙酰胺、甘氟、毒鼠强、氟乙酸钠、毒鼠硅、甲胺磷、甲基对硫磷、对硫磷、久效磷、磷胺。

禁止在国内销售和使用含有甲胺磷、对硫磷、甲基对硫磷、久效磷和磷胺等5种高毒有机磷农药的复配产品。

2. 限用农药品种 氧乐果、三氯杀螨醇、氰戊菊酯、丁酰肼、丁硫磷、甲拌磷、甲基异柳磷、特丁硫磷、甲基硫环磷、治螟磷、内吸磷、克百威、涕灭威、灭线磷、硫环磷、蝇毒磷、地虫硫磷、氯唑磷、苯线磷。

（三）农药的合理使用方法

农药的使用应遵循经济、安全、有效、简便的原则，避免盲目施药、乱施药、滥施药。具体来讲，应掌握以下几点：

1. 对症下药 应根据病虫害发生种类和数量决定是否要防治，如需防治应选择对路的农药来防治。

2. 适时用药 一般在病害暴发流行之前；害虫在未大量取食或为害前的低龄阶段；病虫对药物最敏感的发育阶段；作物对

病虫最敏感的生长阶段用药。

3. 科学施药　一要选用新型的施药器械，提倡管道输药和低容量弥雾施药（图 13－1）；二是用药量不能随意加大；三是用水量要适宜，以保证药液能均匀周到地洒到作物上；四是对准靶标位置施药（图 13－2）；五是施药时间一般应避免晴热高温的中午，大风和下雨天气也不能施药；六是坚持安全间隔期，即在作物收获前的一定时间内禁止施药。

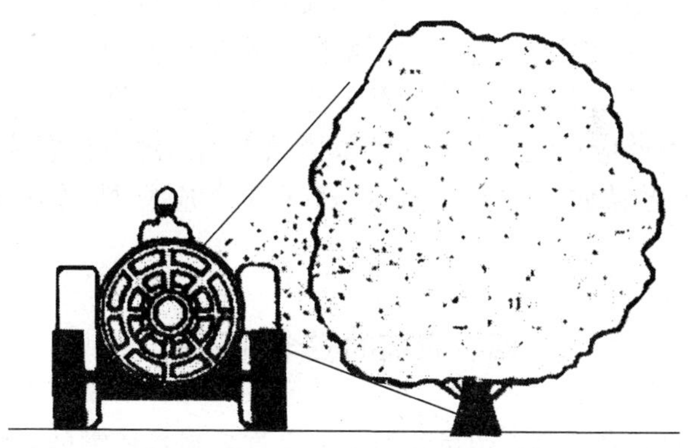

图 13－1　利用风送弥雾机置换喷雾法

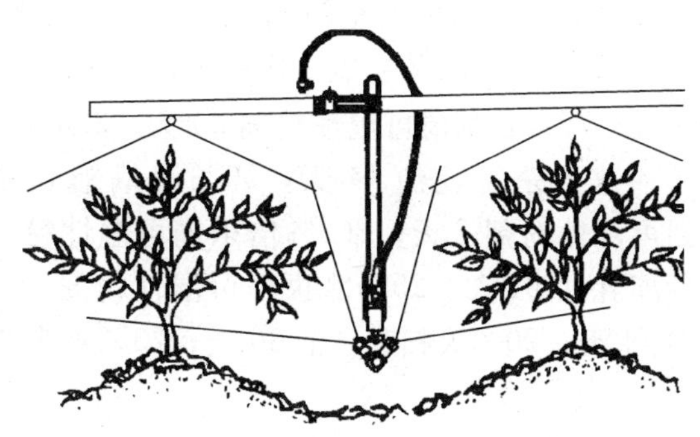

图 13－2　通过配置喷头形成针对性喷雾

（四）农药使用和贮藏的注意事项

农药是有毒的，在使用和贮藏过程中，务必要注意安全，防止中毒。具体注意事项如下：孕妇、哺乳期妇女及体弱有病者不宜施药；施药者应穿长衣裤，戴好口罩及手套，尽量避免农药与皮肤及口鼻接触；施药时不能吸烟、喝水和吃食物；一次施药时间不宜过长，最好在 4 小时内；接触农药后要用肥皂清洗，包括衣物；药具用后清洗要避开人畜饮用水源；农药包装废弃物要妥善收集处理，不能随便乱扔；农药应封闭贮藏于背光、阴凉、干燥处；农药存放应远离食品、饮料、饲料及日用品；农药应存放在儿童和牲畜接触不到的地方；农药不能与碱性物质混放；一旦发生农药中毒，应立即送医院抢救治疗。

四、农药的安全间隔期

指自喷药后到残留量降到最大允许残留量所需的时间间隔。即最后一次施药至可以收获（食用）葡萄果实时的时间段，通常出于健康安全考虑，最后一次喷药期的确定，往往要大于安全间隔期。果园中常用农药的安全间隔期：40％乐果乳油 7 天；50％杀螟松乳油 15 天；20％三氯杀螨醇乳油 45 天；10％二氯苯醚菊酯 3 天；75％百菌清可湿性粉剂 20 天；2.5％敌杀死乳油 5 天；20％速灭杀丁乳油 14 天；50％溴螨酯乳油 21 天；50％扑海因可湿性粉剂 7 天；2.5％倍乐霸可湿性粉剂 14 天；25％氯氰菊酯乳油 21 天；25％除虫脲可湿性粉剂 14 天；5％来福灵乳油 14 天；20％灭扫利乳油 30 天；73％克螨特乳油 30 天。

五、怎样鉴别农药是否失效

（一）直观法

对粉剂农药，先看药剂外表，如果已经明显受潮结块，药味不浓或有其他异味，并能用手握成团，说明已基本失效；对乳剂农药，先将药瓶静置，如果药液混浊不清或出现分层（即油水分离），有沉淀物或絮状物悬浮，说明药剂可能已经失效。

（二）加热法

适用于粉剂农药。取农药 5～10 克，放在一块金属片上加热，如果产生大量白烟，并有浓烈的刺鼻气味，说明药剂良好。否则即为已经失效。

（三）漂浮法

适用于可湿性粉剂农药。先取一杯 200 克的清水，再称取 1 克的农药，轻轻地、均匀地撒在水面上，在 1 分钟内湿润并能溶于水的是有效农药。否则即为失效农药。

（四）悬浮法

适用于可湿性粉剂农药。取农药 30～50 克，放在玻璃容器内，先加少量水调成糊状，再加入 150～200 克清水搅匀，静置 10 分钟，悬浮的粉粒细小，沉降速度慢且沉淀量少的为有效。失效农药则与之相反。

（五）振荡法

适用于乳剂农药。对于出现油水分层的农药，先用力振荡药瓶，静置 1 小时后，如果仍出现分层，说明药剂已经变质失效。

（六）热熔法

适用于乳剂农药。把有沉淀物的农药连瓶一起放入温水（以50～60℃为宜，水温不可过高）中，经1小时后，若沉淀物慢慢溶解，说明药剂尚未失效，待沉淀物溶解后还能继续再用；若沉淀物很难溶解，说明已经失效，不能使用。

（七）稀释法

适用于乳剂农药。取农药50克，放在玻璃瓶中，加水150克用力振荡后静置30分钟，如果药液呈均匀的乳白色，且上无浮油，下无沉淀，说明药剂良好。否则即为失效农药，层浮油愈多，药性愈差。

六、葡萄园常用杀菌剂及使用技术

（一）波尔多液

波尔多液是葡萄栽培中最广泛应用的保护性杀菌剂，它是由硫酸铜和生石灰与适量的水配制而成，碱式硫酸铜是杀菌的主要有效成分。有效的波尔多液为天蓝色胶状悬浮液，呈碱性反应，黏着性好，比较稳定。在葡萄上使用无病可预防病菌侵害，有病能控制病菌传染。对防治真菌引起的霜霉病、炭疽病、软腐病、白粉病、黑痘病、灰霉病等效果十分明显。

1. 波尔多液的种类 波尔多液是以硫酸铜、生石灰和水的不同比例配制而成，其中以生石灰用量的多少一般分为半量式、等量式、倍量式、多量式等。波尔多液石灰半量式（硫酸铜∶生石灰＝1∶0.5）；等量式（1∶1）、倍量式（1∶2）、和多量式（1∶3～5）。以水用量多少可分为的低浓度（200～240倍以上）与高浓度（160～200倍）的波尔多液。

2. 波尔多液的配制

（1）原料选择。市售的硫酸铜质量差异不大，可参照表13－1的质量标准选购硫酸铜，而生石灰差异非常大，应选用充分烧透无杂质、密度轻的石灰块，受潮或风化的粉状石灰一般不用，若没有生石灰而必须用熟石灰应增加用量30%～50%。水要用未经漂白处理的江、河、湖、塘、井的水。高温会使波尔多液胶粒凝聚沉淀，配制时也不宜用热水和含氯化物较多的水，以防产生药害。

表13－1　硫酸铜质量指标

指标名称	指标	
	一级品	二级品
硫酸铜（$CuSO_4 \cdot 5H_2O$）	≥96.0	93.0
不溶物含量（%）	≤0.2	0.4
游离硫酸含量（%）	≤0.1	0.2

（2）器皿选择。配制波尔多液的容器，不宜用金属制品，因波尔多液药液呈碱性对金属有腐蚀作用，最好选用陶泥或木制容器，如缸或水泥池等，搅拌也要用非金属棍棒。注意每次喷药后，要将喷雾器具冲洗干净。

（3）配制工艺。一般采用“两液法”，即把硫酸铜和生石灰分别放在两个容器中（硫酸铜不宜放在铁质容器中，可用塑料桶或盆）各用半量水溶化，然后同时将硫酸铜溶液和石灰乳徐徐倒入第三个容器内，边倒边搅拌，溶液倒完即配成天蓝色药液。

配制好的波尔多液不宜再加水稀释，一般随配随用。在配好的波尔多液中加入适量白糖，可增强其使用效果。一般100千克波尔多液中加入1千克白糖即可明显提高药液的稳定性。

3. 波尔多液使用中常出现的问题

（1）配制波尔多液的原料质量差。如果在配制波尔多液时，使用质量差的生石灰或硫酸铜，则很容易发生药害，造成损失。

如硫酸铜溶解不完全，会使果实出现红褐色药害斑点。为避免药害，可进行简易测定，即在配制后，用刚磨过的小刀或铁片，在药液中搅拌几下，取出见上面附有黄色的铜渍，就说明波尔多液中仍有硫酸铜存在，需再投入生石灰去化合直到小刀上不见铜色为止。

（2）选用比例和浓度不当。配制波尔多液时，硫酸铜与生石灰的配比一定要合适，一般情况下，石灰用量愈多对葡萄愈安全，黏着力强，效力愈持久，但杀菌作用也慢。如果石灰用量少，杀菌作用快，则易发生药害。如果把握不准，生石灰宁多勿少，以确保使用安全。根据实践经验，在防治葡萄黑痘病、霜霉病、炭疽病，需用硫酸铜∶生石灰∶水的比例为1∶0.5∶200的半量式；另外还应根据葡萄品种对石灰和硫酸铜的敏感程度，确定选择半量式、等量式、倍量式或多量式波尔多液，如石灰量高于等量式时，乍娜品种就易受生石灰伤害，可采用半量式的配比。

（3）使用时期与时间不当。波尔多液是保护剂，必须在病害侵入之前或发病初期喷施，发病时间越长，施用效果越差；幼果期不宜使用；收获前15～20天不能施用；不同的季节应使用不同硫酸铜与生石灰比例，如雨季喷药，要尽量避开风雨天气，同时在配药时要适当加大石灰的用量。如葡萄对石灰敏感，一般在干旱季节用半量式，1∶0.5∶150～200；在雨季用等量式1∶1∶150～200。喷药时间不当，也直接影响喷药效果，应选择晴朗、无露水的时候进行。炎热的夏季喷药应避开高温的中午，以免石灰在高温下引起药害。

（4）药剂混用不当。波尔多液不能同石硫合剂、敌百虫、福美双、福美砷、退菌特等混合使用。交替使用时，喷过石硫合剂10天后才能喷波尔多液，间隔时间太短，易产生药害。波尔多液与有机磷农药混用时应慎重，随混随用，不宜久放。

4. 产生药害及时补救 产生药害后应立即用清水喷洒果树，

反复喷 2～3 次。铜离子药害，可在清水中加入 0.5%～1.0%的石灰；石灰药害，可喷 400～500 倍的米醋液。

（二）石硫合剂

石硫合剂是一种制备简单、成本低、效果好、对高等动物低毒的杀菌、杀虫和杀螨剂。以生石灰和硫黄粉为原料加水熬制而成的枣红色透明液体（原液），具有有臭鸡蛋味（H_2S），呈强碱性，对皮肤有腐蚀性，能腐蚀金属。有效成分主要是四硫化钙（$CaS \cdot S_3$）和五硫化钙（$CaS \cdot S_4$），发病前喷药可保护葡萄树体不受为害，发病后喷施可杀死病菌防止病害蔓延。

1. 石硫合剂的熬制及使用方法　配制比例为生石灰 1 份，硫黄 2 份，水 10～12 份。先把生石灰放进旧铁锅中，用少量水化开，生石灰遇水发生剧烈的放热反应，在石灰放热升温时，再加热石灰乳，到接近沸腾时，再把事先调成的稠糊状的硫黄浆自锅边缘缓缓倒入，边倒边搅拌，记下水位线，用强火煮沸 40 分钟至 1 小时，待药液熬成枣红色，渣滓呈黄绿色时停火即成。熬煮期间不宜过多搅拌，但要及时用热水补足蒸发散失的水分。冷却后滤出渣滓，就得到了枣红色的透明石硫合剂原液。如暂不用，可倒入带釉的缸或坛中密封保存。熬制方法及原料好坏都会影响质量。最好用白色块状生石灰，如用消石灰，即使用量增加 1/3，熬制出的石硫合剂质量仍较差。硫黄以硫黄粉较好。

2. 浓度稀释计算方法

（1）直接查表法。石硫合剂原液中多硫化钙含量多少与比重有关，使用前必须用波美比重计测量原液的波美比重（波美度），然后再根据需要的浓度加水稀释，一般熬制的原液可达 28 波美度以下。最简单稀释方法是直接查阅石硫合剂稀释倍数表（附录 12），获得稀释成使用浓度的加水倍数。

稀释倍数表有两种：重量稀释倍数表和容量稀释倍数表。由

于原液比重大于 1，若把重量稀释倍数误作容量稀释倍数稀释，实际上增加了稀释液的浓度，可能出现药害。反之把容量稀释倍数误作重量稀释倍数稀释，就降低了稀释液的浓度，可能起不到杀虫防病的作用。因此一定要根据采用的稀释方法（重量稀释以统一的重量单位表示，容量稀释以升或其他容量单位表示）选择对应的稀释倍数表，不要错用。

（2）计算法。当没有波美比重计时，怎样测定石硫合剂的浓度？简单而又准确的方法是：用一个干净而透明的瓶子，装 0.5 千克清水，称量瓶子和清水总重量，所得重量简称为瓶水重量。然后将瓶子立着放在水平桌面上，在水平面处划一横线，标记装 0.5 千克清水的液面高度。接着把瓶内清水倒净，再装入石硫合剂原液，使其液面高度与装 0.5 千克清水所划的横线标记相同。这时再用称量瓶子和装入的石硫合剂原液的总重量，所得总重量简称为瓶硫质量。最后将瓶水重量和瓶硫重量代入下面的公式里，计算结果数值就是石硫合剂原液的波美浓度。

原液波美浓度＝（瓶硫重量－瓶水重量）×115；每千克原液加多少水，才能被稀释成所需浓度，按下面公式计算即可：每千克原液加水千克数＝（原液浓度－需用浓度）/需用浓度；如石硫合剂原液浓度为 23 波美度，防治红蜘蛛需要稀释成 0.5 波美度。那么稀释加水的千克数是：（23－0.5）/0.5＝45 千克。

3. 石硫合剂的正确使用

（1）要随配随用。石硫合剂的有效成分为多硫化钙，熬制好的原液，最好一次性用完，不宜久置。如一次用不完，为了防止有效成分多硫化钙分解，可装在小口缸或坛子里，原液上面滴少许煤油，使药液与空气隔离，再封闭坛口贮存待用。原液贮存不当，表面会结硬壳，底部则产生沉淀，杀菌力降低。

（2）忌盲目施用。一般情况下，冬季对葡萄使用石硫合剂，不会发生药害。葡萄休眠期和早春萌芽前，是使用石硫合剂的最佳时期。

（3）忌随意混用。石硫合剂为碱性，不可与有机磷类及其他忌碱农药混用，也不可与波尔多液混用。如果需要与波尔多液前后间隔使用时，必须有充足的间隔期。先喷石硫合剂的，间隔10～15天后才能喷波尔多液。先喷波尔多液的，则要间隔20天后才可喷用石硫合剂。同样，石硫合剂也不可与其他铜制剂农药混合使用。

（4）忌长期连用。在果园长期使用石硫合剂，最终将使病虫产生抗药性，而且使用浓度越高形成抗性越快。因此，在果园使用石硫合剂，应与其他高效低毒药剂科学交替使用。

（三）代森锰锌

其他名称：喷富露、喷克、新万生等。广谱性的保护性杀菌剂，常与多种内吸性杀菌剂、保护性杀菌剂复配混用，延缓抗药性的产生。应用代森锰锌对葡萄霜霉病、炭疽病、白腐病、穗轴褐枯病、黑腐病、褐斑病、黑痘病等有效；对灰霉病、白腐病、根癌病等无效。

在发病前使用，保护作用；单独使用，或与内吸性药剂联合使用。42%代森锰锌悬浮剂使用500～800倍液。代森锰锌对葡萄非常安全；但原药杂质多或质量不好的产品，容易产生药害，请对产品选择使用。

注意事项：在葡萄上应用代森锰锌时必须注意不要与光合微肥、磷酸二氢钾、高效氮磷钾、磷酸二铵、磷酸铵混合使用，不要与强碱性药剂混用。

（四）代森锌

是一种叶面喷洒使用的保护剂，与代森锰锌基本相同，对许多病菌有触杀作用。对植物安全。代森锌的药效期短，在日光照射及吸收空气中的水分后分解较快，其残效期约7天。代森锌曾是杀菌剂的当家品种之一，但由于代森锰锌用途的不断开发，以

及其他高效杀菌剂品种的不断问世，代森锌的用量逐渐下降。用65%或80%代森锌可湿性粉剂500～700倍液喷雾；喷雾要均匀周到。

注意事项：不能与铜制剂或碱性药物混用；放置在阴凉、干燥、通风处，受潮和雨淋会分解。

（五）福美锌

可作为杀菌剂、驱鸟剂、驱鼠剂。作为杀菌剂主要是起叶面保护作用。福美锌对葡萄果穗有很好的保护作用，尤其是对白腐病和炭疽病，对霜霉病也有一定药效，是不错的葡萄园杀菌剂。但要注意这类产品造成的污染和对植物的安全性，挂果后期应谨慎或禁止施用。在幼果期，福美锌对敏感品种的药害和对果面的灼伤较重，一旦幼果期果面受伤，容易引起后期裂果。65%福美锌可湿性粉剂500倍液喷雾。

注意事项：不能与石灰、硫黄、铜制剂和砷酸铅混用，主要以防病为主，宜早期使用。

（六）福美双

有机硫保护性杀菌剂，抗菌谱广，主要用于处理种子和土壤，防治禾谷类黑穗病和多种作物的苗期立枯病，也可用于喷雾防治一些果树、蔬菜病害。可与多种内吸性杀菌剂复配，并可与其他保护性杀菌剂复配混用。

福美双叶面喷雾，可用于防治葡萄白腐病和葡萄霜霉病。防治葡萄白腐病，在发病初期，喷50%福美双可湿性粉剂600～800倍液，隔12～15天喷1次，采收前半个月停止喷雾。防治葡萄霜霉病，在发病前，采用70%百·福可湿性粉剂500～1 000倍液喷雾，隔7～10天喷1次，采收前半个月停止喷雾。

注意事项：福美双使用浓度过高，容易对葡萄产生药害。福美双不能与铜制剂及碱性药剂混用或前后紧接使用。

（七）克菌丹

也叫开普顿，是一个老品牌，具保护作用，并有一定的治疗作用。叶面喷雾或拌种均可，也能用于土壤处理，防治根部病害。

在病菌侵染期和发病初期，50%克菌丹可湿性粉剂400～800倍液，可防治葡萄霜霉病、黑痘病、炭疽病、褐斑病，幼果期对敏感葡萄品种有药害（灼烧果实）。

注意事项：不得与碱性农药混用。

（八）嘧菌酯

其他名称：ICIA5504、阿米西达、安灭达。有独特的作用机理，作用部位与以往所有杀菌剂均不同。杀菌谱广，对几乎所有真菌类病害都显示出很好的活性。具有保护和治疗作用，并有良好的渗透和内吸作用，可以茎叶喷雾、水面施药、处理种子等方式使用。

嘧菌酯可用于葡萄各个生长期，50%嘧菌酯水分散粒剂一般施用2 000～4 000倍液。250克/升嘧菌酯悬浮剂40～48克/亩（有效成分用量）可以有效防治葡萄霜霉病。防治葡萄白腐病、黑痘病，用50%嘧菌酯水分散粒剂2 000～3 500倍液喷雾（有效成分200～300毫克/升）喷雾。在花前3～5天为预防霜霉病、白粉病、黑痘病、黑腐病、穗轴褐枯病、白腐病等。另外还可用于防治草坪枯萎病、褐斑病等以及蔬菜疫病、霜霉病和白粉病等。

注意事项：嘧菌酯对作物安全，安全间隔期7天。

（九）腈菌唑

腈菌唑为内吸性三唑类杀菌剂，杀菌特性与三唑酮相似，杀菌谱广，内吸性强，对病害具有保护作用和治疗作用，可以喷

洒，也可处理种子。该药持效期长，对作物比较安全，有一定刺激生长作用。

应用：防治葡萄白粉病，喷25%乳油3 000～5 000倍液，每两周喷1次，具有明显的治疗作用。防治葡萄炭疽病，用40%可湿性粉剂4 000～6 000倍液喷雾。

（十）氟硅唑

其他名称：克菌星、新星、稳歼菌。

内吸杀菌剂，具有保护和治疗作用，渗透性强。主要作用机理是破坏和阻止病菌的细胞膜重要组成成分麦角甾醇的生物合成，导致细胞膜不能形成，使病菌死亡。

氟硅唑是三唑类内吸性杀菌剂，对葡萄白腐病、白粉病、黑痘病、黑腐病等有效，能兼治炭疽病。注意，浓度大会有副作用，所以40%氟硅唑乳油稀释倍数不能低于8 000倍。2～3叶期、花前、花后施用，也可以作为黑痘病发生后治疗、控制的杀菌剂。氟硅唑虽然活性高、效果好，但是以抑菌作用为主，发病后最好是和杀菌比较彻底的药剂交替或轮换施用，套袋前处理果穗时，最好不要用这个药剂。可以和保护性杀菌剂如代森锰锌以及水胆矾石膏等混合施用。

注意事项：40%氟硅唑乳油使用剂量不能低于8 000倍液（特殊情况使用3 000～4 000倍液，请咨询有关专家）；其他剂型按照此浓度类推。为避免病菌对氟硅唑抗药性产生，应与其他杀菌剂交替使用。氟硅唑的安全采收间隔期为7天。

（十一）亚胺唑

也叫酰胺唑，主要用于防治葡萄黑痘病，5%亚胺唑可湿性粉剂600～800倍液；对葡萄白粉病、白腐病、炭疽病也有效。

注意事项：亚胺唑防治葡萄病害，应于采收前21天停止使用。

（十二）苯醚甲环唑

其他名称：噁醚唑、双苯环唑。

是三唑类内吸杀菌剂，杀菌谱广，对炭疽病、白腐病、白粉病、黑痘病、黑腐病等有优异防效，能兼治穗轴褐枯病，对作物安全。

防治葡萄炭疽病、黑痘病，用20%苯醚甲环唑水分散粒剂3 000～4 000倍液喷雾。20%苯醚甲环唑水分散粒剂对葡萄安全，不会抑制生长，前期综合防治时，与保护剂配合施用3 000～5 000倍液；后期对炭疽病治疗处理穗部时施用1 000～1 500倍液；最好不要和铜制剂混用，如需混用，要增加10%用药量。对藤稔、夏黑、高妻及贝塔等葡萄品种，连续阴天时不宜施用，有药害。

注意事项：苯醚甲环唑不宜与铜制剂混用，如果确需混用，则苯醚甲环唑使用量要增加10%。苯醚甲环唑对鱼类有毒，勿污染水源。

（十三）戊唑醇

其他名称：立克秀、富力库、菌力克、好力克、戊康。

戊唑醇杀菌性能与三唑酮相似，内吸性强，可防治白粉病、白腐病、黑痘病、黑腐病等，能兼治炭疽病和灰霉病。其生物活性比三唑酮、三唑醇高，表现为用药量低。

80%戊唑醇水分散粒剂，前期预防施用8 000～10 000倍液，做治疗时施用6 000倍液，成熟期治疗炭疽病处理穗部时施用3 000倍液。防治炭疽病、白腐病、褐斑病等病害。有轻微抑制生长作用，小幼果期慎用。对葡萄白腐病施用80%戊唑醇水乳剂6 400～8 000倍液（药液有效成分浓度100～125毫克/千克），其防治效果优于目前生产上常用的50%多菌灵可湿性粉剂600倍液等的防效。

注意事项：①应严格按照产品标签或说明书推荐的用药量使

用，安全间隔期为14天。②对水生动物有害，不得污染水源。

（十四）己唑醇

其他名称：安福。生物活性及杀菌机理与三唑酮、三唑醇基本相同，抑菌谱广，渗透性和内吸输导能力很强，有很好的保护作用和治疗作用。

防治葡萄白粉病，用5%己唑醇悬浮剂1 500～2 500倍液喷雾。

注意事项：本品可与其他常规杀菌剂混用。在稀释或施药时应遵守农药安全使用守则，穿戴必要的防护用具。

（十五）三唑酮

其他名称：粉锈宁。

三唑酮是高效、低毒、低残留、持效期长的强内吸杀菌剂，对锈病和白粉菌具有预防、治疗、铲除和熏蒸等作用。三唑酮可以与许多杀菌剂、杀虫剂、除草剂等现混现用。

在发芽前应喷1次3～5波美度石硫合剂，发芽后喷15%三唑酮可湿性粉剂1 000倍液也可以有效防治葡萄白粉病。

（十六）多菌灵

其他名称：苯并咪唑44号、棉萎灵。多菌灵是一种高效低毒内吸性杀菌剂，具有保护和治疗作用，几乎各类植物都可用多菌灵防治其病害。

多菌灵是广谱性内吸性杀菌剂，可防治黑痘病、炭疽病、白腐病、白粉病、灰霉病、穗轴褐枯病、褐斑病等病害，但对霜霉病无效。它杀菌谱比较广，但药效一般，且应注意与其他内吸性杀菌剂的交替施用，避免抗性产生和发展。纯的多菌灵对葡萄安全，但市场上有很多混配制剂，有些对葡萄不安全，请仔细阅读有关资料后再选择。推荐施用纯的多菌灵，不推荐施用混配制剂。50%多菌灵可湿性粉剂一般施用600倍液。喷施多菌灵对葡萄白粉病也有一定的防治效果，发病较轻时可以使用，或者与三唑类等药剂交替使用。

注意事项：①多菌灵可与一般杀菌剂混用，但与杀虫剂、杀螨剂混用时要随混随用，不推荐与铜制剂混用。安全间隔期为20天。②多菌灵悬浮剂在使用时，稀释的药液暂时不用静止后会出现分层现象，需摇匀后使用。

（十七）甲基硫菌灵

又叫甲基托布津。在病害防治上具有保护和治疗作用，持效期7～10天。

甲基硫菌灵防治对象和用药时期、使用方法与多菌灵基本相同。用70％甲基硫菌灵可湿性粉剂800～1 200倍液喷雾，可防治葡萄黑痘病、炭疽病、白粉病、灰霉病等。

注意事项：①甲基硫菌灵与多菌灵、苯菌灵有交互抗性，不能与之交替使用或混用。②不推荐与铜制剂混用。③在葡萄的每个生长季节甲基硫菌灵的使用不要超过2次，安全采收间隔期为20天。

（十八）嘧霉胺

嘧霉胺为新型杀菌剂，为当前防治灰霉病活性最高的杀菌剂之一，高效、低毒。其作用机理独特，同时具有内吸传导和熏蒸作用，施药后迅速达到植株的花、幼果等喷雾无法达到的部位杀死病菌，药效更快、更稳定，耐雨水冲刷、低温无影响、无抗性，对常规杀菌剂产生抗药性的灰霉病有特效。

40％嘧霉胺可湿性粉剂800～1 200倍液喷雾，可以有效防治葡萄灰霉病。

注意事项：贮存时不得与食物、种子、饮料混放。晴天上午8时至下午5时、空气相对湿度低于65％时使用；气温高于28℃时应停止施药。

（十九）腐霉利

其他名称：二甲菌核利、速克灵、菌核酮。

内吸性杀菌剂，具有保护和治疗作用，对在低温、高湿条件下发生的多种作物的灰霉病、菌核病有特效，可防治对甲基硫菌灵、多菌灵产生抗性的病原菌。

防治葡萄灰霉病，用50%腐霉利可湿性粉剂1 000～1 500倍液或20%腐霉利悬浮剂400～500倍液喷雾。隔7～10天再喷1次。

注意事项：连年单用腐霉利防治同一种病害，特别是灰霉病，易引起病菌抗药，因此凡需多次防治时，应与其他类型杀菌剂轮换使用或使用混剂。每个生长季节使用不超过2次，采收安全间隔期20天。

（二十）异菌脲

其他名称：扑海因、咪唑霉。保护性杀菌剂，也有一定的治疗作用。杀菌谱广，适用作物广。

防治葡萄灰霉病，喷50%异菌脲可湿性粉剂或悬浮剂750～1 000倍液。异菌脲在葡萄中半衰期为9.3～11.1天，药后28天消解86%以上，在土壤中半衰期为9.8～12.2天，药后28天消解82%以上。50%异菌脲悬浮剂375～750倍液，连喷3～4次，药后14、21天葡萄果实中抑菌脲残留量均超标。在防治葡萄灰霉病上，以1 000～2 000倍液喷雾2～3次，间隔期为10天，葡萄果实的残留量未超过10毫克/千克。

注意事项：①要避免与强碱性药剂混用，在葡萄生长季节使用不超过2次，安全间隔期为20天。②不宜长期连续使用，以免产生抗药性，应交替使用，或与不同性能的药剂混用。

（二十一）百菌清

百菌清是一种广谱、非内吸性、适于施用于植物叶面的保护性杀菌剂，对多种植物真菌病害具有预防作用。百菌清在植物表面有良好的黏着性，不易受雨水冲刷，有较长的药效期，在常规用量下，一般药效期7～10天。

百菌清的制剂种类较多，在介绍其应用时只能选择其中之一，其余的可由读者自己换算其用药量或按产品标签使用。防治葡萄白腐病，用75%百菌清可湿性粉剂500～800倍液，于开始发现病害时喷第一次药，隔10～15天喷1次，共喷3～5次，或与其他杀菌剂交替使用，可兼治霜霉病。防治葡萄黑痘病，从葡萄展叶至果实着色期，每隔10～15天喷1次75%百菌清可湿性粉剂500～600倍液，或与其他杀菌剂交替使用。防治葡萄炭疽病，从病菌开始侵染时喷75%百菌清可湿性粉剂500～600倍液，共喷3～5次，可兼治褐斑病。须注意葡萄的一些黄色品种用药后会发生锈斑，影响果实品质。

表13-2　百菌清主要混剂在葡萄上的登记情况

混剂	剂型	组分Ⅰ	组分Ⅱ	防治对象	制剂用量（克/亩）	施用方法
70%百·代	可湿性粉剂	35%百菌清	35%代森锌	白腐病	80～110	喷雾
				炭疽病	80～120	喷雾
70%百·福	可湿性粉剂	20%百菌清	50%福美双	霜霉病	83～110	喷雾

注意事项：①百菌清对鱼类及甲壳类动物毒性大，药液不能污染鱼塘和水域。②不能与石硫合剂、波尔多液等碱性农药混用；在葡萄生长季节使用不超过4次，安全间隔期为21天。③使用浓度偏高会发生药害；产品质量不高时敏感品种易产生药害（彩图40）。

（二十二）甲霜灵

其他名称：瑞毒霉、阿普隆、雷多米尔、甲霜安。

对植物病害具有保护、治疗和铲除作用，有很强的双向内吸

输导作用，持效期较长，选择性强，对霜霉菌、疫霉菌、腐霉菌有特效。甲霜灵易引起病菌产生耐药性，尤其是叶面喷雾，连续单用两年即可发现病菌抗药现象，使药剂突然失效。因此，甲霜灵单剂一般不宜作为叶面喷洒用。叶面喷雾应与保护性杀菌剂混用或加工成混剂，尤其是与代森锰锌混用效果最好。甲霜灵混剂有甲霜铜（甲霜灵＋琥胶肥酸铜）、甲霜铝铜（甲霜灵＋三乙膦酸铝＋琥胶肥酸铜）、甲霜锰锌（甲霜灵＋代森锰锌）等。

防治葡萄苗期霜霉病，于发病初期，用25％甲霜灵可湿性粉剂300～500倍液灌根，连灌2～3次；对成株，当田间开始发现病斑时，立即用25％甲霜灵可湿性粉剂700～1 000倍液（与其他内吸性杀菌剂交替）喷雾，连喷3～4次。

注意事项：该药单独喷雾容易诱发病菌抗药性，除土壤处理能单用外，一般都用复配制剂。安全采收间隔期为21天。

（二十三）精甲霜灵

精甲霜灵是甲霜灵的高效体。甲霜灵是霜霉病的内吸治疗性药剂，是防治霜霉病的特效药剂，但甲霜灵在许多地方抗药性发展严重。精甲霜灵是甲霜灵的高效体，活性是甲霜灵的2倍以上。

25％精甲霜灵可湿性粉剂1 500～2 000倍液与保倍、代森锰锌等保护性杀菌剂混合施用，可减缓抗性产生、增加药效。也可以作为防治霜霉病时，与其他内吸性杀菌剂交替施用的农药。

（二十四）双炔酰菌胺

双炔酰菌胺为酰胺类杀菌剂。250克/升双炔酰菌胺悬浮剂对葡萄霜霉病有较好的防治效果。用药剂量为125～167毫克/千克（折成250克/升悬浮剂的稀释倍数为1 000～1 336倍），于发病初期开始均匀喷雾。推荐剂量下对树生长无不良影响，未见药害发生。

（二十五）环酰菌胺

适宜作物有葡萄、草莓、蔬菜、柑橘、观赏植物等。对作物、人类、环境安全，是理想的病害综合治理用药。防治对象是各种灰霉病以及相关的菌核病、黑斑病等。本品主要作为叶面杀菌剂使用，其剂量为33.3～66.6克有效成分/亩，对灰霉病有特效。

（二十六）啶酰菌胺

药效比普通的杀菌剂如嘧霉胺好。

适宜防治病害：葡萄白粉病、灰霉病、各种腐烂病、褐腐病和根腐病。使用方法为茎叶喷雾。50％啶酰菌胺水分散颗粒剂可稀释1 200～2 000倍。

（二十七）氟啶胺

本品属2，6-二硝基苯胺类化合物，是保护性杀菌剂。可防治由灰葡萄孢引起的病害。本品对交链孢属、葡萄孢属、疫霉属、单轴霉属、核盘菌属和黑星菌属非常有效，对抗苯并咪唑类和二羧酰亚胺类杀菌剂的灰葡萄孢也有良好效果，耐雨水冲刷，持效期长，兼有优良的控制食植性螨类的作用，对十字花科植物根肿病也有卓越的防效，对由根霉菌引起的水稻猝倒病也有很好的防效。50％氟啶胺悬浮剂2 000～2 500倍液喷雾，可防治葡萄孢引起的病害。

（二十八）氯苯嘧啶醇

其他名称：乐必耕。

氯苯嘧啶醇的内吸性强，具有保护和治疗作用，杀菌原理与三唑酮等三唑类杀菌剂相同，可以与一些杀菌剂、杀虫剂、植物

生长调节剂混合使用。

防治葡萄白粉病、炭疽病、褐斑病、锈病等多种病害。一般喷6%氯苯嘧啶醇可湿性粉剂3 000～4 000倍液，但在开花期不能喷药。采收前9天停止使用。正确使用无药害，过量会引起叶子生长不正常和呈暗绿色。

（二十九）嘧菌环胺

内吸杀菌剂，在植物体内被叶片迅速吸收，具有保护、治疗、叶片穿透及根部内吸活性。

防治葡萄灰霉病，用50%嘧菌环胺水分散粒剂625～1 000倍液喷雾。

（三十）嘧啶核苷类抗菌素

其他名称：农抗120、抗霉菌素120、120农用抗菌素。

农抗120是一种广谱抗菌素，它对许多植物病原菌有强烈的抑制作用，对瓜类白粉病、花卉白粉病和小麦锈病防效较好。

2%嘧啶核苷类抗菌素水剂280倍液喷雾可以有效控制葡萄白粉病的为害，兼治霜霉病。

（三十一）武夷菌素

也叫农抗BO-10，是核苷类抗生素，为广谱性生物杀菌剂，低毒、安全。对多种植物病原真菌具有较强的抑制作用，对葡萄白粉病有明显的防治效果。

可用于防治葡萄白粉病、白腐病，对灰霉病、炭疽病有效。1%武夷菌素水剂100倍液，10～15天喷1次。武夷菌素是天然发酵产品，可以用于有机农业。

（三十二）多氧霉素

其他名称：多效霉素、保利霉素、多抗霉素。一般通过工程化发酵生产。对葡萄灰霉病、穗轴褐枯病有明显的防治效果。

10%多氧霉素可湿性粉剂稀释500倍后喷雾，防治葡萄灰霉病；用10%多氧霉素可湿性粉剂1 000倍液可防治葡萄穗轴褐枯病。

注意事项：不能与碱性或酸性农药混用；密封保存，以防潮结失效；虽属低毒药剂，使用时仍应按安全规则操作。

（三十三）抑霉唑

制剂有97%抑霉唑硫酸盐水溶性粉剂或22.2%抑霉唑乳油。属咪唑类杀菌剂。

抑霉唑是内吸治疗性杀菌剂，对白粉病、炭疽病特效，对曲霉、青霉、镰刀菌造成的果实、穗轴的腐烂特效，对白腐病、灰霉病、穗轴褐枯病防效优异。施用浓度为150～250毫克/升(22.2%抑霉唑乳油1 000～1 500倍液，97%抑霉唑硫酸盐水溶性粉剂4 000～5 000倍液)。

施用方法：套袋前喷果穗或涮果穗；摘袋后采收前涮果穗或喷果穗；采收后97%抑霉唑硫酸盐4 000倍液浸泡3秒左右，捞出后风干、晾干后储藏。

（三十四）咪鲜胺

其他名称：扑菌唑、扑霉唑、施保克、扑霉灵、施先可、施先丰、果鲜宝。咪鲜胺是广谱性杀菌剂，不具内吸作用，但具有一定的传导作用。

25%咪鲜胺乳油1 000倍液对葡萄炭疽病和黑痘病防治效果都很好。于葡萄炭疽病发病初期用25%咪鲜胺乳油800～1 500倍液喷雾。在葡萄上使用，使用不当会造成果实味道改变；酿酒葡萄上使用，残留量大时影响发酵。

注意事项：①本品对鱼有毒不可污染鱼塘、河道或水沟。②在鲜食葡萄上使用次数不能超过2次，采收前50天内禁

用；在酿酒葡萄上使用次数不能超过2次，采收前70天内禁用。

（三十五）烯酰吗啉

商品名金科克。是专一杀卵菌的杀菌剂，内吸作用强，具有保护、治疗和抗孢子产生的活性。是继甲霜灵之后防治霜霉属、疫霉属等卵菌类病害的优良杀菌剂，可有效地防治葡萄霜霉病。

50%金科克水分散粒剂，是目前霜霉病类最优秀药剂之一。吸收传导好，活性高，与保护剂配合施用4 000～4 500倍液。混配性好，可以和保倍、保倍福美双、代森锰锌、必备、多菌灵、甲基硫菌灵、氟硅唑等混合施用，和水胆矾石膏可以混用。在霜霉病的大发生点，例如南方多雨地区的6月上中旬和7月上旬、北方地区的7月中旬左右，金科克与保护性杀菌剂混合施用；霜霉病发生后，金科克是治疗、控制霜霉病为害的最优秀杀菌剂之一。

（三十六）氟吗啉

为丙烯酰吗啉类杀菌剂，具有高效、低毒、低残留、残效期长、保护及治疗作用兼备、对作物安全等特点。对黄瓜霜霉病具有良好的防治效果。

防治葡萄霜霉病，每亩次可用50%氟吗啉·三乙膦酸铝可湿性粉剂67～120克，按照每亩地施药液量对水稀释，均匀喷雾。

（三十七）双胍三辛烷基苯磺酸盐

是一种广谱性的保护性杀真菌剂，局部渗透性强，对葡萄灰霉病喷40%可湿性粉剂1 500～2 500倍液，对葡萄炭疽病、白粉病等也有效。

（三十八）霜脲氰

霜脲氰是具有渗透性的霜霉病治疗剂，在药剂喷洒到的地方，能进入葡萄植株内部，杀菌和抑菌。目前由于大量应用，抗药性比较重。常见的品种是与代森锰锌混配的药剂，总含量72%（含霜脲氰8%）或36%（含霜脲氰4%），因霜脲氰含量低，建议按照保护性杀菌剂施用。在葡萄园施用霜脲氰，建议施用纯的霜脲氰制剂，例如80%霜脲氰水分散粒剂，施用2 000～3 000倍液，也可以3 000～4 000倍液与保护性杀菌剂（如保倍、保倍福美双、必备、喷富露等）混合施用。

（三十九）美铵

美铵是季铵盐类杀菌剂，具有内吸传导性，对白粉病、炭疽病防治效果优异，兼治霜霉病、白腐病等，且对多种腐生杂菌防效优异。对葡萄安全性好，从发芽到落叶，都可以施用；混配性好，可以与很多农药混合施用；是水剂，对果面没有污染，特别适合结果时期施用，不套袋葡萄后期或套袋葡萄脱袋后施用，更显出不污染果面和几乎不影响果粉的优点。幼果期一般施用800～1 000倍液，后期施用600～800倍液。用于种苗、田间操作或修剪工具消毒时，用200倍液。

（四十）5亿活芽孢/毫升枯草芽孢杆菌BAB－1水剂

本品为生物制剂，菌种从土壤中分离得到，具有抑制病原菌生长，激活作物防御系统，减轻病菌为害的作用。

外观为黄褐色均相透明液体，无分层和沉淀物。含有5亿活芽孢/毫升枯草芽孢杆菌，经毒理和药效试验表明，本产品为低毒。

稀释50倍喷雾，对葡萄灰霉病、葡萄白粉病有较好的防治效果。

注意事项：不能与含铜物质、402或链霉素等杀菌剂混用

七、葡萄园常用杀虫剂及使用技术

（一）吡虫啉

其他名称：咪蚜胺、高巧、康福多、艾美乐、一遍净、大功臣。

2.5％吡虫啉可湿性粉剂1 000～2 000倍液可以防治葡萄上的成虫及若虫期斑衣蜡蝉。针对白粉虱和叶蝉，可以使用10％吡虫啉可湿性粉剂2 000～3 000倍液喷雾。在葡萄开花前1～2天喷10％吡虫啉可湿性粉剂2 000～3 000倍液可以防治葡萄蓟马。花期前后最容易发生二斑叶蝉的为害，可喷用10％吡虫啉可湿性粉剂3 000倍防治。发现有葡萄根瘤蚜的葡萄园，10％吡虫啉可湿性粉剂10克，加水50千克，配成5 000倍药液，在每株根系分布区域内，挖3～4个深20厘米的小坑，每株灌药液5千克，待药液渗下后，封坑盖严，有效期持续20天以上。虫口密度较小、为害较轻的，灌根1次就能控制为害。虫口密度较大、为害较重的，可在第一次灌药25天以后再灌1次。或者10％吡虫啉可湿性粉剂3 000倍液灌根，每株灌药液1～2千克。如果粉蚧比较严重，增大75％吡虫啉可湿性粉剂使用剂量，但是每年每亩地的使用剂量不要超过9.3克有效成分，允许两次施药间隔期为14天，采收安全间隔期为30天。

注意事项：①该药应与其他高效低毒杀虫剂轮换使用，有利于控制害虫抗药性的产生。②吡虫啉在养蚕处周围应特别小心，避免污染桑叶及蚕室环境而造成损失。③不宜在强阳光下喷雾使用，以免降低药效。④施药时应穿戴防护服、手套、口罩，施药后应用肥皂和清水清洗手和身体暴露部分。防护服在下次使用前一定清洗干净。且喷药12小时之内不得进入药田，安全间隔期为30天。⑤应将药剂保存在儿童接触不到且通风、避光、凉爽的地方。应远离食物和饲料，加锁保管。⑥吡虫啉使用不当时，易引起中毒，主要表现为麻木、肌无力、呼吸困难和震颤，严重中毒还会出现痉挛。如果药剂溅入眼睛，应用大量清水冲洗。如发现中毒症状，应予救助并送医院就医。

（二）呋虫胺

对刺吸口器害虫有优异的防效，残效长、杀虫谱广，故适用范围广泛。可以防治葡萄粉蚧，采用叶面喷雾，使用有效剂量每亩每季节不要超过 20 克。还可以防治水稻、果树和蔬菜的白粉虱，使用剂量为每亩用 20％的制剂 33.5～67.5 克（有效成分 6.7～13.5 克）。土壤应用防治葡萄虫害时，先把药粒完全溶解成均一相（每亩地用 18～21.5 克有效成分）再拌入土中。

注意事项：采收前 28 天停止使用，使用有效剂量不要超过叶面喷雾的 2 倍。不管是叶面喷雾还是土壤处理用药后 12 小时之内禁止进入施药田地。

（三）噻虫嗪

杀虫活性优于吡虫啉。具有广谱的杀虫活性，对害虫具有胃毒和触杀活性，并具有强内吸传导性。对害虫的高活性、使用方式灵活多样以及较长的残效期和对有益生物安全等特点，使得其特别适宜于害虫的综合防治。

25％噻虫嗪水分散颗粒剂 4 000～6 000 倍，防治葡萄介壳虫和葡萄白粉虱效果极佳，用药时期以各代二龄若虫以前为佳，定向全株喷雾，药液覆盖整株。

注意事项：适宜于抗性蚜虫、飞虱的防治。使用剂量较低，应用过程中不要盲目加大用药量。勿使药物入眼或沾染皮肤，用大量清水冲洗即可。无专用解毒剂，需对症治疗。进食、饮水或吸烟前必须先洗手及裸露皮肤。勿将剩余药物倒入池塘、河流。农药泼洒在地，立即用沙、锯末、干土吸附，把吸附物集中深埋。曾经泼洒的地方用大量清水冲洗。回收药物不得再用。置于

阴凉干燥通风地方。药物必须用原包装贮存。注：因对蜜蜂的影响，在欧盟里，除法国以外的国家已经禁止使用。

（四）啶虫脒

啶虫脒可以防治花期前后发生的二斑叶蝉。防治白粉虱，可以用3%啶虫脒乳油1 000～2 000倍液喷雾。防治葡萄发芽期绿盲蝽的成虫及若虫期斑衣蜡蝉时，用3%啶虫脒乳油2 000～2 500倍液喷雾。

注意事项：每个季节应用不超过2次，每次喷药后12小时之内禁止进入药田，两次安全使用间隔期为14天，采收前7天禁止使用，每种作物每亩的有效剂量不要超过45克，高温时施用效果好。因本剂对桑蚕有毒性，所以若附近有桑园，切勿喷洒在桑叶上。不可与强碱剂（波尔多液、石硫合剂等）混用。将本制剂密封、贮存在远离儿童、阴凉、干燥的仓库，禁止与食品混贮。本制剂对皮肤有低刺激性，注意不要溅到皮肤上。万一溅上，立即用肥皂洗净。由于粉末对眼有刺激，注意不要使之进入眼内。万一粉末进入眼中，立即用清水冲洗，并让眼科医生诊治。

（五）敌百虫

是一种低毒、广谱的有机磷杀虫剂。对害虫有很强的胃毒作用，并有触杀作用。90%晶体敌百虫1 500倍液和90%敌百虫乳油1 500倍液可以防治斑衣蜡蝉（成虫及若虫）、绿盲蝽等。

注意事项：葡萄采收前10～15天停止用药。药剂稀释液应现配现用。敌百虫中毒症状表现为流涎、大汗、瞳孔缩小、血压升高、肺水肿、昏迷等，个别病人可引起迟发神经中毒和心肌损害。但其中毒快解毒也快。急救措施：解毒治疗以阿托品类药物为主，复能剂效果较差，可酌情使用。洗胃要彻底，忌用碱性液体洗胃和冲洗皮肤，可用高锰酸钾溶液或清水。

（六）毒死蜱

也叫氯砒硫磷。为有机磷类杀虫杀螨剂。其杀虫谱广，具有触杀、胃毒和熏蒸作用，在叶片上的残留期不长，但在土壤中的残留期则较长，达2～4个月，药效不受土壤温度及施肥的影响，因此，对地下害虫的防治效果较好。

48%毒死蜱乳油100倍液、52.25%（毒死蜱+氯氰菊酯）乳油100倍液涂干防治葡萄透翅蛾，持效期可达13天。对受害严重的植株可在树液流动期（伤流停止后），距地面10～15厘米处的每个主蔓用粗锥钻孔2～4个，深达髓心部位，孔的方位应偏向下40°～50°，使药液下流，防止淤出。然后将毒死蜱乳油配制成10～20倍水溶液，用医用注射器吸取药液，注入扎好的孔内即可，每株用液4～5毫升。注液后立即用胶布封孔效果更好，也可用泥浆封口。当害虫在枝蔓已形成危害时，也可用注射法，直接将药液从粪便排出孔内注药，但药剂浓度宜在100倍左右，注后包扎可起封杀作用。切忌在果实采收前用药。

注意事项：不能与碱性农药混用。该药对黄铜有腐蚀作用，喷雾器用完后，要立即冲洗干净。该药对蜜蜂和鱼类高毒，使用时要注意保护蜜蜂和水生动物。葡萄喷毒死蜱后24小时之内禁止入田，采收前安全间隔期为35天。有些厂家生产的毒死蜱对许多欧亚种鲜食葡萄及某些酿酒葡萄品种药害很重，要慎重施用。

（七）敌敌畏

成虫及若虫期斑衣蜡蝉，可使用50%敌敌畏乳油1 000倍液；透翅蛾幼虫为害较重的葡萄园，可用镊子夹上棉球，蘸浸敌敌畏药剂5～10倍液，直接涂抹受害处，再用塑料薄膜包扎，也有杀虫效果，切忌在果实采收前直接喷洒在葡萄树上或涂干；葡萄天蛾，可用80%敌敌畏乳油1 000～1 500倍液防治；在葡萄虎蛾幼虫发生期可喷50%敌敌畏乳油1 000倍液防治；无风、中

午前，地面喷洒 80%敌敌畏乳油 100～200 倍液，防治酸腐病的醋蝇。

注意事项：收获前 7～10 天停止用药。本品对人畜毒性大，挥发性强，施药时注意不要污染皮肤及避免吸入。中午高温时不宜施药，以防中毒。不能与碱性农药混用。

（八）马拉硫磷

是一种低毒、广谱的有机磷杀虫、杀螨剂。对害虫以触杀和胃毒作用为主，有一定熏蒸作用。本品毒性低，残效期较短，对刺吸式和咀嚼式口器害虫均有效。

防治葡萄蚜虫、粉蚧、叶蝉、叶螨，用 45%或 50%马拉硫磷乳油 1 500～2 000 倍液（有效浓度 250～333 毫克/千克）喷雾。

注意事项：在运输、贮存中注意防火。药剂应放置于阴凉干燥处，不宜贮存过久。因为药剂遇水易分解，因此，在使用中应现用现配，1 次用完。本品使用每年不超过 3 次，每次喷药后 24 小时之内禁止入田。浓度过高时，对某些葡萄品种产生药害，如瑞必尔、意大利、绯红、阿米利亚葡萄。采收 3 天前禁止使用。

（九）辛硫磷

纯品为浅黄色油状液体。遇光和碱易分解，中性或酸性条件下较稳定。本品属低毒杀虫剂。对人、畜毒性低，对鱼类、蜜蜂及天敌毒性较大。

茎叶喷雾一般每亩用 50%辛硫磷乳油 1 000～2 000 倍，对水 50 升喷雾，防治葡萄斑叶蝉、绿盲蝽、粉虱等。50%辛硫磷乳油2 000倍液喷雾可以有效防治葡萄二星叶蝉第一代若虫。葡萄根瘤蚜是国际、国内的重要检疫对象之一，从可疑地区购进苗木、插条时，必须严格消毒，方法是用 10～20 根为一捆，在 50%辛硫磷乳油 1 500 倍液中浸泡 1 分钟。斑衣蜡蝉，对成虫、若虫可用 50%辛硫磷乳油 2 000 倍液喷雾。

注意事项：不能与碱性物质混合使用；辛硫磷见光易分解，所以田间使用最好在夜晚或傍晚使用；收获前 20 天停止使用；对鱼类毒性大，使用时不能污染水域。对蜜蜂高毒，花期不宜使用。在某些葡萄品种上，用量稍大时较易产生药害。

（十）喹硫磷

喹硫磷是以胃毒和触杀作用为主的杀虫剂、杀螨剂，无内吸和熏蒸性能，在植物上有良好的渗透性，有一定杀卵作用，在植物上降解速度快，残效期短，适用于多种害虫的防治。

25%喹硫磷乳油 1 500 倍液喷雾防治葡萄透翅蛾幼虫蛀食枝蔓造成的为害。

注意事项：不能与碱性物质混合使用。喹硫磷的安全使用、中毒症状、急救措施与一般有机磷相同。

（十一）杀扑磷

是一种广谱的有机磷杀虫剂，具有触杀、胃毒和熏蒸作用，能渗入植物组织内，对咀嚼式和刺吸式口器害虫均有杀灭效力，尤其对介壳虫有特效，对螨类有一定的控制作用。

防治多种介壳虫、红蜘蛛每亩用 40%杀扑磷乳油 100～200 毫升对水喷雾；用 40%杀扑磷乳油 750～1 000 倍液均匀喷雾，间隔 20 天再喷一次。粉蚧、褐园蚧、红蜡蚧用 40%杀扑磷乳油 600～1 000 倍液均匀喷雾，在卵孵盛期和末期各施药一次。40%杀扑磷乳油应在花前施药，对越冬昆虫和刚孵化幼虫及将孵化的卵都有防效，一般只需施一次药。

注意事项：在果园中喷药浓度不可太高，否则会引起褐色病斑。

（十二）丁硫克百威

为氨基甲酸酯类杀虫剂、杀螨剂、胆碱酯酶抑制剂。具有触

杀、胃毒和内吸作用，杀虫广谱，持效期长。同时本品还是一种植物生长调节剂，具有促进作物生长，提前成熟，促进幼芽生长等作用。

喷施20%丁硫克百威乳油2 000倍液防治葡萄绿盲蝽、金龟子等虫害。

（十三）联苯菊酯

其他名称：天王星、虫螨灵、毕芬宁、脱螨达。

是一种高效合成除虫菊酯杀虫、杀螨剂。具有触杀、胃毒作用，无内吸、熏蒸作用。杀虫谱广，对螨也有较好防效，作用迅速。

5%联苯菊酯乳油拌红糖、熟玉米粉可以防治葡萄园白蚁；每亩2.5%联苯菊酯乳油15～30毫升，可以有效防治葡萄日本甲虫。用药12小时内不得进入施药田，安全间隔期为30天。

注意事项：①对蜜蜂、家蚕、水生生物毒性高，使用时注意不要污染河流、池塘、桑园、养蜂场所。②忌与碱性农药混用，以免分解失效。③施药时要均匀周到，尽量减少使用剂量和使用次数。

（十四）高效氯氰菊酯

高效氯氰菊酯是普通氯氰菊酯的活性部分提纯，是一种更高效、广谱、触杀性杀虫剂，作用范围广。

10%高效氯氰菊酯乳油2 000～4 000倍液喷雾，防治叶蝉、绿盲蝽、醋蝇、介壳虫等。100倍液涂干防治葡萄透翅蛾。

注意事项：①施药要均匀，可与杀螨剂混用，但不可与碱性农药混用。②避免高温下作业。使用时注意防护措施，避免药液与身体接触。③避免在蜂场、鱼塘附近使用。④一旦误服及时催吐，并送医院就医。

（十五）甲氰菊酯

商品名灭扫利。属拟除虫菊酯类杀虫剂、杀螨剂。对害虫具有触杀、胃毒和一定的驱避作用，无内吸和熏蒸作用。杀虫谱广，残效期长，对多种叶螨有良好的防效。

防治叶螨时，在若螨集中发生期，使用20%甲氰菊酯乳油2 000～3 000倍液喷雾，有效控制期可维持1个多月。防治绿盲蝽时，在4月下旬越冬卵孵化盛期末，用20%甲氰菊酯乳油3 000倍液喷雾。每亩地7.5～15克甲氰菊酯有效成分对水35～150升可以防治葡萄叶蝉，15克有效成分防治葡萄螟蛾和叶甲有很好效果。害虫猖獗时可以重复喷雾，但两次间隔期不得低于7天，且可以根据推荐剂量使用较高的浓度。

注意事项：在葡萄整个生长季节最大使用有效量不得超过60克，安全间隔期为21天。在气温低时使用，更能发挥其药效。此药虽有杀螨作用，但不能作为专用杀螨剂使用，而只能做替代品种或用于虫螨兼治。该药剂可与除碱性农药以外的大多数农药混用。

（十六）溴氰菊酯

其他名称：敌杀死、凯素灵。是高效、广谱的拟除虫菊酯类杀虫剂，以触杀、胃毒为主，对害虫有一定驱避与拒食作用，无内吸熏蒸作用。

防治葡萄透翅蛾，在成虫羽化盛期，喷施2.5%溴氰菊酯乳油2 000倍液，但花期不宜用药，若施用应在花后3～4天。2.5%溴氰菊酯乳油2 000～3 000倍液喷雾可以控制葡萄二星叶蝉、葡萄短须螨和葡萄锈壁虱。每个生长季节用药不得超过2次，安全间隔期28天。

注意事项：①本品对皮肤和眼睛有一定刺激，应避免药剂与皮肤和眼睛直接接触。一旦皮肤接触，用清水和肥皂彻底清洗；

如溅入眼中，立即用大量清水冲洗至少 15 分钟。②施药时应戴口罩、手套，穿保护性作业服，严禁吸烟和饮食。③切勿吞服，如误服，不要引吐，并携此标签尽快就医。可服用活性炭，若神经系统中毒症状严重，立即注射异巴比妥一支；若心血管症状明显，可注射常量氢化可的松。特别注意，敌杀死单独中毒时，不能使用阿托品。

（十七）高效氟氯氰菊酯

高效氟氯氰菊酯具有触杀和胃毒作用，无内吸及穿透性。对害虫具有迅速击倒和长残效作用。2.5％高效氟氯氰菊酯乳油对水喷雾可防治刺吸式口器的害虫，如绿盲蝽、蓟马和螨类。

注意事项：①贮存于干燥阴凉处，远离食品、饲料，避免儿童接触。②安全间隔期 7 天，使用时注意安全防护。③忌与碱性农药混用，以免分解失效。对蜜蜂和水生生物毒性较高，使用时注意不要污染河流、池塘、桑园、养蜂场所。

（十八）高效氯氟氰菊酯

其他名称：功夫、空手道。对害虫有强烈的触杀和胃毒作用，也有驱避作用，杀虫广谱、高效、作用快，对螨类也很有效。

2.5％高效氯氟氰菊酯乳油 2 500 倍液喷雾可以防治葡萄光滑足距小蠹，但效果不如 52.25％（毒死蜱＋氯氰菊酯）乳油 100 倍液和细土涂干的效果持久，其持效期可达 13 天。用 2.5％高效氯氟氰菊酯乳油 1 000～4 000 倍液喷雾，可兼治卷叶蛾、叶蝉、绿盲蝽等。

注意事项：不能与碱性农药混用，避免连用，注意轮用。本品无内吸作用，应注意喷洒时期，安全间隔期为 7 天。本品对鱼、蜜蜂、家蚕剧毒，不能在桑园、鱼塘、河流等处及其周围用药，花期施药要避免伤害蜜蜂。

（十九）茚虫威

是噁二嗪类新型高效、低毒、低残留杀虫剂，具有触杀和胃毒作用，对各龄期幼虫都有效。

喷雾浓度 17 克/升，不能在 10 天内重复喷雾，每亩的喷雾量不得少于 166.6 升，安全间隔期为 8 周。推荐使用剂量为 15%茚虫威悬浮剂 5.5～33.3 克/亩，应用为茎叶喷雾处理。葡萄使用剂量为 12.5～33 克/亩。

注意事项：①施用茚虫威后，害虫从接触到药液或食用含有药液的叶片到其死亡会有一段时间，但害虫此时已停止对作物取食和为害。②茚虫威需与不同作用机理的杀虫剂交替使用，每季作物上建议使用不超过 3 次，以避免抗性的产生。③药液配制时，先配置成母液，再加入药桶中，并应充分搅拌。④配制好的药液要及时喷施，避免长久放置。应使用足够的喷液量，以确保作物叶片的正反面能被均匀喷施。

（二十）硫丹

为高效广谱杀虫杀螨剂。兼具触杀、胃毒和熏蒸多种作用。杀虫速度快，对天敌和益虫友好，害虫不易产生抗性。

防治葡萄根瘤蚜、食心虫、尺蠖、卷叶蛾、介壳虫、叶蝉、毒蛾、天牛、瘿蚊、多种螨类，1 500～2 500 倍液，均匀喷雾。

注意事项：喷药后 24 小时之内不得进入药田，安全间隔期为 7 天。

（二十一）甲维盐

全称为甲氨基阿维菌素苯甲酸盐，是从发酵产品阿维菌素 B1 开始合成的一种新型高效半合成抗生素杀虫剂，它具有超高效、低毒（制剂近无毒）、无残留、无公害等生物农药的特点，与阿维菌素比较首先杀虫活性提高了 1～3 个数量级，既有胃毒

作用又兼触杀作用，在非常低的剂量（0.0056～0.133 克/亩）下具有很好的效果，而且在防治害虫的过程中对益虫没有伤害，有利于对害虫的综合防治，另外扩大了杀虫谱，降低了对人畜的毒性。

甲维盐对很多害虫具有其他农药无法比拟的活性，尤其对鳞翅目、双翅目超高效，如红带卷叶蛾、烟蚜夜蛾、棉铃虫、烟草天蛾、小菜蛾黏虫、甜菜夜蛾、旱地贪夜蛾、纷纹夜蛾、甘蓝银纹夜蛾、菜粉蝶、菜心螟、甘蓝横条螟、番茄天蛾、马铃薯甲虫、墨西哥瓢虫等。

注意事项：甲维盐在使用中经过大量临床发现，不能在作物的生长期内连续用药，最好是在第一期虫发期用过后，第二次虫发期使用别的农药间隔使用。

（二十二）阿维菌素

是一种大环内酯双糖类化合物。对螨具有胃毒和触杀作用，并有微弱的熏蒸作用，无内吸性，但对叶片有很强的渗透作用，残效期长，不能杀卵。

防治葡萄短须螨：2.0%阿维菌素乳油，具有安全、高效、持效期长、无公害等优点，其最佳施用浓度为 3 000 倍液。结合干枝期喷 3～5 波美度石硫合剂，生长期防虫喷 2.0%阿维菌素乳油 3 000 倍液，如果加有机硅 3 000～6 000 倍液，效果更佳。花前 1.8%阿维菌素乳油 3 000 倍液防葡萄叶蝉、红蜘蛛等害虫。防治葡萄叶螨：幼、若螨发生期，用 1.8%阿维菌素乳油 3 000～4 000 倍液均匀喷雾。

注意事项：对鱼高毒，施药时避免污染河流、水塘和其他水源，不要在蜜蜂经常采蜜的花期作物上使用。安全间隔期为 28 天。避免将药剂贮存在高温或靠近明火处。避免药剂接触皮肤，以免皮肤吸收发生中毒。避免药剂溅入眼中或吸入药雾，如果药剂接触皮肤或衣服，立即用大量清水和肥皂清洗，并请医生诊治。如有误服，立即引吐并给患者服用吐根糖浆或麻黄素，但切勿给已昏迷的患者灌喂任何东西或催吐。

（二十三）多杀菌素

多杀菌素是一种大环内酯类无公害高效生物杀虫剂。

每亩用25%多杀菌素水分散粒剂18.7克，防治葡萄卷叶蛾。虫口数量较大时，可以重复用药，用水量足够可以保证喷雾均匀。

注意事项：①喷雾后4小时不得进入药田，每年最多可以喷药3次，最小间隔期为5天，安全采收间隔期为7天。②可能对鱼或其他水生生物有毒，应避免污染水源和池塘等。③药剂贮存在阴凉干燥处。④如溅入眼睛，立即用大量清水冲洗。如接触皮肤或衣物，用大量清水或肥皂水清洗。如误服不要自行引吐，切勿给不清醒或发生痉挛患者灌喂任何东西或催吐，应立即将患者送医院治疗。

（二十四）浏阳霉素

浏阳霉素是一种低毒、低残留、可防治多种作物多种螨类的广谱杀螨剂，防治效果好，对天敌安全。

防治葡萄红蜘蛛等果树害螨，用10%浏阳霉素乳油1 000～1 500倍液均匀喷雾，持效期20天左右。

注意事项：本品为触杀性杀螨剂，无内吸性，喷雾时力求均匀周到。药液应随配随用，与其他农药混用时，需先做小试再使用。本品对眼睛有轻微刺激作用，喷雾时注意对眼睛的安全防护，药液溅入眼睛，应用清水冲洗，一般24小时内可恢复正常。本品对鱼有毒，喷雾器内剩余药液及洗涤液切勿倒入鱼塘、湖泊。贮存于干燥、避光处。

（二十五）苦参碱

属广谱性植物杀虫剂，是由中草药植物苦参的根、茎叶、果

实经乙醇等有机溶剂提取制成的一种生物碱。对人畜低毒，具触杀和胃毒作用。

防治红蜘蛛，在开花后，红蜘蛛越冬卵开始孵化至孵化结束期间，是防治适期。用0.3%苦参碱水剂200～400倍液喷雾，以整株树叶喷湿为宜。防治葡萄叶蝉、绿盲蝽、蚜虫、鳞翅目幼虫等，使用400～800倍液喷雾。

注意事项：喷药后不久降雨需再喷一次。严禁与碱性农药混合使用。贮存在避光、阴凉、通风处，避免在高温和烈日条件下存放。

（二十六）藜芦碱

0.5%藜芦碱可溶性液剂，属广谱性植物杀虫剂，是由中草药藜芦经提取制成的一种生物碱。害虫接触药剂后，虫体角质脂层及卵的硫酸酯酶被破坏，达到杀虫目的。对人畜低毒。

石家庄植物农药研究所登记的0.5%藜芦碱可溶性液剂，含0.5%藜芦碱并附加有中草药，是纯中草药制剂，使用600～800倍液可以防治葡萄绿盲蝽、叶蝉、介壳虫、螨类等虫害。

（二十七）机油乳剂

属矿物源杀虫剂，不易发生药害，一年四季皆可使用。

施用浓度一般用200倍液，若苹果棉蚜、绣线菊蚜等蚜虫虫口密度较大时，可用100～150倍液。喷药时间应在害虫发生初期开始喷药，隔7～10天再喷1次，随后可间隔25～30天喷1次药。亦可在早春苹果等果树花芽萌动前喷洒200倍液，用来防治绣线菊蚜、苹果瘤蚜的越冬卵和初孵若虫，苹果全爪螨的越冬卵，山楂叶螨的越冬雌成螨和介壳虫等害虫。该药剂200倍液可用来防治白粉病、叶斑病、煤污病、灰霉病等果树病害。

机油乳剂可与大多数杀虫剂、杀菌剂混用，它能减少药液蒸发，提高农药的附着能力和保护易受紫外线影响的杀虫剂品种，因而有一定的增效作用。它可与阿维菌素、Bt、吡虫啉、敌灭灵、水胆矾石膏、琥珀酸铜等药剂混用。但不可与含硫药剂、波尔多液、乐果、克螨特、灭菌丹、百菌清、敌菌灵等农药混用。同时还应注意，果树上喷过以上药剂后14天内不能再喷机油乳剂，否则会有发生药害的风险。

药液的配置：先在容器内加入一定量的水，再往水中加入规定用量的机油乳剂，再加足水量；如与其他农药混用，应先将其他农药和水混匀后再倒入机油乳剂，不可颠倒。为防止出现药水分离现象，应不断搅拌。

注意事项：

①机油乳剂因机油的型号和产地不同，乳化剂质量上的差异，不同厂家生产的机油乳剂质量不一。因此要注意选用无浮油、无沉淀、无浑浊的产品。②夏季使用机油乳剂，有的树种会发生药害，应先做试验。③本品无内吸性，喷药应均匀周到，叶片、枝条上部要喷湿，不可漏喷。④当气温超过35℃、刮大风、土壤干旱或树木上有露水时均不要喷洒。⑤药品要存放在阴凉、干燥、避光处，瓶盖要密封，防止水分进入。若贮存时间较长，使用前要充分摇匀。

八、葡萄园常用杀螨剂及使用技术

（一）螺螨酯

具有全新的作用机理，主要抑制螨的脂肪合成，阻断螨的能量代谢。具触杀作用，没有内吸性。对螨的各个发育阶段都有效，包括卵。杀螨谱广，适应性强。

用240克/升螺螨酯悬浮剂4 000～6 000倍液（40～60毫克/千克）均匀喷雾可以有效控制葡萄锈壁虱、二斑叶螨等葡萄害螨。

注意事项：每个生长季节使用1次，安全采收间隔期为

14 天。

（二）噻螨酮

商品名尼索朗。5％噻螨酮乳油 2 000～3 000 倍稀释液喷雾，可以防治葡萄瘿螨和葡萄短须螨。

注意事项：①每个生长季节使用不要超过 2 次，安全使用间隔期为 30 天。②噻螨酮对成螨无效，使用时应掌握防治适期。③可与波尔多液、石硫合剂等农药混用，要与其他杀螨剂交替使用。

（三）炔螨特

低毒广谱性有机硫杀螨剂，具有触杀和胃毒作用，无内吸和渗透传导作用。对多数天敌安全。

在葡萄瘿螨发生严重的园区，可喷施 73％炔螨特乳油 2 500～3 000 倍液。

注意事项：在高温、高湿条件下喷洒高浓度的炔螨特对某些作物的幼苗和新梢嫩叶可能会有轻微药害，使叶片皱曲或起斑点，但这对作物的生长没有影响。为了作物安全，对 25 厘米以下的瓜、豆、棉苗等，73％炔螨特乳油的稀释倍数不宜低于 3 000倍，对柑橘新梢嫩叶等不宜低于 2 000 倍。

（四）唑螨酯

属苯氧基吡唑类杀螨剂，该药剂对多种害螨有强烈触杀作用，无内吸性。

5％唑螨酯悬浮剂 1 000～1 500 倍液防治葡萄上的螨类害虫，持效期可达 30 天以上。对白粉病、霜霉病等有兼治效果。

注意事项：①全年最多使用 1 次，安全间隔期葡萄为 14 天，最低稀释倍数为 1 000 倍。②为避免害螨产生抗性，不要连续使用；与其他作用机理不同的杀螨剂混用，可先做小区试验。③施

药时做好防护，注意避免吸入气雾、溅入眼睛和沾染皮肤；如误服中毒，应立即饮1～2杯清水，并用手指压迫舌头后部催吐，然后送医院治疗。④本品在20℃以下时施用药效发挥较慢，有时甚至效果较差。在虫口密度较高时使用，最好在害螨发生初期使用。⑤对鱼类有毒，施药时避免药液漂移或流入河川、湖泊、鱼塘内。剩余药液或药械洗涤液禁止倒入沟渠、鱼塘内。

（五）溴螨酯

杀螨谱广，残效期长，触杀性较强，无内吸性，对成、若螨和卵有较好的杀伤作用。50%溴螨酯乳油2 000～2 500倍液喷雾。

注意事项：①每次喷药间隔期不少于30天，葡萄上的安全间隔期为21天。②该药剂无内吸性，使用时药液必须均匀全面覆盖植株。③害螨对该药剂和三氯杀螨醇有交互抗性，使用时要注意。贮存于通风阴凉干燥处，温度不超过35℃。

（六）哒螨灵

属哒嗪类广谱杀虫杀螨剂。该药剂触杀性强，无内吸传导和熏蒸作用。无论早春或秋季使用，均可达到满意效果。对活动期螨作用迅速，持效期长，一般可达1～2月。对瓢虫、草蛉和寄生蜂等天敌较安全。

喷施15%哒螨灵乳油1 500倍液可有效防治葡萄短须螨、叶蝉、蓟马等。

注意事项：①作物中最高残留限量为1毫克/千克，最多使用次数为2次，20%哒螨灵乳油最低稀释倍数为1 500倍，最后一次施药距收获时间10天，确保果实安全。②该药剂对鱼有毒，使用时避免污染水源。本品对蜜蜂较为敏感，花期使用对蜜蜂有不良影响，注意远离蜂场。③不可与石硫合剂和波尔多液等碱性农药混用。④施药时做好防护，不可直接接触药液，用药后用肥

皂洗手、脸。⑤本品应贮存在阴凉通风处，切勿让儿童接触；严防误服，药剂与种子、饲料和食品分开保管。万一误服本品，立即大量饮水，催吐；与皮肤接触后，要用水清洗干净，误入眼睛，要用水清洗干净并就医。

（七）氟虫脲

是酰基脲类昆虫生长调节剂。具有触杀和胃毒作用，并有很好的叶面滞留性，持效期长。每亩地每次用5%氟虫脲乳油25～27毫升对水喷雾可以有效防治葡萄短须螨等葡萄上的害螨。苹果开花前后用5%氟虫脲可分散液剂500～1 000倍液均匀喷雾对防治苹果叶螨有较好的效果。

注意事项：①采收前30天停止用药。②氟虫脲杀螨、杀虫作用缓慢，施药后10天左右药效明显。所以施药时间应较一般有机磷、拟除虫菊酯药剂提前3天左右。对钻蛀性害虫，宜在卵盛孵期、幼虫钻蛀作物之前施药。对害螨宜在若螨盛发期施药。③勿与碱性农药混用。如要施波尔多液，间隔期需在10天以上。

（八）四螨嗪

属于有机氮杂环类杀螨剂，无内吸性，因具有亲脂性，渗透作用强，触杀作用为主。

在果园或葡萄园用50%四螨嗪乳油在冬卵孵化前喷药，能防治整个季节的食植性叶螨。在西班牙、以色列、智利和新西兰用于防治苹果和其他果树树冠上的螨类。

注意事项：①四螨嗪每日允许摄入量（ADI）为0.02毫克/千克/天。联合国粮农组织（FAO）和世界卫生组织（WHO）规定的最大残留限量，葡萄为1.0毫克/千克。苹果和柑橘上的安全间隔期为21天。②可与大多数杀虫剂、杀螨剂和杀菌剂混用，但不提倡与石硫合剂和波尔多液混用。③本品对成螨效果

差，在螨的密度大或气温较高时施用最好与其他杀成螨药剂混用。在气温较低（15℃左右）和虫口密度小时施用效果好，持效期长。④与噻螨酮有交互抗性，不宜与其交替使用，一年使用1～2次为宜，用药前要充分摇匀。可防治叶螨、锈螨，与速效农药混用提高防效。⑤配药、施药时，避免药液溅到皮肤和眼睛上。如溅到身上，用肥皂和水冲洗，如溅到眼睛内，用清水冲洗至少15分钟。⑥施药后，应彻底清洗手和裸露皮肤。⑦避免药液和废弃容器污染水塘、沟渠等水源，废容器应妥善处理，不可再用。⑧将本剂原包装存放于阴凉、通风之处，避免冻结和强光直晒。远离儿童、畜禽。⑨如误服，请携带标签将患者送至医院治疗。

（九）三唑锡

商品名倍乐霸。为广谱性杀螨剂，触杀作用较强，可杀灭若螨、成螨和夏卵，对冬卵无效。

在叶螨始盛发期，用25%三唑锡可湿性粉剂1 000～1 500倍液或20%三唑锡悬浮剂1 200倍液均匀喷雾。葡萄锈壁虱、葡萄短须螨的防治，25%三唑锡可湿性粉剂2 000～3 000倍液喷雾。

注意事项：①此药以触杀作用为主，喷雾要均匀周到。每个生长季节喷雾不超过2次，采收前20天停止使用。②不能与波尔多液和石硫合剂等碱性农药混用。亦不宜与百树菊酯混用。③本品对鱼类高毒，使用过程中避免污染水域。④药剂应贮藏在干燥、通风和儿童接触不到的地方。如有中毒现象，立即将患者送医院诊治。误服者应催吐、洗胃。

（十）三磷锡

属有机锡类新型高效、广谱、低毒杀螨剂，是新开发的有机锡单剂杀螨剂，其优点在于解决了有机锡和其他杀螨剂的问题，

大大提高了高温季节杀螨剂的使用效果。具有触杀、胃毒作用。

防治葡萄的螨害，在害螨发生初期和盛末期施药，用10%乳油1 000～1 500倍液或20%乳油1 500～2 000倍液均匀喷雾。

注意事项：使用前仔细阅读商品标签。持效期受温度、螨密度、发生时期等因素影响较大，高密度时持效期短，应掌握在害螨始发期或发生末期施药。

（十一）喹螨醚

本品对各种态和夏卵、幼若螨和成螨都有很高的活性。药效迅速，持效期长。

注意事项：①施药应选在早晚气温较低，风小时进行。要喷药均匀，在干旱条件下适当提高喷液量，有利于药效发挥。晴天上午8时至下午5时，空气相对湿度低于65%，气温高于28℃时应停止施药。②本剂对蜜蜂和水生生物低毒，应避免在植物花期和蜜蜂活动场所施药。③药液溅入眼睛，立即用清水冲洗至少15分钟；若沾染皮肤，用肥皂清洗，仍有刺激感，立即就医；吸入气雾，立即移至新鲜空气处，并就医。④不得与食物、食器、饲料、饮用水等混放，远离火源，妥善保管于儿童触及不到的地方。贮存于阴凉、干燥及通风良好的地方。

第十四章　采收与采后管理

一、葡萄的采收

（一）采收前的准备

采收前的一个月内是获得优质高产的关键时期，必须切实做好以下工作。

1. 修剪果穗　首先剪去果穗最下端甜度低、味酸、柔软和易失水干缩的果粒。其次疏掉不易成熟、品质差的青粒、小粒，同时把伤粒和病粒及时疏掉。

2. 巧施磷、钾肥　采前一个月用0.3%磷酸二氢钾溶液或0.4%硫酸钾溶液进行叶面喷雾，一般连喷2次为好，这样可提高果粒糖度和品质，增强耐贮性。

3. 严格控水　为了保证葡萄品质，提高耐贮性，要求在采收前一个月内严格控制灌水，大雨来临前要特别注意做好排水防涝工作。

4. 防止裂果　采取在畦面铺草、覆膜等措施来保持土壤水分均衡供应，可有效减轻裂果。

5. 防治病害　在果实着色时，全园喷施1∶1∶200的波尔多液或78%的科博600倍液或68.2%的易宝1 000～1 200倍液，及时预防病害发生。

（二）采收期的确定

采收是葡萄生产中一个重要环节，采收时期是决定果品质好坏的关键。

1. 要根据用途适时采收 鲜食品种应充分成熟，果实已达到品种固有的特性，色泽鲜艳、香甜味浓。酿酒用的品种，由于酿造不同酒种，对原料的糖、酸、pH 等要求不同其采收期也不同。酿制白兰地酒要求含糖 16%～20%，含酸 8～10 克/升，香槟酒要求含糖 18%～20%，含酸 9～11 克/升；甜葡萄酒要求含糖不低于 20%～22%，含酸 5～6 克/升。制汁要求含糖达 20%以上，含酸较少，应在充分成熟后采收。

2. 根据果实成熟度采收 浆果成熟的标志：糖分大量增加，总酸度相应减少，果皮的芳香物质形成，糖度高、酸度低、芳香味浓和色泽鲜艳，白色品种果皮透明，有弹性。当然，果实成熟品质与外界环境条件有关，如成熟时天气晴朗，昼夜温差大，有色品种色泽更加艳丽，有香味品种香味更浓，含糖量较高酸味减少。相反，采收时阴雨天多，气温较低，则果实成熟期延迟，着色不佳，香味不浓，品质降低。

（三）采收方法

1. 采收工具及准备 按葡萄产量，准备人工、工具、包装材料及运力。

2. 采收 葡萄采摘时应选择露水干后的早晨或下午进行，阴天或雾天不宜采收。采摘时左手握住穗梗，右手剪断穗梗，并立刻剪除坏粒、病粒和青粒，然后按穗粒小大、整齐程度、色泽情况进行分级装箱。注意轻剪、轻拿、轻放，避免碰破果粒和弄掉果粉。葡萄采收前半月应停止灌水。

3. 果箱、果篓规格要求 葡萄怕压怕挤，要求两次包装。首先，每 1 千克或 2 千克装入一个硬质小盒，然后将 20～40 个小盒装入大的硬质运输周转箱。小盒要贴有标明葡萄品种、重量和产地的标志。

(四)分级

商品葡萄要求整齐一致,需要将采收的果实进行分级。葡萄的分级标准一般参照表14-1和表14-2。

表14-1 鲜食葡萄等级标准

项目名称 \ 等级		一等果	二等果	三等果
果穗基本要求		果穗完整、洁净、无异常气味 不落粒 无水罐 无干缩果 无腐烂 无小青粒 无非正常的外来水分 果梗、果蒂发育良好并健壮、新鲜、无伤害		
果粒基本要求		充分发育 充分成熟 果形端正,具有本品种固有特征		
果穗要求	果穗大小(千克)	0.4～0.8	0.3～0.4	<0.3或>0.8
	果粒着生紧密度	中等紧密	中等紧密	极紧密或稀疏
果粒要求	大小(克)	≥平均值的15%	≥平均值	<平均值
	着色	好	良好	较好
	果粉	完整	完整	基本完整
	果面缺陷	无	缺陷果粒≤2%	缺陷果粒≤5%
	二氧化硫伤害	无	受伤果粒≤2%	受伤果粒≤5%
	可溶性固形物含量	≥平均值的15%	≥平均值	<平均值
	风味	好	良好	较好

表 14-2　鲜食葡萄的着色度等级标准

着色程度	黑色品种	红色品种	白色品种
好	每穗中至少有 95%以上的果粒呈现良好的特有色泽	每穗中至少有 75%以上的果粒呈现良好的特有色泽	
良好	每穗中至少有 85%以上的果粒呈现良好的特有色泽	每穗中至少有 70%以上的果呈现良好的特有色泽	达到固有色泽
较好	每穗中至少有 75%以上的果粒呈现良好的特有色泽	每穗中至少有 60%以上的果粒呈现良好的特有色泽	

（五）包装

葡萄因果皮薄、汁液多、容易破碎和霉变等原因，对包装的要求极为严格。分过级的葡萄需要立即进行包装。一般对葡萄的包装容器有以下要求：

1. 包装容器　必须坚实、牢固、干燥、清洁卫生、无异味；内外两面无钉头、夹刺或其他尖突物，对产品应具有充分的保护性能。包装容器不宜过大，以 5～10 千克为好，高档果以 4～5 千克为宜。浆果在箱内摆放一层为好。

2. 包装材料　一般应用木箱、瓦楞纸箱、钙塑箱或泡沫塑料箱作为外包装；用食品保鲜膜作为内包装；内包装里边需要衬吸水纸，并放置保鲜剂。

3. 果实要求　每一包装容器内只能装同一品种、同一等级的果实，不得混装。同一批次葡萄每件包装的净重应一致，达到标准化、规范化。

4. 包装标志　葡萄鲜果的外包装应有标志。标志内容应容易理解，文字简明，图案醒目，并含有符合有关标准规定的内容。标志的基本内容包括产品名称、品种名称、商标、质量等级、果实净重、产地或企业名称、包装日期、质检人员等内容。

包装可以在田间进行，也可以在室内进行。田间包装需要两个人进行合作，一个采摘、整形、分级，另一个用包装材料如软纸等将葡萄包裹起来装箱，这一方法减少了葡萄的来回搬运，但质量难以控制。室内包装是将采摘的葡萄带回室内，在室内进行挑选、整形、包装、质量检验、称重等。

（六）品牌标志

各地生产出的优质葡萄最好能进行注册，标出品牌，这样可以增加消费者对葡萄果实的放心程度。随着信息网络的加强，多数果商在收货地的选择上越来越依靠媒体。而产品的品牌和声誉则是影响他们选择的重要依据。

发达国家规定绝大多数水果和蔬菜等食品都必须有商标，否则不准上市。品牌可以保护消费者的利益，便于有关部门对产品质量进行监督，质量出了问题也便于追查责任。

二、葡萄的运输

葡萄果实采收后要及时包装、运输。葡萄果实的运输工具应清洁，不得与有毒、有害物品混运。有条件的应预冷后恒温运输（冷藏车）。

葡萄果实在装卸过程中应轻拿轻放，不得摔、压、碰、挤，以保持果穗和果粒的完好性。

三、葡萄的贮藏保鲜

（一）影响葡萄贮藏保鲜的主要因素

1. 品种 美洲种耐贮藏性强于欧亚种，晚熟品种强于早熟品种。耐贮性好的品种具有果皮厚韧、着色好、果皮和穗轴蜡质

厚、含糖量高、不易脱粒和果柄不易断裂等生理特性。主要耐贮品种有玫瑰香、保尔加尔、意大利、龙眼、牛奶、泽香、巨峰、黑奥林、红地球、瑞必尔、秋黑等。它们在适宜的贮藏条件下可贮藏3～6个月。

2. 果实成熟度 充分成熟的葡萄含糖量高，果皮厚韧，着色度好，穗轴和果梗部分呈现木质化组织，从而提高了耐贮力。过早采收和过分延迟采收都不利于贮藏。

3. 产地地理条件 晚霜、冰雹、日灼及高温常造成浆果伤害，旱地葡萄因土壤含水量较低而比水浇地葡萄耐贮。北方葡萄比南方葡萄耐贮。

4. 栽培条件 肥料种类与葡萄贮藏性能密切相关。钾、钙及硼元素能抑制呼吸作用和防止某些生理病害；氮肥过多易造成果粒着色差、质地软、含糖量低和抗性差。采前喷施钾、钙肥和微量元素有助于提高耐贮性。采前半个月至1个月内要严格控水，停止灌溉，一般雨后不宜采摘。要进行贮藏的葡萄不宜进行无核和促进果粒膨大处理。

5. 采收质量 贮藏用葡萄要选自园地清洁、病虫害发生少、果穗发育正常、成熟充分的果园。一天中，应在温度较低的早、晚和露水干后分批进行采收，采收质量对贮藏效果有很大影响，必须予以重视。

6. 预冷状况 葡萄采收后要进行预冷，一般预冷温度应在10℃以下，以0～1℃为宜。预冷状况对贮藏效果有直接影响，贮藏前必须进行预冷工作。

（二）贮藏方法

葡萄的贮藏方法有物理保鲜技术、化学保鲜技术及生物保鲜技术。物理保鲜技术包括冷藏、气调贮藏、调压保鲜及电子保鲜等，其中冷藏和气调贮藏应用较广，化学保鲜和生物保鲜技术应用较少。目前比较适合小规模专业户的简易冷库是微型节能冷库，简称微型库。微型库结构由贮藏室、机房和缓冲间三部分组成。单体贮藏容积为 60～200 米^3，葡萄最大贮藏量为 1.0 万～4.0 万千克。

1. 贮藏前的准备　对冷库和包装物进行消毒，常用的方法是将包装箱、塑料袋等包装物放入冷库内，根据冷库的面积，按每立方米 5 克硫黄的标准，进行熏蒸消毒，两天后通风备用。

用于贮藏葡萄的薄膜，以透水性低、透气性好、厚度为 0.04～0.05 毫米的无毒聚氯乙烯薄膜为好。薄膜包装好的葡萄进行装箱，目前用的包装箱多为塑料泡沫箱，它具有隔热轻便、耐压美观、便于搬运和销售等优点。箱的大小以装 5～10 千克葡萄为宜。

2. 贮藏　将装好箱的葡萄立即运进冷库，进行预冷，箱口和塑料袋的口都打开，在 12～24 小时内将库温降到 0℃，在 0℃条件下将保鲜剂放入袋内，并用针将保鲜剂袋扎 9～12 个孔，具体用量和方法根据产品说明进行。然后将塑料袋口扎紧，封箱。当入库完毕后用硫黄进行熏蒸，用量为每立方米 2 克，熏蒸20～30 分钟后，进行通风。12 小时以后再进行一次。

3. 贮藏条件　葡萄果实贮藏的适宜条件为：温度在－1～2℃，空气相对湿度保持在 90％～95％以上。

第十五章　化学调控技术

化学调控技术主要是指植物生长调节剂（植物生长调节物质）的应用技术，指那些从外部施加给植物，只要很微量就能调节、改变植物生长发育的化学试剂，是一类与植物激素具有相似生理和生物学效应的物质。植物生长调节剂按国内外沿用的分类可以分为生长素、赤霉素、细胞分裂素、脱落酸、乙烯和油菜素内酯等六类。简介如下：生长素类，主要包括：吲哚乙酸（IAA）、吲哚丁酸（IBA）、萘乙酸（NAA）和2，4-D，作用是促进葡萄扦插的枝条生根、促进果实的发育、防止落花落果、提高耐贮性等。赤霉素类主要包括 GA_3、GA_1、GA_4、GA_7 等，可改善果实品质、增大葡萄果粒，使果实无核化、拉长花序、提高坐果率、提高无籽葡萄的产量等。细胞分裂素类主要是6-BA，可延缓叶片衰老、提高耐贮性等。脱落酸类主要是ABA，可促进果实着色、改善果实品质等。乙烯类主要包括：乙烯利、氨基乙基乙烯基甘氨酸（AVG）可促进果实早熟、提高树体抗寒性等。油菜素内酯类主要是油菜素内酯。应用在葡萄上的植物生长调节剂还有多效唑（PP_{333}）、矮壮素（CCC）、吡效隆（CPPU）、烯效唑（S3307）等。

葡萄是我国应用化学调控最普遍、最成功的果树之一，已有多种生长调节物质在生产中得以应用，下面简单介绍一下生产中常用的调节剂种类及作用。

一、化学调控技术的应用

（一）控制生长和促进坐果

1. 生长抑制剂　在温度、光照和水分适宜的条件下，葡萄的枝蔓一年四季均可生长，并可多次分枝。肥水过多或修剪不当都会引起新梢徒长，不利于果实的生长和发育。生产上常用以下药剂抑制新梢的旺长。

（1）多效唑。多效唑可抑制副梢生长、缩短节间长度、促进花芽分化，并可增加粒重、穗重、单株产量。使用方法以土施效果较好，适宜浓度为 0.45～0.9 克/米^2 或 1.5 克/株（巨峰株行距 2 米×1 米），施药后 10 天就对葡萄副梢表现出显著地抑制作用，其抑制效果可延续到第二年，而浓度过高，则抑制过强，对生长不利。

（2）矮壮素。通过抑制植物细胞的伸长和分裂，从而使植株矮化。生产上常在新梢旺长初期、葡萄开花之前使用矮壮素。主要方法为喷施，对于玫瑰香、雷司令等品种，一般用药浓度为 100～400 毫克/升，巨峰用药浓度 500～800 毫克/升效果较好。

（3）调节膦。调节膦对于控制葡萄的营养生长、促进树体矮化、提高品质、增强树势、促进光合作用、提高坐果及延迟秋叶变色时间均有明显效果。生产上一般在浆果膨大期喷施 500～1 500毫克/升的调节膦溶液用于控制玫瑰香和红玫瑰的新梢及副梢的徒长。

2. 促进坐果的药剂　利用生长调节剂提高葡萄的坐果率，主要有两种途径，一是使用生长抑制剂（多效唑、矮壮素、调节膦），抑制营养生长，促进生殖生长；二是通过调节植株体内的生长素水平来提高坐果率。生长抑制剂前文已作了介绍，下面主要介绍通过调节生长素水平来提高坐果率的方法。

（1）矮壮素。以巨峰葡萄为例，在初花期喷布 1 000～2 000

毫克/升的矮壮素，可提高葡萄的坐果率。玫瑰香的适宜浓度为60毫克/升，在花前5天至始花期喷布，可显著提高其坐果率，改善大小粒现象，使穗形紧凑，产量增加。

（2）GA_3。葡萄在坐果期使用GA_3，可提高幼果内的GA和生长素水平，从而提高坐果率。一般在落花后5～10天喷穗或蘸穗，适宜浓度为25～100毫克/升。

（3）GA_3和4-CPA。4-CPA与GA_3具有类似的作用，在坐果期使用，可提高幼果内的生长素水平。一般不单独使用，常与GA_3混用。4-CPA的适宜浓度为2～10毫克/升，每升溶液中添加0.5毫克GA_3混合，于落花后3～5天喷穗或蘸穗。

（二）促进浆果增大

葡萄膨大剂是通过提高果实中细胞分裂素的含量，增加单位体积的细胞数量，加快细胞横向增生能力来加速果实前期的生长发育；果实后期的膨大主要是靠生长素含量的提高起作用。但任何膨大剂都要结合良好的栽培技术才能有好的效果，就是有足够的叶面积，并结合疏穗、疏粒工作。

1. GA_3　GA_3对无核葡萄的果实增大有显著作用，以无核白为例，于盛花后13～15天用100～200毫克/升的GA_3蘸穗，果粒可增大80%～100%以上。

在玫瑰香上的适宜浓度为50毫克/升；火焰无核上的适宜浓度为40毫克/升可促进果实膨大，果穗长度、产量增加；喜乐无核于终花后10天左右，用$GA_3$100毫克/升蘸穗，效果最好，穗重、粒重均增加，整齐度好。

2. GAS、CPPU＋GAS　GAS是赤霉素的一种，玫瑰香蕾期喷施GAS 50毫克/升或CPPU 5毫克/升＋GAS 50毫克/升，可促进果粒膨大。

3. 吡效隆　吡效隆是细胞分裂素的一种（国外通用名称为4PU30、CPPU、KT-30等），生产上使用吡效隆3号（葡萄膨大灵）500 倍液，于葡萄幼果期喷施叶面、架面，可显著增大果粒。

4. 红提大宝　红提大宝是由中国农业科学院郑州果树研究所研制的红地球专用生物源果粒增大剂，主要成分为硼、锌、锰等微肥以及海洋生物提取物。该产品含有 A、B 两种组分，A 剂为白色粉状物，全溶于水；B 剂为液体，含活化剂和增效剂。最佳使用方法是：A 剂 5 克＋B 剂 5 毫升溶于 10 千克水中，于开花后 20 天，果粒 12～16 毫米时浸蘸果穗。使用后效果显著，果粒平均增加 5.4 克，比对照增加了 48.1%。同时也有不良影响，着色期和成熟期推迟了 5～10 天，含糖量略有下降，果梗略硬。

5. 奇宝　奇宝是美国雅培公司生产的新型植物生长调节剂，由发酵工艺生产而成。以红地球为例，于花后果粒直径约 4 毫米时用奇宝 20 000 倍液（每克加 20 千克）蘸穗，可以显著促进果粒膨大，配合其他叶面肥使用，效果更好。

奇宝生产上多用于红地球果穗的拉长。花序 7～10 厘米用奇宝 40 000 倍（每克加 40 千克水）溶液处理，可显著拉长果穗，使果穗松散，减少果粒间挤压。处理方式有两种，一是喷穗，二是蘸穗。生产中多用蘸穗，因为喷穗、蘸穗效果差异不显著，蘸穗可以节省药液用量，且用工少，果粒着药均匀。施用时期把握不准或浓度不合适时，易引起大小粒（种子少或无种子）。

6. 赤霉素、硼砂、磷酸二氢钾　3 种药剂的配比浓度为：赤霉素 100 毫克/升＋硼砂 0.3%＋磷酸二氢钾 0.3%，在葡萄盛花期进行第一次蘸穗，间隔 10 天后用此药液再一次浸蘸果穗，可显著增大巨峰、黑奥林、红富士等品种的果粒，同时含糖量、含酸量、坐果率均有不同程度提高，整齐度较好，还可提高巨峰葡萄的无籽率。

7. 赤霉素、膨大剂、链霉素（SM）　以无核白鸡心为例，花后 10 天用赤霉素 25 毫克/升＋膨大剂 10 毫克/升＋链霉素

200 毫克/升处理果穗，膨大效果较好，好于单独使用赤霉素处理，链霉素可减少果蒂增粗、降低果柄木栓化的作用，但要注意膨大剂不宜与链霉素混用。

8. 果穗拉长剂（GA）　果穗拉长剂主要为水溶性赤霉素，在红地球上应用较多。果穗拉长剂可拉长穗轴，使果穗拉长，小粒间距加大，省去了大量的人工疏花疏果的费用，减少了对树体的伤害。一般在红地球花序长到 4～6 厘米时，即花序分离期用 40 000倍液的果穗拉长剂蘸穗，可使穗长达到 35～40 厘米的效果。

（三）打破休眠、促进萌芽

石灰氮（氰氨基化钙，$CaCN_2$）是应用较广、效果稳定、成本较低的一种化学破眠剂。具体方法为用刷子蘸取石灰氮溶液涂抹芽或结果母枝，第一次催芽（12 月至次年 2 月）用 15%～20%石灰氮，第二次催芽（6～7 月）用 4%～5%石灰氮。可以打破芽的休眠，缩短萌芽期，使萌芽整齐和提早结果，第二次催芽还可以实现葡萄的一年两熟。大棚葡萄经石灰氮处理可提早萌芽 7～14 天，而且萌芽率高而整齐，开花期也随之提早。石灰氮水溶液中的氰氨（H_2CN_2）是打破休眠的有效成分，可用化学产品氰氨代替石灰氮使用。方法是在葡萄树体健壮、枝条充实的条件下，用 3%～4%的氰胺于初春涂抹结果母枝或用 1%～2%的氰胺在夏秋涂抹芽。可解除芽的休眠，实现提早萌芽、提早结果和一年两熟等。

赤霉素可解除葡萄种子休眠，将成熟饱满的葡萄种子浸泡于溶液中 20 小时。可以解除葡萄种子休眠，使其不需经过低温层积处理便可萌发。通常情况下葡萄种子须在 3℃左右的低温条件下沙藏 3 个月才能解除休眠。

（四）促进果粒着色、改善品质

乙烯利是生产上较常使用的葡萄着色剂。巨峰葡萄上使用的合适浓度为100～200毫克/升，使用适期在果实软化、刚开始着色的转色期，过早使用没有效果。使用浓度过高，易产生脱粒等副作用。在药剂中适量添加GA或生长素类物质可减缓副作用，市售药剂多是以乙烯利为主的配合制剂。

脱落酸（ABA）在葡萄浆果转色期应用有促进成熟的显著作用，浙江露地红地球于6月20日用ABA 1 000毫克/升溶液喷施果穗，可明显提高花色素苷的含量，促进果实着色，还可以增加果实可溶性固形物含量，提高果实风味和品质。近年发现茉莉酸内酯（PDJ）具有与ABA相似的生理功能，且成本较低。试验证明，CPPU与250毫克/升PDJ联用，在藤稔葡萄上有提早着色和显著增加糖度的作用。

烯效唑也有同样作用，以京亚葡萄为例，在果实成熟前10～20天用烯效唑（S3307）50毫克/升喷施果穗，可显著促进葡萄果皮花色素含量增加，使可溶性糖含量增加，有机酸含量下降，提高糖酸比，维生素C含量升高。

PBO是集细胞分裂素、生长素衍生物、增糖着色剂、延缓剂、早熟剂、抗旱保水剂、防冻剂、防裂素、杀菌剂、光洁剂及十余种营养素组成的综合性果树促控剂。能有效调控花、果中生长素、细胞分裂素和赤霉素的含量比率，从而促进成花和果实发育。主要功能有促花结果、提高坐果率、增大果个、提高品质、提早成熟上市、防止裂果、提高抗逆性等。以藤稔葡萄为例，分别于5月28日、6月15日和7月6日各喷1次150倍PBO液，喷叶片正反面，7月26日对准果穗喷1次300倍PBO液，可使果实提早成熟15～20天，并使果实的着色率和风味有所改善。

（五）诱导无籽和无核化技术

利用GA_3等诱导有核葡萄成为无核葡萄的相关栽培技术，简称为无核化技术。根据GA_3处理的时间，分两种基本类型：

一种是在盛花前两周用100毫克/升GA_3浸蘸花穗，诱导其产生无核果，在花后10天左右再重复处理1次使浆果膨大，这种模式首先在玫瑰露葡萄上建立并迅速推广应用，以后在蓓蕾A上应用也获得成功；另一种是四倍体葡萄的先锋模式，首次处理在盛花末期，用GA_3 25毫克/升，在间隔10天后再重复处理1次。

葡萄无核化技术由3个要素组成，即品种选择、药剂处理与配套栽培技术，三者组成一套完整的无核化技术，缺一不可。

品种选择是无核化栽培成功的先决条件。适合无核化栽培的品种主要有玫瑰露、先锋、蓓蕾A和巨峰。其中巨峰的稳定性较差，操作技术难度较高。

无核化的药剂处理分两次进行，首次处理的目的是诱导无核果产生，是该技术的核心，主要由主剂、辅剂、浓度及处理时间等若干因素组成。①关于主剂和添加剂。GA_3始终是诱导无核果产生的主剂，辅剂有链霉素（SM）、CPPU等。链霉素可减弱GA_3的副作用。CPPU使GA_3首次处理的适期扩大，有利生产操作，而且能显著提高坐果。②GA_3诱导产生无核果的适用浓度。玫瑰露、马奶子等为100毫克/升，玫瑰香为50毫克/升，先锋与巨峰等四倍体葡萄以25毫克/升为宜。添加的SM浓度为100～400毫克/升，CPPU为1～5毫克/升。③处理时间。马奶子葡萄在花前8～9天，巨峰在初花期，先锋在盛花末期。药剂使用方法宜采取浸蘸整个花穗，不宜喷洒施药。

无核化药剂的第二次处理是为了膨大果粒。使用的药剂主要是GA_3和CPPU，或二者混合使用。GA_3使用浓度：马奶子葡萄为200毫克/升，先锋和巨峰为25毫克/升。混合使用浓度为CPPU 1～5毫克/升＋GA_3 25毫克/升。用药时间一般在花后的10～16天，处理的适期较宽。先峰葡萄在首次处理后间隔10天。处理方法仍以浸蘸为主，在马奶子葡萄上也采用喷施果穗的方法。

葡萄无核化不仅获得无核葡萄，而且果实成熟可提前 10～21 天。无核化后的浆果肉质略变脆，风味不变。先锋、巨峰、玫瑰香等品种在花期处理还有显著提高坐果率的作用。

（六）促进生根

1. 促进扦插生根　应用吲哚丁酸、萘乙酸或吲哚丁酸和萘乙酸混合物。选取芽眼饱满、2 个芽以上的插条，下端在节以下 1 厘米处斜剪，单芽基部也要斜剪。用生长调节剂处理插条，分为速蘸法、慢浸法和蘸粉 3 种方法。①速蘸法是把插条基部末端在吲哚丁酸、萘乙酸 500～1 000 毫克/升的酒精溶液中浸 3～5 秒。此方法节省时间和设备，药剂可重复使用，酒精溶液可长时间保持活性，应用较广。②慢浸法是将插条基部 2～4 厘米在 20～150 毫克/升的溶液中浸泡 12～24 小时，稀释溶液易失活，药液不可重复使用。③蘸粉法是把药剂配制成粉剂（辅料为滑石粉），将插条基部用水浸湿，在准备好的粉剂中蘸一蘸，然后扦插。吲哚丁酸和萘乙酸等量混用或按一定比例混用，生根效果通常比单独使用一种要好。

2. 压条生根　药剂有吲哚丁酸、萘乙酸或吲哚丁酸和萘乙酸混合物。葡萄地面压条时较易生根，一般不需要药剂处理，对于不易生根的品种或特殊的环境下，压条前可在嫩梢基部涂上较高浓度的上述药剂，对于压土后根生长不良的情况，可在叶面喷洒上述药剂的溶液，促其生根。

3. 提高嫁接、定植成活率　萘乙酸可提高嫁接成活率。方法是嫁接前将经水浸泡过的砧木，倒置在 10 毫克/升的 NAA 溶液中 6 小时再嫁接，成活率可提高 10%～20%。

吲哚丁酸、萘乙酸、多效唑处理可提高定植成活率。在苗木移植前喷布可使根系发达，提高苗木质量，从而提高成活率。对于不易生根的苗木和大树也可在定植前用吲哚丁酸和萘乙酸蘸根，促进新根生长，提高成活率。

植物生长调节剂属于调节物质，自身没有任何营养成分，对生根只能起触发的作用，因此要求繁殖材料必须有充足的营养物质和良好的肥水条件，才能达到好的效果，否则即使使用植物生长调节剂处理，也不能收到较好的效果。对于容易生根的品种一般不用生长调节剂处理，因为生根过多会耗费大量营养。

（七）提高果实耐贮性

1. GA_3 和 2，4-D 葡萄果实采后用 GA_3＋2，4-D处理可显著提高保鲜效果。将 GA_3 配成3毫克/升的水溶液，2，4-D配成50毫克/升的水溶液进行浸果，果穗全部浸入药液中保持5分钟，取出风干，每3千克装入1个0.04毫米厚的聚乙烯薄膜袋中，松扎口保持通气，平放于贮架上。果实耐压力、果梗耐拉力均有大幅度提高，鲜梗率、好果率也有不同程度提高，贮藏效果较好。

2. NAA＋6-BA 用NAA、6-BA浸泡葡萄果穗能抑制果实内ABA的产生，从而抑制果实蒂部离层的形成，保持果蒂活力和抗性，使果蒂周围组织完好，防止病菌从蒂部侵入，延缓落粒。

二、化学调控注意事项

植物生长调节剂属于植物生长调节物质，只要给植物微量施用就能调节、改变植物生长发育。合理使用植物生长调节剂，可以达到高产、优质、高效的目的。但应用效果因地区、气候、品种、树体状况、生育期以及用法、用量等不同而表现出较大的差异，甚至产生相反的效果，严重影响产量和品质（彩图41）。因此，使用时应具体情况具体分析。

1. 肥水管理是基础 葡萄高产、优质、高效益的获得，必须以合理的肥水和田间管理为基础。只有充足的肥水保证树体有充足的营养物质，才能有好的效果。管理粗放、树体营养严重不足，即使使用生长调节剂，也不会有好的效果。也就是说，弱树不能靠喷膨大剂增大果粒来提高产量和品质。

2. 树体状况、环境条件不可忽视 树体状况和环境条件对生长调节剂的使用效果影响很大。葡萄品种、树势、树龄不同，生长调节剂的使用效果可能会有很大不同，比如同一剂量的膨大剂用在壮树上和弱树上，效果会大不同，甚至会完全相反；不同的品种使用效果也可能不同。不同的地区、气候对使用效果也有影响，比如在南方地区使用效果较好，在北方同样的方法不一定能达到同样的效果。因此，使用生长调节剂前最好先做小面积试验。

3. 施用时期是关键 同一种植物生长调节剂在不同的时期使用，效果大不相同。如 GA_3 在花前不同时期使用分别可拉长花序、无核化等，使用时期不当容易造成小青果，影响产量和品质；花后坐果期使用 GA_3 可以使果实膨大、提高产量。因此植物生长调节剂的使用时期是直接导致效果好坏的关键，确定使用时期就显得尤为重要。

4. 用法用量要仔细 不同药剂的有效浓度范围不同，药效持续长短也有差别。一般浓度过低达不到理想的效果，浓度过高容易造成药害，同时会产生一些负效应。如生长素对发芽和生长在低浓度下则起促进作用，高浓度下则起抑制作用；同样较高浓度 GA_3 容易降低果实可溶性固形物含量。不同的使用方法同样会产生不同的效果，比如对果实处理时蘸穗和整株喷施效果有很大不同，蘸穗药剂只作用于植株的局部，作用效果单一，药效时间短，整株喷施药剂不仅对果实有效果还会对枝条和叶片产生作用，甚至还会影响第二年的花果情况。因此，在使用生长调节剂时一定要确定合理的用法和用量。

第十六章　设施栽培

露地栽培葡萄易受气候影响，存在病害多、采收期集中、适栽区域有限等问题，葡萄设施栽培可以调控生长环境，提高果实品质、调节上市时间，从而使葡萄栽培区域大大扩展，也使得种植葡萄的经济收益大大提高。设施栽培目前也存在一些问题，如适宜品种相对较少，栽培成本高，生产风险更大。对此，各地应根据当地具体气候环境、经济发展基础、管理水平等方面综合考虑是否应该采用设施栽培技术。葡萄设施栽培方式多样，目前生产上应用较多的是促成栽培、延后栽培和避雨栽培 3 种类型。

一、促成栽培

促成栽培以果实提早成熟上市为主要目的，也称为早熟栽培，有露地促成和设施促成栽培两种，以设施促成栽培为主。

（一）促成栽培的设施类型

葡萄促成栽培常用的设施类型是塑料大棚和塑料日光温室。

1. 塑料大棚　塑料大棚是用镀锌钢管或竹竿、木材装配或搭成骨架，上覆无滴膜构成（图 16－1）。优点：建造容易、移动方便、可利用空间大、升温快、光照好、管理较为方便。缺点：夜间散热快、保温效果差，提早成熟效果不够显著。可增加土壤地膜覆盖、棚内套小拱棚或棚顶二重覆盖。

2. 塑料日光温室　这是近年来果树设施栽培中应用最广的一种设施类型，以单面（南向）受光，三面保温（东、西、北）

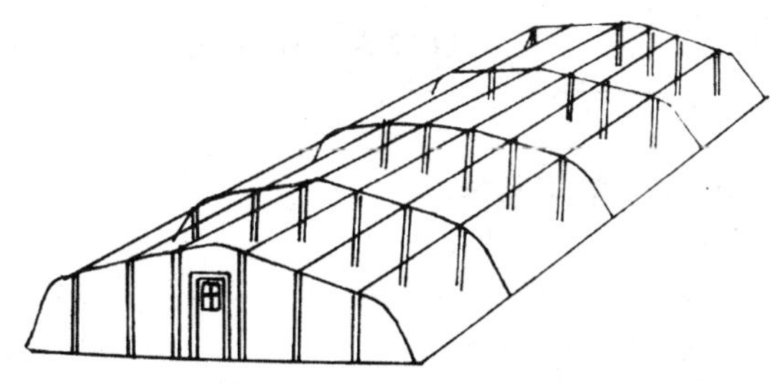

图 16-1　一种塑料大棚示意图

为基础进行建造（图 16-2）。优点是成本低，采光、保温性能好，并且可根据当地气候条件选择适宜的结构类型与模式。

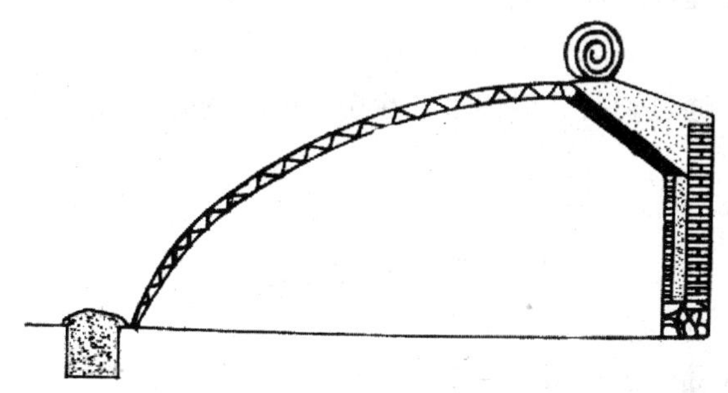

图 16-2　一种日光温室示意图

塑料日光温室也可分为日光型和加温型两大类，加热型温室内升温较快，果实成熟期可比日光加温型早熟 20～30 天。但加热温室建造成本和燃料费用较高。各地可根据当地经济条件、市场情况、经济效益等因素综合考虑、灵活选用。

（二）促成栽培的品种选择

葡萄促成栽培宜选用早熟性状好、低温需求量少、耐弱光耐湿、生长势相对较弱、品质优良且适于保护地栽培的品种。从栽培实践来看，有实际栽培意义、收益较高的品种有巨峰、

高墨、京亚、乍娜、京秀、玫瑰香、维多利亚、奥古斯特、京玉等。

（三）促成栽培的管理要点

（1）采用技术措施，及早打破休眠，主要采用石灰氮和单氰胺两种药剂，在休眠末期进行。

（2）在葡萄完成休眠之后即可盖膜，越早越好，棚膜应选择透光好、保温好的无滴长寿膜。

（3）注意控制温度。萌芽期升温，白天15～20℃，夜间温度应维持在10℃以上；开花期白天20～25℃，晚间不低于16℃；果实生长期白天25～26℃，夜间16～20℃；着色成熟期，白天温度25～27℃，昼夜温差维持在15℃左右。

（4）通过铺膜、墙体支柱涂白、喷施光合促进剂等方法增强光照。

二、延后栽培

设施葡萄延后栽培是通过设施保护，改变葡萄的生长环境起，人为创造适宜的生长发育条件，实现葡萄浆果延后成熟的一种栽培方式。一般延迟栽培的采收期在元旦至春节，使得葡萄栽培的经济效益大大提高。

我国设施葡萄延后栽培主要集中在甘肃、河北、辽宁、江苏、内蒙古、青海和西藏等省（区），目前全国总栽培面积约150万亩，其中以甘肃省栽培面积最大，约占全国设施葡萄延后栽培总面积的90%以上。甘肃天祝县发展红地球葡萄延后栽培最为成功，如2010年该县已建成葡萄温室2 000多座，年产鲜葡萄150万千克，平均每千克售价达到15元以上，经济效益十分显著。

关于延后栽培的适宜区域，晁无疾认为，年平均气温4～

8℃，自然萌芽较晚、冬春季日照充沛、无暴风雪、有较好灌溉条件的地区，适合开展葡萄延后栽培。我国西部一些高原和干旱地区，只要能保证葡萄需水要求，也可进行葡萄延后栽培。在南方华中等年平均气温高、葡萄成熟早的地区，一般不宜进行大面积延后栽培。

（一）延后栽培的设施类型

延后栽培与促成栽培不同，延后设施的主要目的是以防寒为主，延长和推迟葡萄的生长、成熟和采收时期。目前，延后栽培主要采用大棚和日光温室两类设施。大棚保温御寒效果较差，宜在初冬降温较慢、气温较高和要求延迟采收时间不太长的地方采用。而在海拔高、初冬降温快、需要延迟采收时间长的地方，则需要采用保温效果较好的日光温室（图 16－3）。

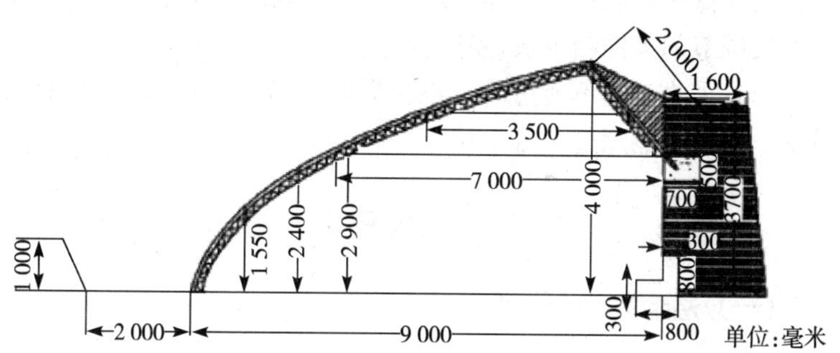

图 16－3　临泽县荒漠区半地下式无支柱日光温室剖面图
（土筑墙结构）
（郭玉珍，2010）

（二）延后栽培的品种选择

延后栽培应选用晚熟和极晚熟的大粒、大穗、不易落粒、品质优良的品种。经过近几年的生产实践，适宜的品种有红地球、秋黑、秋红、美人指、意大利、摩尔多瓦等品种。

（三）延后栽培的技术要点

（1）延迟栽培扣棚盖膜时间应在当地秋季降温之前进行，一些秋后早霜降临较早的地方，更应适当提早扣棚盖膜，以防突然降温和寒潮对葡萄产生影响。

（2）延迟栽培管理的关键是后期保温，温室可采用半地下式，棚膜应选择保温性能好、抗低温、防老化的紫膜或蓝膜，必要时加盖棉被或草帘保温，在延迟采收期内，棚内白天温度不低于 20℃，晚间不低于 5℃。

（3）采用果实套袋技术，防止果实着色过深。

（4）采收结束后，温棚内要继续保温 15 天左右，促进养分回流。

（5）充分利用自然条件来延迟生长发育进程，如选择海拔高、温度低的地区，夏季加遮阳网，重点利用二次果等，也可喷施生长调节剂来抑制生长、延迟成熟。

（6）采收时间不能过晚，以免影响树势，大棚以 11 月底为最晚，温室不能超过 1 月中旬。

三、避雨栽培

（一）避雨栽培的优越性

葡萄的避雨栽培，就是通过避雨设施使雨水排出园外，不落在葡萄植株上和果园中的一种设施栽培模式，优点是可以在雨热同季的 7～9 月份，降低设施内空气湿度，减轻病害的发生和为害，扩大栽培区域及品种适应性，提高果实品质（彩图 42）。缺点是可能导致枝蔓徒长，营养积累较少，果实着色和成熟比露地推迟 2～4 天。

该模式主要集中在我国长江以南的湖南、江苏、广西、上海、湖北、浙江、福建等夏季雨水较多的地区，截至 2008 年底，全国葡萄避雨栽培面积达到 1 900 万亩，是目前面积最大的一种设施栽培模式，近几年，在我国中西部地区也开始有发展。

南方设施葡萄的主要特色是避雨栽培，其中大部分与促成栽培相结合，构成所谓的“先促成，后避雨”模式。这种模式也可简称为促成避雨栽培，即早春实施保温促成栽培，随后转换成避雨栽培，直至采收。

（二）促成避雨栽培的两个类型

1. 大棚促成避雨栽培　常用的塑料大棚有单栋大棚和连栋大棚。可用钢管建造，也可用竹木搭建（彩图 43），竹木结构大棚由于成本低、效果好，应用较广。大棚促成避雨的基本方法就是早春将大棚整体覆盖封闭，利用日光或人工加温使之升温达到提早萌芽生长和提早开花坐果的目的，此后随季节转暖揭去裙膜留下大棚上部薄膜，转成避雨栽培。

大棚在早春封闭之后可以人工加温促进生长，称之为加温促成栽培。加温促成的覆膜封闭时间可以提早，成熟期可提早 2～3 个月。但加温成本高，仅日本有各式类型的加温栽培类型，我国南方几乎全部是无加温促成栽培。

2. 简易连栋式小拱棚避雨栽培　图 16－4 是南方产区流行的一种小拱棚避雨栽培的简易模式。这种方式搭建简单，成本较低，还可用竹木就地取材。然而，这种方式只具有避雨作用，而

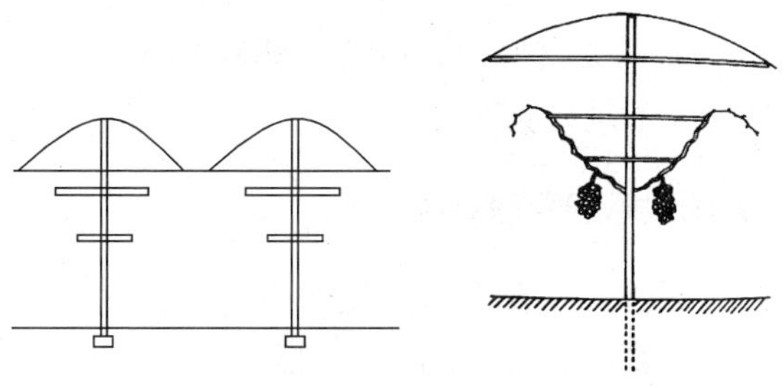

图 16－4　简易小拱棚避雨栽培示意图

没有提早成熟的促成功能。

如何把其改造成促成方式，把单一小拱棚封闭是不现实的。浙江嘉兴大桥镇的方仲跃把小拱棚之间及周边的敞口全用薄膜封闭，构成封闭的连栋式小拱棚，也达到了促成栽培的效果。在季节转暖之后即撤除封闭，恢复小棚避雨方式。这种方式简便、投资少。连栋小棚的面积可以几亩地，也可以几十亩连片成为一个特大型温室，达到良好的保温效果。这种简易连栋式小棚促成栽培由于栽培效果显著，农户欢迎，在当地使用面积已有 3 万多亩。把小拱棚避雨转成连栋式促成避雨，这是南方设施葡萄栽培模式的一大创新。

促成避雨已成为南方主要的设施栽培方式，可以说在南方凡是促成栽培的必与避雨相结合。但促成栽培成本较高，管理较烦，南方仍有不少农户采用单纯的简易避雨栽培。促成避雨和避雨这两种方式各有千秋，南方各地都有应用。据估计，上海郊区设施葡萄有 70%以上为促成避雨栽培，20%多为避雨栽培。在浙江温岭、玉环等沿海区台风频繁，那里几乎全采用促成避雨栽培，用提早采收來预防台风侵害。湖南澧县目前虽大多是避雨栽培，但促成避雨也已开始起步。长三角地区观光葡萄园为延长采摘期，大多果园既有促成避雨，提早供应；也有晚熟品种的避雨栽培，延后采收。

（三）避雨栽培的品种选择

无核白鸡心、矢富罗莎、巨峰、藤稔、京玉、红高、美人指、奥古斯特、圣诞玫瑰等。

（四）避雨栽培的管理要点

（1）避雨覆盖主要在夏季高温时进行，因此薄膜应选用抗晒、抗高温、抗裂、抗老化的高强度膜。

（2）覆膜时间根据各地具体情况在雨季来临之前完成覆膜。

（3）东南沿海有台风危害的地区，在台风来临之前要及时揭掉棚膜，风灾过后再盖上，防止膜被台风损坏。

四、葡萄设施栽培配套技术

（一）架式选择

主要有篱架和棚架两种整形方式。

1. 篱架 辽宁、山东、河南等地的种植者习惯于这种整形方式。一般采用南北走向、单干水平整枝或少主蔓扇形整形。其架面与地面垂直，沿着行向每隔一定距离设立支柱，支柱上拉铁丝，形状类似篱笆。

篱架植株整形，视篱架高度和株距的不同，可整成单臂单层水平形、双臂单层水平形和双臂双层水平形及双主蔓扇形。

T形架，又称宽顶篱架。在单臂篱架顶部设一道横梁，长度0.6～1米。横梁两端各拉一道铁丝，距横梁下方0.3～0.4米处再拉一道铁丝。这种架式可以采用“高、宽、垂”的整形方式。

2. 棚架 是葡萄保护地生产中的另一种主要整形方式。在垂直的支柱上架设横梁，横梁上牵引铁丝，形成一个倾斜状的棚面，葡萄枝蔓分布在棚面上，故称棚架。保护地葡萄生产中多用倾斜式小棚架和棚篱架。

（二）修剪原则

1. 棚架龙干形规范化修剪 棚架葡萄一般都采用龙干整枝。主蔓上有规律地分布着结果枝组、母枝和新梢，其修剪原则是每米主蔓范围内选留3个结果枝组，每个结果枝组上保留2个短梢（2～3芽）作为结果母枝。共有6个结果母枝，每个结果母枝冬剪时采用单枝更新修剪，剪去上位枝，下位枝留2～3芽剪截。春天萌发后，根据空间大小，每个母枝上选留1～2个新梢，共选留9～12个新梢。当年，当棚架上主蔓间距0.5～0.6米，每

平方米棚面可分布 18～24 个新梢，通过抹芽定枝去掉一部分新梢，则每亩可产浆果 1 600～2 500 千克。

2. 篱架单层双臂水平形规范化修剪 在水平主蔓上每隔 25 厘米左右留 1 个结果枝组，每个结果枝组选留 3 个新梢，其中结果新梢与营养梢的比例为 4∶1。冬剪时，结果母枝剪留 2～3 芽进行修剪。结果枝组一般不进行修剪，而是实行水平主蔓的更新修剪。

（三）扣膜时间

各地扣膜时间都是根据当地气候条件的实际情况而定，在葡萄完成休眠的最短时间后开始扣膜。河南省在 1 月上旬可以解除休眠，辽宁熊岳地区 12 月下旬至次年 1 月上旬可以解除休眠。

如果利用日光温室或加温温室进行栽培，在葡萄的生理休眠解除后即可扣膜升温。利用塑料大棚进行栽培时，由于其保温条件较差，易受外界降温的影响，一般是在当地露地萌芽前的 50 天左右进行扣膜升温。

（四）枝蔓和花果管理

1. 抹芽除梢 芽眼长到花生粒大小时就可以开始抹芽，一个结果枝留一个壮芽，有空间的可以适当多留。除梢原则上通过疏梢应使架面留枝密度和果枝比尽量合理。在展叶后 20 天左右，当新梢已看出有无花序和花序大小的时候进行。对大穗形品种可将结果枝和营养枝的比例调整为 4∶1，果穗较少的品种的比例调整为 7∶1。

2. 花序修剪与疏花疏果 对一个结果枝有 2 个以上的花序或细弱枝上的花序，根据品种结果特性和植株合理负载量的不同要求，尽早疏除部分花序。一般在开花前 10 天可以明显确定花序大小的时候疏除，以节省树体营养。一般对 400 克以上的大穗品种，壮枝留1～2个花序，中等枝留1穗，个别空间较大的可留2穗，短细枝不留穗。花序的修剪视品种的穗形而定，果穗圆柱形、紧圆锥形的品种，花序一般不用整形，有时花序过长时只需掐穗尖（掐去花序长度的1/5～1/4）；果穗较大、副穗明显的品种，应将过大的副穗剪去，过长的分枝和过长的穗尖掐去，使果穗大小整齐。落花落果稳定后将过密的、畸形的、小个的果粒逐一疏除。

以红提为例，通过花序整形修剪与疏花疏果，每穗果果粒数一般在70粒左右，果粒可达12克左右，穗重应保持在0.75～1千克，使果穗和果粒的大小基本一致，基本达到果穗标准化，便于果实包装和增加其商品性。

3. 新梢摘心

（1）结果枝的摘心。结果枝摘心一般在花前3～5天或初花期。以摘心处的叶片不小于正常叶片大小的1/3为主，将小于1/3大的叶子连同其上的嫩梢一同摘去，花序以下副梢全部抹掉，花序以上副梢留1～2片叶反复摘心。坐果率高的品种花期可以不摘心。

（2）营养枝摘心。一般生长到10片叶以上时可去嫩梢，或达到整形要求后方可摘心。

4. 提高坐果率

（1）扭梢和环割。花前在花序上部进行扭梢或结果部位环割等都可以提高坐果率，促进浆果着色和成熟。浆果开始着色前，在结果枝基部进行环割，可促进浆果着色和成熟。浆果开始着色时，摘除新梢基部的老叶，可以有效地改善光照而促进果实着色。

（2）喷布乙烯利。一般于硬核期喷布1 500毫克/升乙烯利加0.3%磷酸二氢钾溶液，相隔15～20天再喷布一次浓度为2 000毫克/升的乙烯利，使浆果迅速着色成熟。

（3）多效唑控制生长。主要针对绯红、里扎马特等易出现旺

长的品种。在花后10天和第一次果实采收后喷布800倍多效唑（PP_{333}），可明显抑制新梢生长，如果使用浓度过大，则果实成熟明显推迟。

（4）硼砂溶液。于花前4天用0.3%的硼砂溶液喷布叶片和花序可以提高坐果率。

（5）地面铺设反光膜。在葡萄新梢长至15厘米时，按北高南低、倾斜式（倾斜度为10°）在棚架葡萄架下铺设银灰色反光膜，以增加光合作用，促进生长和果实着色。

（6）合理施肥。温室施肥应注意两点：第一是侧重基肥。每年秋季落叶前，按0.5千克果∶1千克肥的比例开沟施入优质粗肥（鸡粪、牛粪等），并加入适量的磷钾速效肥。第二是巧施追肥。重点在葡萄发芽前、开花后、果实膨大期、着色期进行追肥，分别以尿素、磷酸二氢钾为主。催芽肥：每亩施7.5千克尿素、35千克硫酸钾、20千克磷酸二氨。壮梢肥：萌芽后20天，每亩施7.5千克尿素。膨果肥：开花后10天，每亩施20千克尿素和10千克硫酸钾。催熟肥：每亩施35千克硫酸钾。

（五）温度、光照、湿度、气体的调控

1. 温度调节 温度是促成葡萄开花结果的基本条件。葡萄在塑料大棚或日光温室中，打破休眠期，开始提温，白天控制在20～25℃，夜间保持5～7℃，萌芽期最低温度要求控制在5℃以上，最高温保持28℃左右；萌芽后至开花期，夜间最低温度控制在10～15℃，白天最高温度不超过28℃；浆果着色期，一般夜间15℃左右，不要超过20℃，白天温度控制在25～32℃，有利于浆果着色和提高可溶性固形物的含量。

葡萄在加温温室内，加温初期，即加温开始的10天内，温度适当偏低点，使温度缓慢上升之后，适当升温，使温室内白天温度保持在20～25℃，夜间保持在10～15℃（即由晚上8点的15℃降到早7点的10℃，下同）。加温3～4周后，葡萄开始萌

芽，此时温度白天25～28℃，夜间15℃。果实膨大期，日温27～29℃，夜温12～16℃。着色至成熟期一般要求昼夜温差控制在10℃以上有利于浆果着色，日温27～29℃，夜温9～15℃。

葡萄设施栽培的温度管理应注意以下几点：

（1）升温速度。设施开始升温到萌芽这段时间，温度宜缓慢上升，在这个时期温度控制在10℃以内，以免造成根系活动不足，输导养分能力低，地上部枝条的芽萌出又萎缩枯死现象。

（2）极限温度。落花后至果实采收期，严格控制各生理期的极限温度。

（3）升温保温。加盖草毡、生锅炉、挂红灯等都是设施栽培常用的升温措施。同时还需要注意保温措施，维持适宜的昼夜温差。

（4）降温。降温主要是用设置通风口的方式调节，通风口应尽量设置在设施顶部。若通风口位置低，热量支出少，降温效果差。

2. 湿度调节　常用调节棚内空气湿度的方法有：①采用地面覆草覆膜或采用肥水滴灌技术减少地面蒸发。②设施顶部开通风口降湿。③利用生石灰、干燥剂等降湿。

葡萄不同阶段的湿度管理标准如下：①开始加温至萌芽期：要求较高的空气湿度，扣膜前灌足水并随时补水，使空气相对湿度保持在80％～90％，萌芽抽梢后，空气相对湿度下调到70％～80％。②开花坐果期：花期坐果期空气相对湿度保持在60％～70％。③果实膨大期：空气相对湿度控制在70％～80％。④转色期到成熟期：空气相对湿度控制在60％～70％。

3. 气体调节　气体主要指设施内的二氧化碳浓度。设施内提高二氧化碳浓度，可明显提高光合强度。生产中增加二氧化碳浓度的简易操作方法如下：①增施有机肥。每亩施5 000千克以上有机肥，有机肥分解过程中可释放出二氧化碳。②换气通风。

及时换气，补充棚内二氧化碳气体的不足，特别是在棚内温度不高时更应重视换气通风。③二氧化碳气体肥料。每亩用量17～20千克。进行二氧化碳施肥最好在葡萄新梢长至15厘米时，每天日出后1小时左右和放风前2小时使用二氧化碳肥。阴雨天不用或少用，一个标准温室（420米^2），每天保证有500～1 000克二氧化碳肥，连续使用30天，可使叶片颜色变绿、厚度增加，产量大幅度提高，果实品质明显改善。④汽油、煤油、沼气等燃烧生成二氧化碳，还可选用浓度适宜的硫酸与碳酸反应生产二氧化碳以及选用二氧化碳发生器。

4. 光照调节　设施内光照度是自然光强的70%～80%，或者更低。补充光照的主要方法是人工光源。补充光照早晚均可进行，每天补光3～4小时，阴天可以适当加大补光的时间。光源以白炽灯（全光灯）最佳，红光灯、日光灯次之。其次，北墙铺设反光膜、地面覆膜等办法也可以补光。最后，选择透光性好的覆盖材料，选择利用通风透光的树体结构，合理排布设施的支架，最大限度地利用太阳光源。

（六）病虫害防治

要做好葡萄保护地病虫害防治工作，首要一点是要合理调整室内的空气相对湿度，尽量创造一个不适宜病害发生的气候环境，其次要做好病虫害的预防和治疗工作。

保护地内葡萄病害主要有灰霉病、白粉病和霜霉病。其防治方法如下：

1. 萌芽前　喷布5波美度石硫合剂对枝蔓上和土壤里残留的病原菌进行铲除，压低各种病原菌的数量。越接近萌芽期，使用浓度应越低，到绒球期，使用2～3波美度石硫合剂。

2. 新梢生长期　喷布800倍液代森锰锌可湿性粉剂，或800～1 000倍液的百菌清、40%多菌灵胶悬剂800～1 000倍液等，对黑痘病和穗轴褐枯病进行防治。

3. 开花前与谢花后 喷布2 000倍液速克灵、800倍液多菌灵、600～800倍液甲基托布津、400～600倍液代森锰锌等对葡萄灰霉病进行防治。

4. 果实膨大期 喷布1∶1∶200倍波尔多液、50%退菌特600倍液或50%福美霜粉剂500～800倍液对葡萄进行防治。

5. 果实进入转色期以后 喷布200倍液90%三乙膦酸铝、800倍液的瑞毒霉，以及600～800倍液的80%喷克、500～600倍液78%科博等对葡萄霜霉病进行防治。另外，葡萄在保护地内发生的虫害主要有红蜘蛛、蚜虫和蓟马。在萌芽后喷一遍1 000倍液80%的敌百虫，可以预防蓟马为害。对蚜虫的防治可以用熏蚜烟剂，防治效果好，方法是傍晚盖膜后在温室内均匀摆放3～4盆灭蚜烟剂点燃即可。

由于各地的生态条件不尽相同，导致病虫害发生的程度也不一样。所以各地的防治要根据本地区的实际情况来加以防治，以预防为主，综合防治。

（七）打破葡萄休眠技术

目前常用打破休眠的化学物质有矿质油、含氮化合物、含硫化合物、植物生长调节剂等。但生产上常用于促进芽眼萌发的有两种物质：

1. 赤霉素 葡萄完成自然休眠后在采取增温措施的同时，用50毫克/千克赤霉素加500倍液尿素。喷布葡萄枝蔓，可使葡萄发芽整齐一致。

2. 石灰氮（氰氨基化钙） 用石灰氮处理打破葡萄休眠要比其他各种物质有明显效果。通过加温，葡萄枝蔓内树液流动时，用4～6倍石灰氮液自上而下浸枝或涂芽，对打破葡萄的生理休眠极为有益，同时对葡萄新梢的生长又没有抑制作用。萌芽前15天用石灰氮处理的葡萄枝条，其萌芽期比不处理的提早2～4天，萌芽率提高10%左右。

五、设施栽培的发展趋势

1. 栽培方式多样化 各地根据当地综合条件，进行适宜的设施栽培，如华东、华北地区和城市郊区适宜发展早熟促成栽培，西北及华北北部适宜发展设施延迟栽培，广大南方地区进行避雨栽培，各地加强防雹、防鸟栽培。

2. 发展简易设施，降低投资成本 因地制宜，选择合适的设施种类。对竹木大棚、竹片小拱棚等简易结构设施加强研究，提高效果，降低投资，促进设施葡萄的发展。简易设施在葡萄避雨栽培中将发挥巨大作用。

3. 推广省力化栽培技术 随着我国经济社会的发展，劳动力成本越来越成为葡萄生产的一个限制因素，因此，推广省力化栽培模式是大势所趋。如近年江苏、上海等地开始试用简化树形如 H 形、一字形等，省工省力，省力化栽培模式会成为今后葡萄发展的一个新方向。

4. 设施与观光葡萄园结合 观光葡萄园是依托设施条件的现代农业的一种经营模式。该模式以设施葡萄栽培为主体，建立观光、采摘、直销葡萄园，使葡萄园从单一的生产批发功能向观光直销延伸，延伸了葡萄产业链，提高了葡萄种植的经济效益。近年来，观光葡萄园在经济相对发达的南方地区发展很快，如上海郊区就有近万亩的观光葡萄园。

第十七章　其他实用技术

一、根域限制栽培技术

根域限制就是利用物理或生态的方式将果树根系控制在一定的容积内，通过控制根系生长来调节地上部的营养生长和生殖生长，是一种新型栽培技术（图 17－1、图 17－2）。

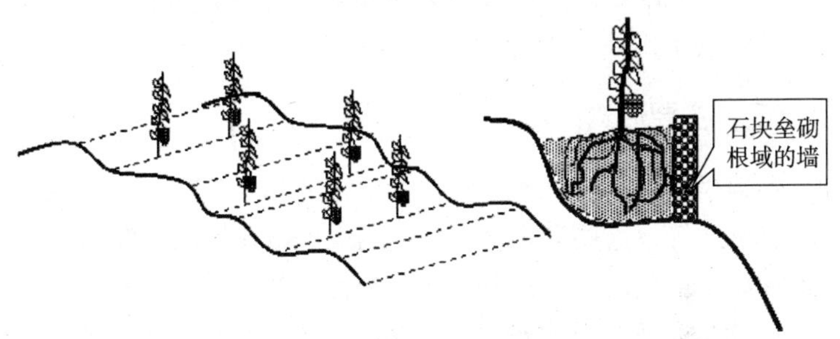

图 17－1　一种山地葡萄根域限制栽培模式

（王世平，2006）

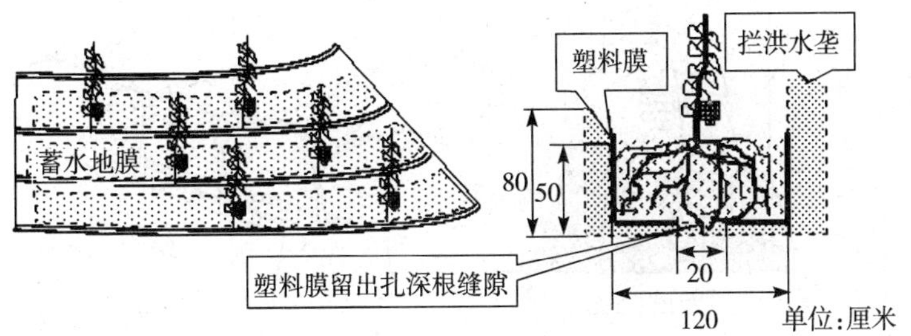

图 17－2　西北半干旱山地的葡萄根域限制栽培模式

（王世平，2006）

（一）优点

（1）增加施肥的目的性和可控性。避免肥效延迟和养分流失，对环境友好。

（2）根域容积小，根系密度大，容易提高土壤有机质从而提高果实品质。

（3）可实现肥水供给的自动化和精确定量化，避免浪费水资源。

（4）不受土壤条件制约，可在盐碱滩涂地等恶劣土壤环境下栽培，扩大了葡萄栽培区域。

（5）不受地域限制，在庭院、阳台、楼顶均可栽植，特别适于发展观光农业、休闲农业和生态农业。

（6）根域限制范围以外可以种植其他作物，进行复合经营，提高经济效益。

（二）主要形式

葡萄根域限制栽培的形式很多，有垄式、箱框式、沟槽式、袋式、坑式等，这些方式可单独使用也可结合使用，各地可根据当地具体条件灵活运用，下面介绍几种常见的应用形式。

1. 垄式 适于雨水较多地区采用。在地面上铺垫微孔无纺布

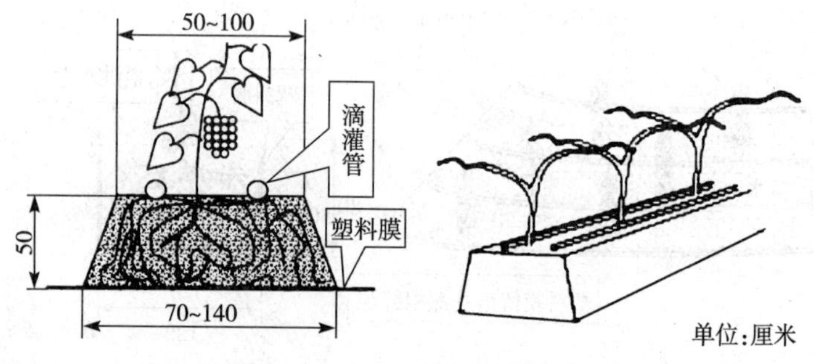

图 17-3 一种垄式根域限制模式

（王世平，2006）

或微微隆起的塑料膜后（防止积水），再在其上堆积富含有机质的营养土做成土垄或土堆栽植果树（图17-3）。由于土垄的四周表面暴露在空气中，底面又有隔离膜，根系只能在垄内生长。这一方式操作简单，适合于冬季没有土壤结冻的温暖地域应用。但是夏季根域土壤水分、温度不太稳定。

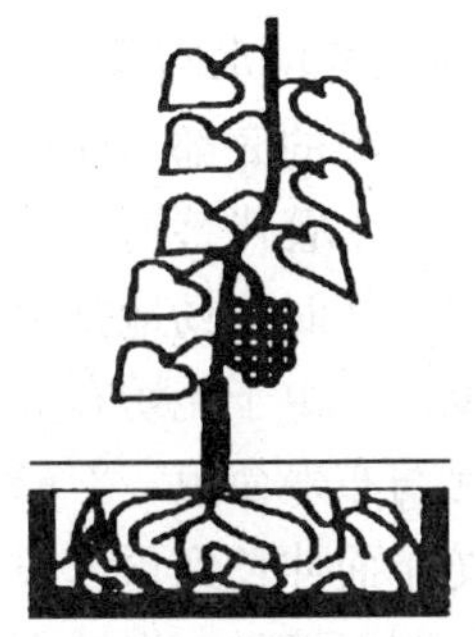

图 17-4　箱筐式限根栽培
（王世平，2004）

2. 箱筐式　在一定容积的箱筐或盆桶内填充营养土，栽植果树于其中。由于箱筐易于移动，适合在设施栽培条件下应用（图 17-4）。缺点仍然是根域水分、温度不稳定，对低温的抵御能力较差。适于设施环境下及观光果园采用。

3. 沟槽式　适于可露地越冬的少雨地区（图 17-5）。挖深

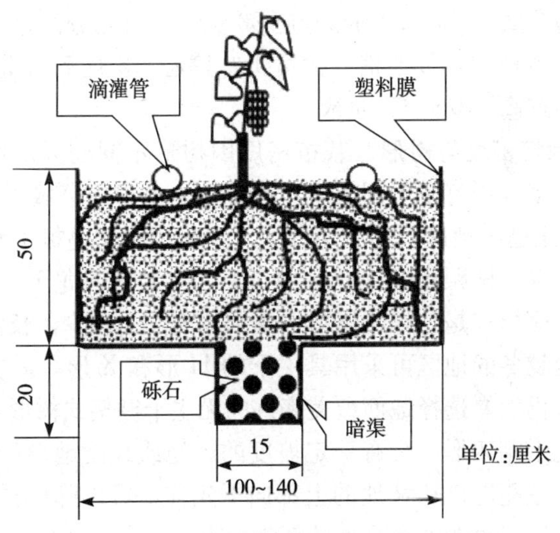

图 17-5　一种葡萄沟槽式根域限制栽培模式
（王世平，2006）

50 厘米、宽100～140 厘米的定植沟，在沟底再挖宽 15 厘米、深 20 厘米的排水暗渠，用厚塑料膜（温室大棚用）铺垫定植沟、排水暗渠的底部与沟壁，排水暗渠内填充河沙与砾石（有条件时可用渗水管代替河沙与砾石），并和两侧的主排水沟连通，保证积水能及时流畅地排出。当用无纺布代替塑料膜铺垫定植沟的底侧壁时，由于无纺布具有透水性，不会积水，可以不设排水沟。但无纺布寿命短，2～3 年后便会失去限制作用，会有根系突破无纺布而伸长到预设根域以外的土壤。笔者研究表明，沟槽式根域限制栽培时，根域土壤水分变化相对较小，很少出现过度胁迫的情况，葡萄新梢和叶片生长中庸健壮，果实品质好。

（三）技术要点

1. 大苗培育 提前培育大苗，可以更好地体现根域限制的效果。最简易的方法是用容量 20 千克的塑料袋，在底部开 2 个小孔透水，内填土壤和有机质的混合物（4∶1）。栽苗后，4～8 月每月施含氮 15%～20%复合肥 30 克，及时充分灌水。萌芽后留一新梢生长，各节副梢一律留 1 叶摘心，8 月下旬主梢摘心，当年目标株高 150～200 厘米。

2. 栽培密度与树形 栽植密度因树形不同而异。可露地越冬地区，多采用有主干棚架型，行距为 1.8 米的倍数，株距 3～5 米。埋土越冬地区，不能培养主干，采用多主蔓棚架型时，行距 6～10 米，株距 1.5 米（独龙干）～6 米（四龙干）。在各种树形中，棚架式是较好的树形，漏到地面的光较少。长江以南等可以露地越冬的地区可采用具主干的 H 形和 X 形。需要埋土越冬的地区仍然要选择地面覆盖率高的无主干棚架式树形，如独龙干或多龙干棚架形。具有一定坡度的山地或丘陵地形的葡萄园，棚架形的主蔓应该从坡地的上部向下延伸，可以降低顶端优势，保证主蔓后部也能够有足够的新梢发生，避免光秃带的形成。

3. 根域容积 每平方米树冠投影面积需根域容积 0.05～

0.06 米^3，根域厚度 40 厘米。假设以株距 1.8 米、行距 5.5 米的间距栽植巨峰葡萄时，树冠投影面积约 10 米^2，根域容积应为 0.5～0.6 米^3，根域厚度设置为 40 厘米时，根域分布面积为 1.25～1.5 米^2，即做深 40 厘米、宽 100 厘米、长 150 厘米的穴或垄就可以满足树体生长和结实的要求了。

4. 土肥水管理

（1）土壤管理。根域限制栽培下，要施足够的有机肥，使根域土壤有机质含量达到 20%以上，保证良好的土壤结构。一般用优质有机肥与 4～5 倍量的壤土混合即可（有条件时掺入少量粗沙）。对于观光果园的根域限制栽培，可以用泥炭、珍珠岩、发酵过的蘑菇废料等配制无土基质，或再适量添加壤土成半无土基质进行基质栽培。也可以用有机肥料作基质进行有机基质栽培。

（2）水分管理。根域限制栽培下，必须要有灌溉条件，以便葡萄需水时能立即补水。根域土壤干燥到怎样的程度就补水，这对树体的营养生长和果实发育、成熟都很重要。土壤干燥程度用土壤水势来表述，必须补充水分的水势临界值被称为灌水开始点。土壤水势用水分张力计来测量［水分张力计生产单位：中国科学院南京土壤研究所仪器设备研究中心，南京市北京东路 71 号，邮编 210008，电话（025）86881882］。据研究，不同发育阶段采用的灌水开始点如下：萌芽前为 158.5kPa；萌芽后至果粒软化期为 31.5kPa；果粒开始软化期至采收为 158.5kPa；果实采收后至落叶休眠前为 31.5kPa。灌水量以根域土壤湿润为宜，常为 60～80 升/米^3。

（3）养分管理。硬核期前用含氮 60 毫克/升的综合液肥，每周两次，每次每立方米根域容积浇灌 60 升。硬核期后营养液浓度降低至 20 毫克/升，施用量和施用次数不变。营养液施用不方便时，可以采用腐熟豆饼等长效高含氮有机肥，每亩用 100～150 千克，于萌芽前（避雨栽培在 3 月 20 日前后）和采收后（避雨栽培在 8 月中下旬）分两次施入。

二、一年两收技术

葡萄一年多次结果技术分为利用冬芽二次结果和利用夏芽副梢二次结果以及冬芽夏芽结合等几种方法。

（一）利用冬芽副梢结二次果

采用促发当年生枝上的冬芽进行二次结果，技术关键一是要迫使、加速当年枝条上冬芽中花芽的分化与形成；二是要使冬芽副梢按时整齐地萌发，以保证果实当年能充分成熟，主要措施是：①在花序上方有4～6个叶片平展时进行主梢摘心。②主梢摘心后，将所有副梢除去，促使顶端1～2个冬芽提前萌发，若第一个萌发的冬芽枝梢中无花序时，可将这个冬芽副梢连同主梢先端一同剪去，以刺激有花序的冬芽萌发。生产上一般分两次抹除副梢，第一次先抹除中下部的副梢而暂时保留上部的1～2个副梢，并对这1～2个副梢留2～3个叶片进行摘心，待到距第一次副梢抹除后10～15天时，再将这1～2个副梢除去，以促发冬

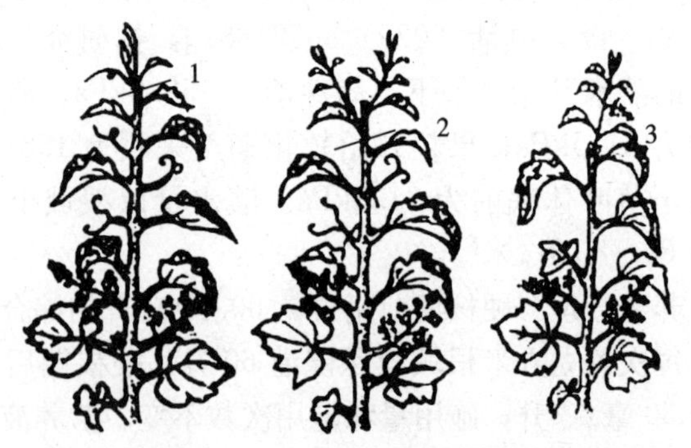

图17－6　利用冬芽副梢二次结果

1. 主梢摘心　2. 顶部副梢6月上旬除去　3. 冬芽副梢结二次果

（杨庆山，2000）

芽（图 17-6）。

冬芽二次枝抽生过晚将直接影响果实的生长和成熟时期，因此一定要注意冬芽抽发时间不能太晚。华北地区，剪除顶端副梢逼发冬芽的适宜时间是 5 月底到 6 月初，其他地区可根据当地具体的气候情况灵活决定。

（二）利用夏芽副梢二次结果

利用夏芽副梢二次结果时，要保证夏芽中花序的良好形成，因此，利用夏芽副梢二次结果时对摘心和抹除副梢的时间要求十分严格（图 17-7）。

（1）必须在夏芽尚未萌发之前及时对主梢摘心促其形成花芽，摘心时间比一般摘心时间要早约 1 周，一定要在摘心部位以下有 1～2 个夏芽尚未萌动时进行。

（2）在主梢摘心的同时，抹除主梢上已萌动的全部夏芽副梢，促使顶端 1～2 个未萌发的夏芽花芽分化形成。一般主梢摘心后，顶端夏芽 5 天左右即可萌发，若加强管理即可形成良好的夏芽副梢花序。

（3）对已抽发的有花序的副梢，在副梢花序以上 2～3 片叶处摘心。

（4）若诱发的夏芽副梢无花序，在其展叶 4～5 片叶时应再次摘心，促发二次副梢结果，同样要注意摘心时在摘心口下一定要有 1～2 个尚未萌动的夏芽。

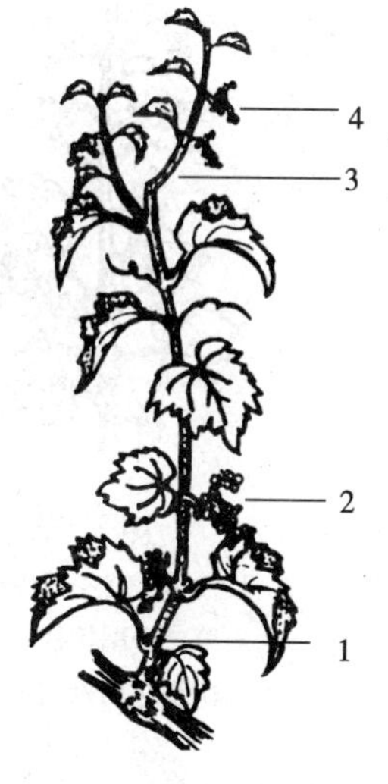

图 17-7　利用夏芽副梢结二次果
1. 主芽　2. 主梢果
3. 夏芽副梢　4. 夏芽二次果
（杨庆山，2000）

（三）利用冬夏芽副梢结合结二次果

技术关键是主梢于花前3～5天摘心，仅保留顶端萌发的2个副梢，始花后20～25天时，摘除顶部的夏芽副梢，迫使顶端冬芽萌发为结果副梢。同时，对第二个夏芽副梢摘心，摘心口下须有1～2个未萌发夏芽，通过摘心迫其萌发为二次夏芽副梢并结果（图17-8）。

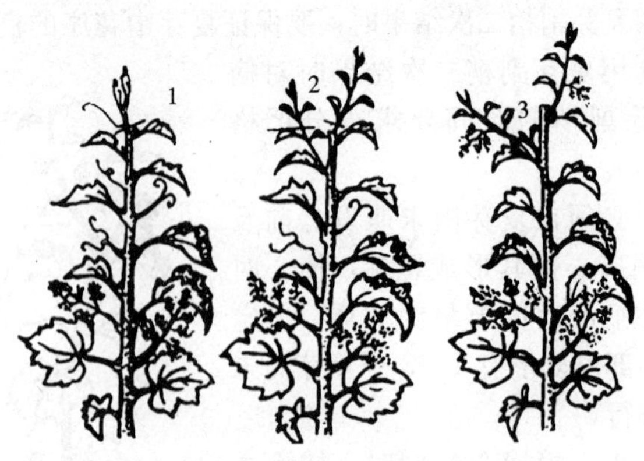

图17-8　利用冬夏芽副梢结合结二次果

1. 主梢摘心，保留两个顶端副梢　2. 除去顶端夏芽副梢，对第二个副梢摘心　3. 顶端冬芽萌发结果，第二个副梢抽生二次夏芽副梢结果

（杨庆山，2000）

（四）利用副梢二次结果时应注意的问题

利用副梢多次结果是一项增加葡萄栽培经济效益的新技术，在良好的管理条件下，一般可增产10%～20%，而且延长了鲜果供应时期。以往认为，二次果果穗小、果粒小、品质差，但实践表明，只要按照严格的管理措施进行操作，控制负载，适时采收，二次果质量并不比一次果差，甚至可以超过一次果的质量。但应注意以下几个问题。

（1）不同品种花芽形成特点不同，一般来讲，欧亚种中西欧品种群、黑海品种群及欧美杂交种品种多次结果能力较强，而东方品种群品种多次结果能力较差。即使在同一品种群中，不同品种在不同的栽培条件下，一年多次结果能力都会有所不同，因此一定要进行观察、研究，选用适合进行一年多次结果的品种和相应的栽培技术，这一点在设施栽培上尤为重要。

（2）采用二次结果技术时，植株生长期相对延长。因此，北方一些无霜期短、有效积温较低的地区，尤其是秋末降温较早的地区不要勉强去搞一年多次结果（设施延迟栽培除外），而我国中部、南部等秋季温度适宜、降雨量少、日照充足的地区就适于采用一年多次结果技术。

（3）一年多次结果管理技术上，要重视全年均衡施肥，适当增加追肥次数，夏秋季注意排水防涝，加强防旱工作，重视病虫害防治，注意合理负载和适时采收；如何决定一次果和二次果产量比例，可根据树体生长情况、栽培目的及管理状况来确定，如为了延迟成熟可重点多留二次果，若是为了防止成熟期遇雨推迟果实成熟期时，可疏除一次果，只保留二次果等。要注意适时采收，不能采收过早。

还要重视修剪整形、化学调控等配套技术的应用，如第一次摘心后喷 1 000～2 000 毫克/千克的矮壮素（CCC）可促进花芽分化，坐果后喷布 CPPU 20 毫克/千克或 25 毫克/千克 GA_3 可增大果粒，在二次果开始成熟时采用 450～500 毫克/升的乙烯利喷布果穗可促进成熟。

（4）不要盲目追求二次结果。当前我国西北、华北及东北广大葡萄露地栽培产区均以一年一收为主要栽培模式，在这些地区除非遇到特殊的气候状况（如晚霜、冰雹对一次果造成严重损失），一般情况下不要盲目推行一年多次结果，以免影响来年的产量和收益。是否采用一年多次结果技术，一定要以当地具体气候、栽培和品种条件为基础，不能盲目追求一年多次结果。

三、替代农业技术

替代农业又称更迭农业，是努力克服现代常规农业弱点和问题的农业体系的统称。目前，替代农业主要包括有机农业、生态农业、生物农业、自然农业、再生农业、低投入农业和综合农业等生产体系和规范。

（一）有机农业与有机葡萄的生产

1. 有机农业与有机食品 有机农业不同学者或认证机构有不同的概念，但人们公认的有机农业有以下几个特征：一是有机农业是一个生态体系，是一个相对封闭的生态体系，有自己的物质循环、能量循环体系，包括种植业和动物饲养业等；是一个可持续发展和稳定的生态体系，利用自然的功能保持地力和维持生态平衡。二是有机农业是标准化的农业生产体系，用标准来规范的农业生产。三是采用的技术，是一系列可持续发展的农业技术；使用的措施，是能维持农业生产体系的生态平衡措施。主张不使用化学合成的物质（农药、化肥、生长调节剂、饲料添加剂等），认为使用化学合成的物质，不利于可持续发展或保持稳定的生态体系。

对于有机食品的概念，人们观点基本一致，即来源于有机农业的食品，并且在有机食品的加工、包装、储藏、运输上，用标准（准则）加以规范。有机食品、绿色食品和无公害食品的差异是有机农业、绿色食品生产和无公害食品生产等生产形式，但它们都是我国进行规范化、标准化生产的典范，相同的终端是得到安全食品、放心食品。

20 世纪 90 年代以来，世界有机农业迅速发展；到 20 世纪末，全世界 194 个国家中有 141 个国家发展了有机农业。截至 2001 年 2 月，全世界有机农业生产总面积为 23 700 万亩，其中排名前三位的国家是澳大利亚、阿根廷和意大利，他们有机农业面积分别是 11 400 万亩、4 500 万亩和 1 500 万亩。

2. 我国有机农业的发展历史　现代农业技术（农业机械、化肥、农药、优良品种等）大量进入我国农业生产领域之前（1960 年前），我国大部分农业生产处于“原始有机农业生产阶段”，之后被现代文明的产物（机械、化肥、农药等）所打破。1987 年世界环境与发展大会，提出了“可持续发展”的概念，之后逐渐形成了绿色食品、有机食品、无公害食品等概念和标准。

1994 年的国家环境保护总局成立有机食品发展中心（目前改为“国家环保总局有机产品认证中心”），是中国成立最早的专业从事有机产品检查和认证的机构，并在之后获得国际认可的有机认证机构；之后，中绿华夏有机食品认证中心、南京农业大学有机农业与有机食品研究所等相继成立，从事国内有机食品的理论体系、认证标准的制定、有机食品的检验和认证。目前，在我国注册的有机食品的认证或注册机构有 30 家以上。

3. 有机葡萄与有机葡萄生产　我国许多个人和企业，比如辽宁铁岭的王文选、北京的波隆堡等，对建立有机葡萄园、生产有机葡萄进行了实践和探索，也通过了有关机构的注册或认证，为我国有机葡萄的生产实践、发展，作出了贡献。有机农业和有机食品生产在我国有发展空间和前景。

（1）发展有机农业，可以保证农业的可持续发展、维护生态平衡。

（2）我国有发展有机农业、生产有机食品的优异条件。我国有丰富的自然资源，为有机食品的生产提供了广泛的选择；我国有丰富的地域资源，为发展特色有机农业提供了基础；我国有丰富的人力资源优势，为有机农业的发展提供条件；我国已形成了相关的标准和机构，为有机农业的发展提供技术支持和保障。

（3）有机农业和有机食品有巨大的市场潜力。欧洲用于有机

农业生产的土地也在不断扩大，从1986年的18万亩上升到了1996年的1 950万亩，同期的有机农场数从7 800增加到了55 000个；欧洲的一些国家，如德国、奥地利、丹麦等，2000年市场份额达到了2%～5%，在今后十年时间有望达到10%～15%的份额。

美国87%的购买者愿意购买与常规食品同样价格的有机食品，每三个美国人中就有一个在过去几年中改变了饮食习惯，其中72%愿意购买有机农业生产的蔬菜和水果。

世界和我国的有机食品市场巨大，并且在不断增加。发展有机农业、生产有机食品，对满足国内市场需求和增加农产品出口具有重要意义，是一个巨大市场，前景广阔。

（二）绿色食品和无公害食品

1. 我国绿色食品、无公害食品发展历史 20世纪80年代末和90年代初，人们开始关注、关心、研究环境安全和食品安全问题并于1992年开始提出并逐渐形成了我国的绿色食品和无公害食品的概念及有关标准，制定和形成了“绿色食品”标准体系和认证体系，成立中国绿色食品发展中心，并企业化运作；1994年国家环保局成立有机食品发展中心；1998—2000年国家政府有关部门，根据农业生产的现状和公众对农产品食品安全的要求，制定和形成了“无公害农产品”标准体系和认证体系，大力推广无公害工程。

2. 绿色食品、无公害食品、有机食品的关系 为认识它们之间的区别，我们首先了解一下被普遍接受的几个概念：

可持续农业：以管理和保护自然资源为基础，调整技术和体制变化的方向，以确保获得和持续满足当代和后代人的需要。这种持续发展能够保护土地、水、植物和动物资源，不造成环境退化，同时要在技术上适宜、经济上可行、能被社会普遍接受。

绿色食品：系指遵守可持续发展原则，按照特定生产方式，经专门机构认定，许可使用绿色食品标志的，无污染的安全、优质、营养类食品。

AA级绿色食品：系指生产地的环境质量符合NY/T 391要求，生产过程中不使用化学合成的化肥、农药、兽药、饲料添加剂和其他有害于环境和身体健康的物质，按有机生产方式生产，产品质量符合绿色食品产品标准，经专门机构认证，许可使用AA级绿色食品标志的产品。

A级绿色食品：系指生产地的环境质量符合NY/T 391要求，生产过程中严格按照绿色食品生产资料使用准则和生产操作规程要求，限量使用限定的化学合成生产资料，产品质量符合绿色食品产品标准，经专门机构认证，许可使用A级绿色食品标志的产品。

公害：公害有很广泛的含义，在此只谈化学物质的公害。对于现代农业来讲，为追求农产品的最大化产出，大量的化学物质（化肥、农药等）应用于环境，造成环境恶化、生态平衡失调、人畜中毒、残留、次要病虫害的猖獗发生、重大病虫害的连续暴发、病虫害产生抗性、土壤板结等等一系列问题，这些问题已经或正在形成对人的生产、生活、娱乐、生存等方面的威胁或危害。这种危害或威胁被称为公害。

无公害农药：是指对有害生物防治效果优良，对人、畜、有害生物的天敌及其他非靶标生物安全，在自然条件下容易降解，从而不会影响环境质量（或不会明显影响环境质量，之后很快恢复），也就是不产生副作用的农药。包括植物农药、微生物源农药、天敌、低毒高效仿生物质等。

无公害农产品：是指产地环境、生产过程和产品质量符合国家有关标准和规范要求，经认证合格获得认证证书，并允许使用无公害农产品标志的未加工或者初加工的食用农产品。

3. 有机食品、绿色食品和无公害食品的区别　有机食品、绿色食品和无公害食品等生产形式，都是我国进行规范化、标准

化生产的典范，相同的终端是得到安全食品、放心食品，笔者认为他们的区别有四方面：

（1）不同的终端。除得到食品外，生产有机食品的终端是生态平衡和可持续农业；绿色食品强调使用可持续发展的技术和措施，希望能得到可持续发展；无公害食品强调不产生公害，尤其是杜绝化学物质残留超标方面的公害。

（2）有机食品来源于比较稳定的生态体系，在生态体系中种植着不同的作物和植物；绿色食品和无公害食品可以是单一的生产体系，比如葡萄园只种植葡萄、玉米地只种植玉米，也可以是来源于比较稳定的生态体系。

（3）技术指标和严易程度不同。从总体上讲，有机食品的标准更严格、更难、技术含量更高；而绿色食品和无公害食品生产比较容易。绿色食品和无公害食品比较，绿色食品的标准相对较严。

（4）行为主体不同。无公害食品是国家行为，是国家为解决食品安全问题而做出的努力；绿色食品是企业行为，是以中国绿色食品发展中心为龙头的企业为食品安全和农业的可持续发展做出的努力；有机食品是民间组织或企业行为，在保护环境和可持续发展条件下的农业生产。

有机农业、绿色食品生产、生态农业（我国把无公害食品归类为生态农业的一部分）都应该是我国大力提倡和发展的农业生产体系，并且他们得到的食品（有机食品、绿色食品、无公害食品）没有高低之分，都是安全、营养的食品；有机农业除得到优质产品外，还努力保护环境、维护生态平衡，是可持续发展的农业生产。

第十八章　标准化管理与营销策略

随着经济社会的发展，食品的卫生安全越来越受到重视，消费者对葡萄的卫生安全提出了新的更高的要求，国家也制定了相关的技术标准，如无公害葡萄生产的标准、绿色食品葡萄的生产标准等。因此，现代葡萄生产应该适应形势的要求，从选址开始就应全程按照标准化技术来管理葡萄园，只有按照标准化技术生产，才能最大限度地保障生产出的葡萄能够符合相关的卫生安全标准，提高经济效益，降低风险。

一、现代葡萄园的标准化管理

（一）标准化建园

按照相关的标准要求，应选择环境要素符合安全卫生标准，附近无污染源的地方建园，园内应采用较为统一的栽培模式，如栽培架式、种植密度等，以利于机械化操作，应选择优良的品种和砧木，优先选择优质无病毒嫁接苗建园，按照标准化要求建立的葡萄园，园相整齐，方便作业，劳动效率高，结果早。

几个要注意的方面：一是尽量选用省力化栽培架式和整形修剪技术，降低成本，如大棚架、独龙干整形技术；二是栽植模式提倡大行距、小株距栽植模式，行距至少 3 米以上，这样不但通风透光好，而且便于机械化操作；三是尽量选用优质大苗建园，可以提早丰产，降低投资风险；四是要选择抗性较好的砧木，特别是对根瘤蚜等毁灭性病虫害的抗性一定要好，以避免受到大的损失。

（二）标准化管理

葡萄从定植开始，就按照标准化技术来管理，如参照无公害葡萄的种植标准来进行，从葡萄园的土肥水管理、整形修剪技术、花果管理、病虫草害综合防控、自然灾害的防御、葡萄鲜果的采收、处理与贮运等全程严格按照技术标准来操作，并做好较为详细的记录，使果园管理达到无公害标准，这样生产出来的葡萄不但卫生安全能够达到无公害果品的标准，并且质量相对较为一致，效益也较好。

其中几个比较重要的方面：一是病虫害的综合防控，要按照无公害栽培的要求，以栽培措施为主，如增施有机肥强健树势，保持合理的枝叶密度，果园生草覆盖改善生物多样性，加强物理生物防治技术的应用，慎用化学农药以及做好安全合理使用等；二是花果管理上要按照品种特点，根据树势和管理水平来确定合理的产量指标，坚持质量优先原则，全园保持统一的标准，这样才能提高商品果率，生产出精品水果，使种植效益最大化。

（三）机械应用和省力化栽培

葡萄种植是劳动密集型产业，劳动量和劳动强度很大。随着我国经济社会的发展，劳动力价值越来越高，人工费用已经成为商业化、规模化葡萄园生产最大的成本，因此，加强葡萄园机械化应用，降低劳动成本是葡萄专业户必须重视的问题。目前，果园小型多功能耕作机应用的已经较为普遍（彩图 44、彩图 45），利用机械可以进行翻耕、开沟、铲草等很多工作，大大降低了果农的劳动强度，也减少了人工费用，但是很多传统果园由于行距较小，在生长季节甚至小型耕作机都很难进入，因此，还是要强调新建果园一定要实行大行距栽植，以利于提高机械化水平。

葡萄园的水肥管理也是一项很耗费人工的工作，目前大部分葡萄园都是以大水漫灌为主，不仅浪费水资源，而且对葡萄生长发育也有不良影响。因此，对葡萄种植专业户来讲，要采取一些现代的水肥管理方式，如地面覆膜、膜下滴灌或渗灌，如果进行微灌有困难，至少应做到改明渠输水为管道输水，改大水漫灌为小水沟灌，并且输水管道同时可进行管道输药，减轻了喷药时的劳动强度，还可以将化肥溶解随管道输水施入，实行肥灌，输水管道可以说是一管三用，应大力推广。

葡萄的整形修剪、摘心、绑蔓、套袋等生产管理也都很费工，因此，应该加快研究推广相应的省力化替代技术，目前，国外的大型葡萄园都是以机械修剪为主，我国的一些标准化种植的规模较大的酿酒葡萄园也开始应用机械修剪，以标准化种植管理为基础的机械化省力修剪是今后葡萄生产的一个方向。目前国内已经研制出了葡萄的绑蔓机（彩图 46），经生产试用，发现效果不错，应大力提倡，葡萄套袋等其他操作管理如何研发省力化替代技术也将是今后的一个研究方向。

二、营销策略

现代鲜食葡萄产业发展的特点是向生产优势区域集中，规模效应越来越明显，与观光休闲农业结合越来越紧密，品牌的重要性越来越突出，这些特点也决定了葡萄的营销仅仅依靠马路市场以及田间地头的零售已经难以为继了，必须进行现代化的营销。

（一）与都市休闲农业的结合

“都市农业”的概念是 20 世纪 50～60 年代由美国的一些经济学家首先提出来的。它是指在都市化地区，利用田园景观、自然生态及环境资源，结合农林牧渔生产、农业经营活动、农村文

化及农家生活，为人们休闲旅游、体验农业、了解农村提供场所。换言之，都市农业是将农业的生产、生活、生态等“三生”功能结合于一体的产业。

休闲农业作为新型农业产业形态和新型消费业态，近年来发展迅速。各地先后形成了农家乐、休闲农庄、观光采摘园和农业主题公园等形式多样、功能多元、特色各异的模式和类型，农业的多功能性得到极大拓展。目前我国休闲农业的发展方式已从农民自发发展向各级政府规划引导转变，经营规模已从零星分布、分散经营向集群分布、集约经营转变，功能定位已从单一功能向休闲、教育、体验等多产业一体化经营转变，空间布局已从城市郊区和景区周边向更多的适宜发展区域转变，经营主体已从农户经营为主向农民合作组织和社会资本共同投资经营发展转变。截至2010年底，全国农家乐已超过150万家，休闲农业园区超过1.8万家，全国休闲农业年接待人数超过4亿人次，年营业收入超过1 200亿元，带动了1 500万农民受益。

都市农业是为满足城市多方面需求服务，尤以生产性、生活性、生态性功能为主，是多功能农业，发展水平较高，位置在大城市地区，可以环绕在市区周围的近郊，也可以镶嵌在市区内部。至于观光农业、休闲农业、旅游农业等，都是都市农业的一些具体经营方式。近年来，我国城市化进程大大加快，经济的飞速发展也使得具有休闲、旅游功能的都市休闲农业迎来了发展的黄金时期。这里以上海马陆葡萄产业发展为例简单地介绍一下都市休闲葡萄产业的发展。

马陆镇位于上海市嘉定区，交通便利。马陆葡萄始种于1981年，至今已有30年的发展历史。为了优化葡萄产业，弘扬葡萄文化，2001年起马陆镇每年在葡萄收获的季节举办“马陆葡萄文化节”，主题是吃农家饭、在葡萄架下自己采摘各种葡萄新品，饮农民自制的葡萄酒，这一为期一个半月的特色旅游每年吸引了大批的中外游客，马陆葡萄已经成为嘉定乃至整个上海都

市农业的一个亮点。2005 年 3 月，为适应形势发展，马陆镇政府批准立项建设了马陆葡萄主题公园，公园占地 30 公顷，总投资 4 000 余万元。

马陆葡萄主题公园以 500 亩葡萄为依托，采用现代农业设施栽培技术，集科研、示范、培训、休闲于一体，着力向游人展现十大景观：情侣葡萄园、采摘葡萄园、观赏葡萄园、水上葡萄园、葡萄盆景园、葡萄长廊、葡萄科普园、葡萄科普馆、水果花卉园、垂钓中心。公园内设有葡萄生态餐厅，主打特色葡萄菜肴，并设有宾馆等附属设施，可接待住宿、会务，马陆葡萄公园因其环境优美、旅游配套设施齐全，充分展示了田园风光与现代农业的魅力，2006 年被评为“全国农业旅游示范点”，2009 年被评为“国家 AAA 级旅游景区”。葡萄主题公园和葡萄节紧密结合，开展了很多丰富多彩的活动，如“相约葡萄架下”纳凉交友游园活动，举办葡萄学术研讨会，“世博大主厨相约马陆，美酒美食嘉年华”世博主题活动等，同时开通了马陆葡萄网，为消费者和果农提供信息服务。现在马陆葡萄主题公园已成为上海市民重要的休闲娱乐场所，每年接待游客数万人。近年来，随着产业的成功发展，马陆镇又提出了规模种植、集中经营、向外拓展的葡萄产业发展新思路。很多葡萄种植户不仅在当地有一定规模的葡萄园，还在青浦、金山、闵行、崇明以及江浙等地开辟基地。马陆葡萄致富了一方乡亲，带动了一个产业，推动了地方经济发展，为上海郊区的现代农业、生态农业、特色农业、休闲农业创出了一条新路。

（二）提高组织化程度，创立自主品牌

农业品牌化是现代农业的一个重要标志，推进农业品牌化是促进传统农业向现代农业转变的有效途径，是提高农产品质量安全水平和竞争力的迫切要求。品牌是市场的通行证，拥有品牌就意味着拥有市场，因此，树立品牌意识，创立自主品牌是现代农

业发展的必由之路。品牌的作用可简单归纳为“叫响一个品牌、带动一方产业、富裕一方百姓”，而通过组建专业合作社、股份公司，引导业主和专业合作社与龙头企业联合，培育销售经纪人等举措，使个体走向联合，分散走向集中，有效提高农产品生产的组织化程度是创立自主品牌成功的一个保证。这里以江苏镇江老方葡萄为例来简单介绍一下品牌化营销。

江苏省镇江市句容市现有鲜食葡萄面积4万多亩，目前基本上已由零星种植发展到规模经营，成立了多家果农合作组织，形成了老方葡萄、张小虎葡萄、白兔贵妃葡萄、七里润丰葡萄等一批镇江知名葡萄品牌，特别是老方葡萄被评为了江苏省十大果品品牌，成为镇江乃至江苏的一张葡萄名片。老方葡萄的创始人全国劳模方继生，开始时自己经营葡萄，由于效益好成为当地的葡萄产业示范园，逐渐带动周边农户种植，老方葡萄也逐渐叫响了市场，为适应市场发展，老方在2000年成立了老方葡萄协会，现有会员1 300人，入会面积达5 000余亩，并注册了老方牌商标，开始创立自主品牌。由于管理规范，品质上乘，2000年老方牌巨峰葡萄每千克卖到14元，仍供不应求，在当地引起极大轰动。

老方葡萄成功的一个重要原因是以葡萄协会为载体，通过科学管理，提高了栽培技术水平，通过标准化的管理，使葡萄质量得到了保证，为打响品牌奠定了良好的基础。为了搞好科学管理技术的普及和销售工作，2006年葡萄协会自筹资金新建了协会大楼、建立了销售门市，便于统一收购，统一销售，设立科普培训会议室、图书阅览室，添置了图书、电脑和投影仪。协会根据葡萄生产情况，每年举办种植管理培训12期以上，每年都邀请国内科研院所和日本葡萄专家来示范园举办讲座，除培训外，协会技术骨干经常深入种植户田头，及时解决生产中的疑难问题。葡萄协会不断引进和推广先进的栽培技术和葡萄新品种，全园巨峰葡萄全部采用日本X形平架栽培，欧亚种全部实行避雨设施栽培，全面推广无公害栽培，50％葡萄园实行滴灌技术。

老方葡萄协会在生产和销售上实行“五统一”，即统一定穗疏果，统一施肥标准，统一供药用药，统一品牌包装，统一价格上市，真正做到了一个牌子对外充分发挥品牌优势。老方品牌所属的葡萄园巨峰葡萄亩产值一般在 8 000 元左右，设施栽培可达 25 000～30 000 元。

第十九章　葡萄园投资与收益分析

葡萄园属于一次投资，长期收益，前期投资较大，存在一定的风险，因此，在准备建园之前，有必要对投资及预期收益进行核算，有助于做出正确的决策。这里以郑州远郊区一处 10 亩的专业葡萄园为例，简单分析葡萄园投资与收益情况。果园为租地建园，水电设施齐全，周边环境较好，果园采用 T 形架式，立柱及横杆为水泥柱，拉线为镀锌钢丝，栽植行距 4 米，株距 1 米，单干双臂整形。

一、建园与前期投资概算（前三年）

1. 土地租金成本（以 3 年为计算期）　800 元/亩年×10 亩×3 年＝24 000 元

2. 架材成本（一次性投入）

（1）水泥桩柱（带横杆 10 厘米×10 厘米×350 厘米，间距 8 米，顶头两根顶杆）。

15 元/根×24 根/亩×10 亩＝3 300 元

（2）镀锌钢丝。6 元/千克×100 千克/亩×10 亩＝6 000 元

（3）人工。60 元/人天×4 人天/亩×10 亩＝2 400 元

架材一次性投入约 11 700 元。

3. 苗木成本（一次性投入）　5 元/株×167 株/亩×10 亩＝8 350元

4. 整地成本（一次性投入）

（1）开挖定植沟。小型挖掘机开沟，深度 1 米，宽度 1 米，

长度 167 米。500 元/亩×10 亩=5 000 元。

(2) 定植沟整理。对开挖的定植沟进行回填，整理成标准定植带，一次性施入的秸秆、农家肥、磷肥等需投入 400 元/亩×10 亩=4 000 元，人工投入 60 元/人天×2 人天/亩×10 亩=1 200元。

(3) 共计 10 200 元。

5. 施肥成本

(1) 施基肥。300 元/亩×10 亩×2 年=6 000 元。

(2) 施追肥。按每年每亩施用复合肥 300 千克计，3 元/千克×300 千克/亩×10 亩×3 年=27 000 元。

(3) 共计 33 000 元。

6. 定植成本（一次性投入） 40 元/天×2 人天/亩×10 亩=800 元

7. 周年管理人工成本 喷药、枝芽修剪、绑缚、果实采收等，长期工 2 人，1 200/人月×2 人×8 个月×3 年=57 600 元；临时工 40 元/人天×5 人天/亩×10 亩×3 年=6 000 元；合计 63 600 元。

8. 葡萄套袋成本 250 元/亩×10 亩×2 年=5 000 元

9. 农药投入 200 元/亩×10 亩×3 年=6 000 元

10. 销售成本 第 2～3 年每亩产葡萄果实 2 500 千克，亩产值 15 000 元，总产值 15 万元，销售费用 15 万×2.0%=3 000元。

11. 技术服务费 聘请技术人员包干指导 2000 元/年×3 年=6 000 元

12. 水电费及其他费用 约 1 000 元/年×3 年=3 000 元

13. 简易辅助设施 如工具房、休息室等，建设成本 5 000元。

表 19-1　葡萄种植投资成本预算表

项目名称	时间（年）	计算依据	投资金额（元）
1. 土地租金	3	800 元/亩年×10 亩×3 年	24 000
2. 棚架材料	3	1 170 元/亩×10 亩	11 700

（续）

项目名称	时间（年）	计算依据	投资金额（元）
3. 苗木	1	5元/株×83株/亩×10亩	8 350
4. 整地开沟	1	整地及种植沟整理	10 200
5. 施肥	3	包括每年基肥和各年追肥	36 000
6. 种植	1	40元/天×2人天/亩×10亩	800
7. 周年管理	3	喷药、修剪、绑缚、果实采收等	63 600
8. 葡萄套袋	2	250元/亩×10亩×2年	5 000
9. 农药投入	3	200元/亩×10亩×3年	6 000
10. 销售	2	15万元×2%×2年	3 000
11. 技术费	3	聘请技术员指导2000元/年×3年	6 000
12. 其他	3	水电及其他费用1000元/年×3年	3 000
13. 简易设施	1	看护及工具房等建设成本	5 000元
合计			18.5万

二、经济效益分析（前三年）

1. 总收入 种植第二年，亩产为5千克/株×167株/亩=835千克；种植第三年，亩产为15千克/株×167株/亩=2 505千克；前三年总产量为3 340（835+2 505）千克/亩×10亩=33 400千克；前三年总收入为6元/千克×33 400千克=20万元。

2. 总支出 种植前3年投入总成本为18.5万元。

3. 净利润 总收入－总支出=20－18.5=1.5万元。基本可收回全部投资。

三、长期经济收益分析

从第四年开始，年均投入如下：施肥1 200元/亩，周年管理 2 120 元/亩，套袋 500 元/亩，农药 300 元/亩，技术服务费 200 元/亩，其他 300 元/亩，年均投入约为 4 620 元。

每亩葡萄葡萄产量控制在 2 500 千克以内，确保果品优质，单价按 6.0 元/千克计，亩产值可达 15 000 元，每亩扣除生产和管理成本 4 620 元，每亩可获利润 10 380 元，10 亩葡萄园地每年可获利润 10.38 万元。

葡萄的最佳经济寿命为 15～20 年，效益相当可观。

四、避雨设施投资概算

以郑州地区一处竹木结构避雨葡萄园为例，简要计算每亩投入。

1. 苗木的费用　葡萄避雨栽培采用双十字 V 形架，栽植株行距为 1 米×3 米，每亩栽 222 株，每株 5 元，计 1 110 元。

2. 定植沟的挖、填及葡萄苗栽植的费用　葡萄定植前挖宽、深 40～60 厘米的条沟，连挖带填及栽植需 8 个劳动日工，每个劳动日工需 40 元，计 320 元。

3. 避雨棚架柱的费用　亩需水泥柱 70 根（水泥柱不带两道横梁），每根水泥柱铸造成需 30 元，合计 2 100 元。

4. 毛竹的费用　亩需避雨棚横梁、纵向毛竹，双十字 V 形架两道毛竹横梁，合计 571 元。

5. 避雨棚钢丝的费用　每亩避雨棚顶端拉丝及两道横梁两端，共 5 道钢丝，需1 444米，每米 0.3 元，计 433 元。

6. 栽植前底肥的费用　每亩葡萄园栽植前需腐熟的鸡粪 8～10 米^3，每立方米鸡粪 120 元，计 960～1 200 元。

7. 栽植后地膜的费用　每亩需 80 厘米宽地膜 3.3 千克，每千克地膜 13 元，计 40 元。

8. 避雨棚膜的费用　每亩避雨棚需 0.03 毫米厚的棚膜 16 千克，每千克棚膜 13 元，计 208 元。

9. 避雨棚压膜线及拱杆费用 每亩需压膜布条 20 元、直径 1.5 厘米左右细毛竹 80 元，计 100 元。

以上各项总计：5 242 元。

五、存在的风险及对策

1. 政策风险 随着我国经济社会发展，各地都在加快建设，土地被占用已成为果园投资的最大风险之一，特别是在城市郊区建园，这种风险更大。由于果园投资看重的是长期收益，即使有补偿，和预期收益相比也会是很大的损失，因此，建立果园时最好避开城市近郊等潜在的建设用地。

2. 气候异常引发自然灾害 近几年，灾害性天气多发，北方旱灾、冻害、雹灾，南方的台风等极端灾害天气都会给果园带来毁灭性打击，因此，建园时需考虑防备措施，或选择小气候相对较好的地方来建园，规避自然灾害。

3. 流行性病虫害的发生 葡萄根瘤蚜等一些严重的病虫害如果大发生会给葡萄园带来毁灭性打击，对此要加强检疫，不从疫区调运苗木，另外建园时采用抗性砧木嫁接苗以减低此类风险的发生概率。

4. 管理技术水平 葡萄专业种植户能否成功的一个最重要因素是果园的管理水平。如果管理技术较好，葡萄生长好，那么第二年就会有相当的产量，一般 3～4 年即可收回前期投资，以后的经营压力就会小很多，果园收益也有保证，但如果技术上不过关，产量迟迟上不去，前期投资不断加大，收益却一直很少，一旦资金链断裂，那么果园投资很可能会以失败告终。如果是专业的葡萄种植户，自己不是很懂技术，建议一定要聘请正规的技术人员来负责指导生产，以避免管理不善造成损失。

附　　录

附录1　葡萄苗木分级标准（NY 469—2001）

附表1-1　自根苗质量标准

项目		级别		
		一级	二级	三级
品种纯度		>98%		
根系	侧根数	≥5	≥4	≥4
	侧根粗度（cm）	≥0.3	≥0.2	≥0.2
	侧根长度（cm）	≥20	≥15	≥15
	侧根分布	均匀，舒展		
枝干	成熟度	木质化		
	枝干高度（cm）	20		
	枝干粗度（cm）	≥0.8	≥0.6	≥0.5
根皮与枝皮		无新损伤		
芽眼数		≥5	≥5	≥5
病虫为害情况		无检疫对象		

附表1-2　嫁接苗质量标准

项目		级别		
		一级	二级	三级
品种与砧木纯度		≥98%		
根系	侧根数量	≥5	≥4	≥4
	侧根粗度（cm）	>0.4	≥0.3	≥0.2
	侧根长度（cm）	≥20		
	侧根分布	均匀舒展		

（续）

<table>
<tr><th colspan="3" rowspan="2">项目</th><th colspan="3">级别</th></tr>
<tr><th>一级</th><th>二级</th><th>三级</th></tr>
<tr><td rowspan="5">枝干</td><td colspan="2">成熟度</td><td colspan="3">充分成熟</td></tr>
<tr><td colspan="2">枝干高度（cm）</td><td colspan="3">≥30</td></tr>
<tr><td colspan="2">接口高度（cm）</td><td colspan="3">10～15</td></tr>
<tr><td rowspan="2">粗度</td><td>硬枝嫁接（cm）</td><td>≥0.8</td><td>≥0.6</td><td>≥0.5</td></tr>
<tr><td>绿枝嫁接（cm）</td><td>≥0.6</td><td>≥0.5</td><td>≥0.4</td></tr>
<tr><td colspan="3">嫁接愈合程度</td><td colspan="3">愈合良好</td></tr>
<tr><td colspan="3">根皮与枝皮</td><td colspan="3">无新损伤</td></tr>
<tr><td colspan="3">接穗品种芽眼数</td><td>≥5</td><td>≥5</td><td>≥3</td></tr>
<tr><td colspan="3">砧木萌蘖</td><td colspan="3">完全清除</td></tr>
<tr><td colspan="3">病虫为害情况</td><td colspan="3">无检疫对象</td></tr>
</table>

附录 2　A 级绿色食品生产中禁止使用的化学农药种类（NY/T 393—2000）

种类	农药名称	禁用作物	禁用原因
无机砷杀虫剂	砷酸钙、砷酸铅	所有作物	高毒
有机砷杀菌剂	甲基胂酸锌、甲基胂酸铁铵（田安）、福美甲胂、福美胂	所有作物	高残毒
有机锡杀菌剂	薯瘟锡（三苯基醋酸锡）、三苯基氯化锡、毒菌锡	所有作物	高残留
有机汞杀菌剂	氯化乙基汞（西力生）、醋酸苯汞（赛力散）	所有作物	剧毒、高残留
氟制剂	氟化钙、氟化钠、氟乙酸钠、氟乙酰铵、氟铝酸钠、氟硅酸钠	所有作物	剧毒、高毒、易产生药害
有机氯杀虫剂	滴滴涕、六六六、林丹、艾氏剂、狄氏剂	所有作物	高残毒

（续）

种类	农药名称	禁用作物	禁用原因
有机氯杀螨剂	三氯杀螨醇	蔬菜、果树	我国生产的工业品中含有一定数量的滴滴涕
卤代烷类熏蒸杀虫剂	二溴乙烷、二溴氯丙烷	所有作物	致癌、致畸
有机磷杀虫剂	甲拌磷、乙拌磷、拌磷、对硫磷、甲基对硫磷、甲胺磷、甲基异柳磷、治螟磷、氧化乐果、甲磷胺	所有作物	高毒
有机磷杀菌剂	稻瘟净、异稻瘟净	所有作物	异嗅类、高毒
氨基甲酸酯杀虫剂	克百威、涕灭威、灭多威	所有作物	高毒
二甲基甲脒类杀虫杀螨剂	杀虫脒	所有作物	慢性毒性、致癌
拟除虫菊脂类杀虫剂	所有拟除虫菊酯类杀虫剂	水稻	对鱼毒性大
取代苯类杀虫菌剂	五氯硝基苯、稻瘟醇（五氯苯甲醇）	所有作物	国外有致癌报道或二次药害
植物生长调节剂	有机合成植物生长调节剂	所有作物	
二苯醚类除草剂	除草醚、草枯醚	所有作物	慢性毒性
除草剂	各类除草剂	蔬菜	

附录 3　常用农药混合使用一览表

马拉硫磷	=																									
辛硫磷	=	=																								
水胺硫磷	=	=	=													+	：	可	混	用						
甲基异硫磷	=	=	=	=												=	：	性	质	相	似	不	必	混	用	
哒嗪硫磷	=	=	=	=	=											×	：	不	可	混	用					

（续）

农药名称	马拉硫磷	辛硫磷	水胺硫磷	甲基异硫磷	哒嗪硫磷	氧化乐果	杀螟松	敌百虫	敌敌畏	乙酰甲胺磷	杀灭菊酯	溴氰菊酯	灭扫利	来福灵	功夫	达螨灵	螨死净	尼索朗	克螨特	阿维菌素	多菌灵	甲基托布津	百菌清	石硫合剂	波尔多液	退菌特
氧化乐果	+	+	+	+	+	=																				
杀螟松	=	+	=	=	=	+	=																			
敌百虫	+	=	=	=	=	+	=	=																		
敌敌畏	+	=	+	+	+	+	+	=	=																	
乙酰甲胺磷	+	+	+	+	+	=	+	+	+	=																
杀灭菊酯	+	+	+	+	+	+	+	+	+	+	=															
溴氰菊酯	+	+	+	+	+	+	+	+	+	+	=	=														
灭扫利	+	+	+	+	+	+	+	+	+	+	=	=	=													
来福灵	+	+	+	+	+	+	+	+	+	+	=	=	=	=												
功夫	+	+	+	+	+	+	+	+	+	+	=	=	=	=	=											
达螨灵	+	+	+	+	+	+	+	+	+	+	+	+	+	+	+	=										
螨死净	+	+	+	+	+	+	+	+	+	+	+	+	+	+	+	+	=									
尼索朗	+	+	+	+	+	+	+	+	+	+	+	+	+	+	+	+	=	=								
克螨特	+	+	+	+	+	+	+	+	+	+	+	+	+	+	+	+	+	+	=							
阿维菌素	+	+	+	+	+	+	+	+	+	+	+	+	+	+	+	+	+	+	=	=						
多菌灵	+	+	+	+	+	+	+	+	+	+	+	+	+	+	+	+	+	+	+	+	=					
甲基托布津	+	+	+	+	+	+	+	+	+	+	+	+	+	+	+	+	+	+	+	+	=	=				
百菌清	+	+	+	+	+	+	+	+	+	+	+	+	+	+	+	+	+	+	+	+	+	+	=			
石硫合剂	×	×	×	×	×	×	×	+	×	×	×	×	×	×	×	×	×	×	×	×	×	×	×	=		
波尔多液	×	×	×	×	×	×	×	+	×	×	×	×	×	×	×	×	×	+	×	×	×	×	×		=	
退菌特	+	+	+	+	+	+	+	+	+	+	+	+	+	+	+	+	+	+	+	+	+	+	+	×	×	=
三唑酮	+	+	+	+	+	+	+	+	+	+	+	+	+	+	+	+	+	+	+	+	+	+	+	×	×	+

附录4　在我国登记用于葡萄病害的杀菌剂混剂

混剂名称	混剂成分	用量	防治病害	施药方式
戊唑醇·多菌灵	多菌灵22%、戊唑醇8%可湿粉	250～375毫克/千克	白腐病	喷雾
锰锌·烯唑醇	代森锰锌30%、烯唑醇2.5%可湿粉	541.7～812.5毫克/千克	黑痘病	喷雾
噁唑菌酮·锰锌	噁唑菌酮6.25%、代森锰锌62.5%可分散粒剂	800～1 200倍液	霜霉病	喷雾
丙森·缬霉威	丙森锌61.3%、缬霉威5.5%可湿性粉剂	668～954毫克/千克	霜霉病	喷雾
多菌灵·福美双	30%、40%、50%、58%、60%、75%可湿粉	1 000～1 250毫克/千克	霜霉病	喷雾
烯肟·霜脲氰	霜脲氰12.5%、烯肟菌酯12.5%可湿性粉剂	6.6～13.3克/亩	霜霉病	喷雾
烯酰·松铜	松脂酸铜15%、烯酰吗啉10%水乳剂	20～25克/亩	霜霉病	喷雾
烯酰·锰锌	代森锰锌60%、烯酰吗啉9%可湿性粉剂	83～138克/亩	霜霉病	喷雾
波尔·锰锌	波尔多液48%、代森锰锌30%可湿性粉剂	1 300～1 560毫克/千克	白腐病	喷雾
丙唑·多菌灵	丙环唑7%、多菌灵28%	167～250毫克/千克	白腐病 炭疽病	喷雾
克菌·戊唑醇	克菌丹320克/升、戊唑醇80克/升悬浮剂	267～400毫克/千克	白腐病 霜霉病 炭疽病	喷雾
波尔·甲霜灵	波尔多液77%、甲霜灵8%可湿性粉剂	400～800倍液	霜霉病	喷雾
百菌清·代森锌	百菌清35%、代森锌35%可湿性粉剂	56～84克/亩	炭疽病	喷雾
百·福	百菌清20%、福美双50%可湿性粉剂	875～1 167毫克/千克	霜霉病	喷雾
甲霜·锰锌	甲霜灵8%、代森锰锌64%水分散粒剂	72～346克/亩	霜霉病	喷雾

附录5 日本葡萄中农药残留限量标准

农药名称	限量（毫克/千克）	备注	农药名称	限量（毫克/千克）	备注
杀菌剂			杀菌剂		
爱比菌素	0.02	暂定标准	腈嘧菌酯	10	现行标准
敌菌灵	10	暂定标准	苯霜灵	0.2	暂定标准
联苯三唑醇	0.05	暂定标准	乙烯菌核利	5	暂定标准
克菌丹	5	暂定标准	啶酰菌胺	10	现行标准
环丙酰菌胺	0.1	暂定标准	敌菌丹	不得检出	现行标准
克氯得	0.05	暂定标准	多菌灵、托布津、甲基托布津、苯菌灵（总量）	3	暂定标准
氰霜唑	10	现行标准	百菌清	0.5	现行标准
环氟菌胺	5	暂定标准	霜脲氰	1	现行标准
环丙唑醇	0.2	现行标准	嘧菌环胺	5	现行标准
棉隆、威百亩、甲基异硫氰酸酯（总量）	0.1	暂定标准	胺磺铜	20	暂定标准
三环唑	0.02	暂定标准	哒菌酮	0.02	暂定标准
抑菌灵	15	现行标准	氯硝铵	7	暂定标准
乙霉威	5.0	现行标准	苯醚甲环唑	0.5	现行标准
双氢链霉素，链霉素（总量）	0.05	暂定标准	烯酰吗啉	5	现行标准
甲菌定	0.1	暂定标准	二氰蒽醌	3	暂定标准
多果定	0.2	暂定标准	乙氧喹啉	0.05	暂定标准
环酰菌胺	20	现行标准	噁唑菌酮	2	现行标准
咪唑菌酮	3	现行标准	腈苯唑	3	暂定标准
氯苯嘧啶醇	1.0	现行标准	粉锈啉	0.05	暂定标准
三苯锡	0.05	暂定标准	氟啶胺	0.5	现行标准

（续）

农药名称	限量（毫克/千克）	备注	农药名称	限量（毫克/千克）	备注
杀菌剂			杀菌剂		
氟硅唑	0.5	现行标准	咯菌清	5	现行标准
灭菌丹	2	现行标准	六氯苯	0.01	暂定标准
福赛得	70	现行标准	恶霉灵	0.5	暂定标准
呋吡菌胺	0.1	暂定标准	亚胺唑	5	现行标准
己唑醇	0.1	现行标准	双胍辛胺	0.5	现行标准
烯菌灵	0.02	暂定标准	缬霉威	2	暂定标准
异菌脲	25	现行标准	亚胺菌	15	现行标准
稻瘟灵	0.1	暂定标准	甲霜灵和精甲霜灵（总量）	1	暂定标准
嘧菌胺	15	现行标准	苯酰菌胺	3	暂定标准
代森环	0.6	暂定标准	腈菌唑	1.0	现行标准
恶霜灵	1	暂定标准	灭锈胺	5.0	现行标准
喹啉铜	2	暂定标准	戊菌唑	0.2	现行标准
戊菌隆	0.1	暂定标准	嗪胺灵	2	暂定标准
百克敏	2	暂定标准	腐霉利	5	现行标准
多氧霉素	0.05	暂定标准	环丙唑	0.5	现行标准
咪酰胺	0.05	暂定标准	吡嘧磷	0.05	暂定标准
五氯硝基苯	0.02	暂定标准	二甲嘧菌胺	10	现行标准
甚孢菌素	1	暂定标准	戊唑醇	2	暂定标准
四氯硝基苯	0.05	暂定标准	硅氟唑	5	暂定标准
甲基立枯磷	0.1	现行标准	四氟醚唑	0.5	现行标准
三唑酮	0.5	暂定标准	噻菌灵	3	暂定标准
水杨菌胺	0.1	暂定标准	甲苯氟磺胺	3	暂定标准
十三吗啉	0.05	暂定标准	三唑醇	0.5	现行标准
氟菌唑	2.0	暂定标准			

（续）

农药名称	限量（毫克/千克）	备注	农药名称	限量（毫克/千克）	备注
杀虫剂			杀虫剂		
乙酰甲胺磷	5.0	现行标准	吡虫清	5	现行标准
氟丙菊酯	2	现行标准	棉铃威	2	暂定标准
涕灭威	0.05	现行标准	艾氏剂和狄氏剂（总量）	不得检出	现行标准
三氧化二砷	1.0	现行标准	甲基谷硫磷	1	暂定标准
丙硫克百威	0.5	暂定标准	六六六（四种异构体总量）	0.2	现行标准
联苯肼酯	3	现行标准	联苯菊酯	2	现行标准
卡呋菊酯	0.1	现行标准	乙基溴硫磷	0.05	暂定标准
噻嗪酮	1	暂定标准	西维因	1.0	现行标准
克百威	0.3	暂定标准	丁呋喃	0.2	暂定标准
杀螟丹、杀虫环、杀虫蝗（总量）	3	暂定标准	氯丹	0.02	暂定标准
毒虫畏	0.05	暂定标准	氟定脲	2.0	现行标准
氟唑虫清	5	暂定标准	毒死蜱	1.0	现行标准
甲基毒死蜱	0.2	暂定标准	环虫酰肼	1	暂定标准
噻虫胺	5	现行标准	氯羟吡啶	0.2	暂定标准
杀螟腈	0.2	暂定标准	乙氰菊酯	0.2	暂定标准
氟氯氰菊酯	1.0	现行标准	三氟氯氰菊酯	1.0	现行标准
氯氰菊酯	2.0	现行标准	落灭津	0.02	暂定标准
滴滴涕（包括DDD和DDE）	0.2	现行标准	溴氰菊酯和四溴菊酯（总量）	0.5	现行标准
甲基内吸磷	0.4	暂定标准	丁嘧脲	0.02	暂定标准
二嗪磷	0.1	现行标准	敌敌畏和二溴磷（总量）	0.1	现行标准
除虫脲	0.05	暂定标准	敌杀磷	0.05	暂定标准

（续）

农药名称	限量（毫克/千克）	备注	农药名称	限量（毫克/千克）	备注
杀虫剂			杀虫剂		
呋虫胺	10	暂定标准	二硫代氨基甲酸盐类	5	暂定标准
乙拌磷	0.05	暂定标准	乙嘧硫磷	0.2	现行标准
因灭汀	0.1	暂定标准	异狄氏剂	不得检出	现行标准
硫丹	1	暂定标准	乙虫清	0.02	暂定标准
乙硫磷	0.3	暂定标准	杀螟硫磷	0.2	现行标准
皮蝇磷	0.01	暂定标准	苯氧威	0.05	暂定标准
仲丁威	0.3	现行标准	倍硫磷	2	暂定标准
甲氰菊酯	5	现行标准	氟虫清	0.01	暂定标准
氰戊菊酯	5.0	现行标准	氟虫脲	2	现行标准
氟氰戊菊酯	2.0	现行标准	安果	0.02	暂定标准
氟胺氰菊酯	2.0	现行标准	七氯	0.01	暂定标准
氟铃脲	0.02	暂定标准	噁唑磷	0.2	暂定标准
吡虫啉	3	暂定标准	林丹	1	暂定标准
恶二唑虫	1	暂定标准	马拉硫磷	8.0	现行标准
灭蚜磷	0.05	暂定标准	速灭磷	0.3	暂定标准
乙丁烯酰磷	0.05	暂定标准	甲胺磷	3	暂定标准
杀扑磷	1	暂定标准	甲硫威	0.1	现行标准
甲氧滴滴涕	7	暂定标准	甲氧虫酰肼	1	暂定标准
烯啶虫胺	5	暂定标准	氧化乐果	1	暂定标准
砜吸磷	0.06	现行标准	甲基对硫磷	0.2	现行标准
对硫磷	0.3	暂定标准	丙溴磷	0.05	暂定标准
氯菊酯	5.0	暂定标准	苯醚菊酯	0.02	暂定标准
稻丰散	0.1	暂定标准	甲拌磷	0.05	暂定标准
伏杀硫磷	1	暂定标准	亚胺硫磷	10	暂定标准

（续）

农药名称	限量（毫克/千克）	备注	农药名称	限量（毫克/千克）	备注
杀虫剂			杀虫剂		
磷胺	0.2	暂定标准	辛硫磷	0.02	暂定标准
抗蚜威	0.50	现行标准	甲基虫螨磷	1.0	现行标准
残杀威	1	暂定标准	吡蚜酮	1	暂定标准
丙硫磷	2.0	现行标准	除虫菊酯	1	现行标准
哒嗪硫磷	0.1	暂定标准	啶虫丙醚	0.02	暂定标准
蚊蝇醚	0.1	暂定标准	喹硫磷	0.02	现行标准
苄呋菊酯	0.1	暂定标准	氟硅菊酯	0.05	暂定标准
乐果	1	暂定标准	艾克敌	0.5	现行标准
伏虫隆	1	现行标准	七氟菊酯	0.1	暂定标准
杀虫威	10	暂定标准	特丁硫磷	0.005	暂定标准
噻虫啉	5	暂定标准	噻虫嗪	5	暂定标准
硫双威和灭多威（总量）	5	暂定标准	甲基乙拌磷	0.05	现行标准
三唑磷	0.02	暂定标准	敌百虫	0.50	现行标准
蚜灭磷	0.5	现行标准	灭除威	0.2	暂定标准
二苯胺	0.05	暂定标准	抑虫肼	0.5	现行标准
除草剂			除草剂		
茅草枯	3	暂定标准	2，4，5-涕	不得检出	现行标准
2，4-D	0.5	现行标准	甲草胺	0.01	现行标准
莠灭净	0.4	暂定标准	磺草灵	0.2	暂定标准
杀草强	不得检出	现行标准	莠去津	0.02	暂定标准
燕麦灵	0.05	暂定标准	苯达松	0.02	暂定标准
苄嘧磺隆	0.02	暂定标准	地散磷	0.03	暂定标准
四唑嘧磺隆	0.02	暂定标准	溴苯腈	0.01	暂定标准
苯草酮	0.05	暂定标准	英拜除草剂	0.1	暂定标准

（续）

农药名称	限量（毫克/千克）	备注	农药名称	限量（毫克/千克）	备注
除草剂			除草剂		
双丙胺磷	0.02	暂定标准	氟酮唑草	0.1	暂定标准
抑草磷	0.05	暂定标准	吲哚酮草酯	0.05	暂定标准
氯苯胺灵	0.05	暂定标准	氯草灵	0.05	暂定标准
枯草隆	0.05	暂定标准	燕麦敌	0.05	暂定标准
炔草酯	0.02	暂定标准	敌草腈	0.2	暂定标准
异恶草酮	0.02	暂定标准	塞草酮	0.5	现行标准
苄草隆	0.02	暂定标准	2，4-滴丙酸	3	暂定标准
燕麦清	0.05	暂定标准	二氟吡隆	0.05	暂定标准
吡氟草胺	0.002	暂定标准	敌草隆	0.05	暂定标准
达诺杀	0.05	暂定标准	敌草快	0.03	暂定标准
特乐酚	0.05	暂定标准	丙草丹	0.1	暂定标准
嘧啶磺隆	0.1	现行标准	噁唑禾草灵	0.1	暂定标准
吡氟禾草灵	0.2	现行标准	丙炔氟草胺	0.1	现行标准
伏草隆	0.02	暂定标准	唑呋草	0.04	暂定标准
氟草烟	0.05	暂定标准	草胺磷	0.30	现行标准
草甘膦	0.2	现行标准	氯吡嘧磺隆	0.02	暂定标准
咪唑乙烟酸铵	0.05	暂定标准	异恶隆	0.02	暂定标准
咪唑喹啉酸	0.05	暂定标准	环草定	0.3	现行标准
碘苯腈	0.1	暂定标准	利谷隆	0.2	暂定标准
2甲4氯（包括酚硫杀）	0.1	现行标准	2甲4氯丁酸	0.2	暂定标准
萘丙酰草胺	0.1	暂定标准	氨磺乐灵	1	暂定标准
甲草苯隆	0.1	暂定标准	噁嗪草酮	0.02	暂定标准
禾草敌	0.02	暂定标准	哒草氟	0.1	暂定标准
绿谷隆	0.05	暂定标准	乙氧氟草醚	0.05	暂定标准

（续）

农药名称	限量（毫克/千克）	备注	农药名称	限量（毫克/千克）	备注
除草剂			除草剂		
硝草胺	0.1	现行标准	百草枯	0.05	暂定标准
敌稗	0.1	暂定标准	霸草灵	0.1	暂定标准
炔苯酰草胺	0.06	暂定标准	烯禾定	1.0	现行标准
苄草唑	0.02	暂定标准	喹禾灵	0.02	现行标准
西玛津	0.2	暂定标准	野麦畏	0.1	暂定标准
特草定	0.1	现行标准	甲磺草胺	0.05	暂定标准
三氯吡氧乙酸	0.03	暂定标准	丁噻隆	0.02	暂定标准
吡喃草酮	0.05	暂定标准	吡氟氯禾灵	0.05	暂定标准
杀螨剂			杀螨剂		
灭螨醌	0.5	现行标准	乙酯杀螨醇	0.02	暂定标准
杀螨特	0.01	暂定标准	三环锡	不得检出	现行标准
双甲脒	0.05	暂定标准	四螨嗪	1.0	现行标准
灭螨猛	0.1	现行标准	氯杀螨	0.01	暂定标准
溴螨酯	2	暂定标准	杀螨酯	0.01	暂定标准
三氯杀螨醇	3.0	现行标准	消螨普	0.5	暂定标准
噻螨酮	2	现行标准	氟丙氧脲	1	现行标准
炔螨特	7	暂定标准	嘧螨醚	0.3	暂定标准
苯丁锡	5.0	现行标准	乙螨唑	1	暂定标准
唑螨酯	2.0	现行标准	苯硫威	0.5	暂定标准
吡螨胺	0.5	现行标准	三氯杀螨砜	1	暂定标准
螺螨酯	5	暂定标准	哒螨灵	2.0	现行标准
生长调节剂			生长调节剂		
1-萘乙酸	0.1	暂定标准	矮壮素	1	现行标准
对氯苯氧乙酸	0.02	暂定标准	乙烯利	1	暂定标准
赤霉素	0.2	暂定标准	二溴乙烯	0.01	暂定标准

（续）

农药名称	限量（毫克/千克）	备注	农药名称	限量（毫克/千克）	备注
生长调节剂			生长调节剂		
氯吡脲	0.1	暂定标准	二氯乙烯	0.01	暂定标准
抑芽丹	25	现行标准	吲熟酯	5	暂定标准
缩节胺	2	暂定标准	烯丙苯噻唑	0.03	暂定标准
双苯氟脲	0.02	暂定标准	茉莉酸诱导体	0.05	现行标准
多效唑	0.5	暂定标准	抗倒酯	0.02	暂定标准
杀铃脲	0.02	暂定标准	单克素	0.1	暂定标准
丁酰肼	不得检出	现行标准	密灭汀	0.5	暂定标准
杀鼠剂			杀鼠剂		
杀鼠灵	0.001	暂定标准	溴鼠灵	0.001	暂定标准
杀鼠酮	0.001	暂定标准			
杀线虫剂			杀线虫剂		
二氯异丙醚	0.2	现行标准	呋线威	0.1	暂定标准
丙线磷	0.02	现行标准	克线磷	0.06	暂定标准
杀软体动物剂			杀软体动物剂		
四聚乙醛	1	暂定标准			
增效剂			增效剂		
增效醚	8	暂定标准			
未分类			未分类		
1，1-二氯-2，2-二（四-乙苯）乙烷	0.01	暂定标准	壬基苯酚磺酸酮	5	暂定标准
邻苯二甲酸铜	5	现行标准	氢氰酸	5	暂定标准
磷化氢	0.01	暂定标准	N6-苯甲酰基腺嘌呤	0.1	暂定标准
溴化物	20	现行标准			

附录6 果园常用肥料营养指标

附表6-1 果园常用有机肥料营养成分含量

肥料名称		有机质含量(%)	N含量(%)	P_2O_5含量(%)	K_2O含量(%)	CaO含量(%)
土杂肥		—	0.2	0.18～0.25	0.7～2.0	
猪粪	粪	15.0	0.56	0.40	0.44	
	尿	2.5	0.30	0.12	0.95	
牛粪	粪	14.5	0.32	0.25	0.15	0.34
	尿	3.0	0.5	0.03	0.65	0.01
马粪	粪	20.0	0.55	0.30	0.24	0.15
	尿	6.5	1.20	0.01	1.50	0.45
羊粪	粪	28.0	0.65	0.50	0.25	0.46
	尿	7.20	1.40	0.03	1.20	0.16
人粪	粪	20.0	1.0	0.50	0.31	
	尿	3.0	0.50	0.13	0.19	
大豆饼			0.70	1.32	2.13	
花生饼			6.32	1.17	1.34	
棉子饼			4.85	2.02	1.90	
菜子饼			4.60	2.48	1.40	
芝麻饼			6.20	2.95	1.40	

附表6-2 果园常用有机肥、无机肥当年利用率

肥料名称	当年利用率(%)	肥料名称	当年利用率%
一般土杂粪	15	尿素	35～40
大粪干	25	硫酸铵	35
猪粪	30	硝酸铵	35～40
草木灰	40	过磷酸钙	20～25

（续）

肥料名称	当年利用率（%）	肥料名称	当年利用率%
菜子饼	25	硫酸钾	40～50
棉子饼	25	氯化钾	40～50
花生饼	25	复合肥	40
大豆	25	钙镁磷肥	34～40

附录7　国内常用果树根外喷肥种类及浓度

元素名称	肥料名称	使用浓度（%）	年喷次数（次）	备注
N	尿素	0.3～0.5	2～3	可与波尔多液混喷
NP	磷酸铵	0.5～1.0	3～4	生育期喷
P	过磷酸钙	1.0～3.0	2～3	果实膨大期开始喷
K	硫酸钾	1.0～1.5	2～3	果实膨大期开始喷
K	氯化钾	0.5～1.0	2～3	果实膨大期开始喷
PK	磷酸二氢钾	0.2～0.5	2～3	果实膨大期开始喷
K	草木灰	1.0～6.0		不能与氮肥、过磷酸钙混用
Fe	硫酸亚铁	0.5～1.0	每隔15～20天1次	幼叶开始变绿时喷
B	硼砂	0.2～0.3	2～3（花期）	土施0.2～2.0千克/亩，与有机肥混施
B	硼酸	0.2～0.3	2～3（花期）	土施2～2.5千克/亩，与有机肥混用
Mn	硫酸锰	0.2～0.4	1～2	
Cu	硫酸铜	0.1～0.2	1～2	土施1.5～2.0千克/亩，与有机肥混用
Mo	钼酸铵	0.02～0.05	2～3（生长前期）	土施10～100克/亩，与有机肥混用

（续）

元素名称	肥料名称	使用浓度（%）	年喷次数（次）	备注
Zn	硫酸锌	0.3～0.5	发芽前	土施 4～5 千克/亩
Ca	氯化钙	0.3～0.5	2～3	花后 3～5 周喷效果最佳
Mg	硫酸镁	1.0～2.0	2～3	
Zn	硫酸锌	0.1～0.2 0.3～0.5	发芽展叶期 落叶前	

附录 8　无公害食品　鲜食葡萄（NY 5086—2002）

附表 8-1　无公害食品　鲜食葡萄感官要求

项　目	指　标
果穗	典型且完整
果粒	大小均匀、发育良好
成熟度	充分成熟果粒≥98%
色泽	具有本品种应有的色泽
风味	具有本品种固有的风味
缺陷果	≤5%

附表 8-2　无公害食品　鲜食葡萄卫生要求

（单位：毫克/千克）

序　号	项　目	指　标
1	砷（以 As 计）	≤0.5
2	铅（以 Pb 计）	≤0.2
3	镉（以 Cd 计）	≤0.05
4	汞（以 Hg 计）	≤0.01
5	敌敌畏（dichlorvos）	≤0.2

（续）

序　号	项　目	指　标
6	杀螟硫磷（fenitrothion）	≤0.5
7	溴氰菊酯（deltamethrin）	≤0.1
8	氰戊菊酯（fenvalerate）	≤0.2
9	敌百虫（trichlorfon）	≤0.1
10	百菌清（chlorothalonil）	≤1
11	多菌灵（carbendazim）	≤0.5

注：根据《中华人民共和国农药管理条例》，剧毒和高毒农药不得在果品生产中使用。

附录9　葡萄园周年管理工作历

1. 休眠期的管理

（1）苗木出圃、分级、贮藏和销售。

（2）果实贮存期的管理。

（3）刮老树皮，彻底清园。

（4）寒潮来临前灌水，特别干旱时进行冬灌。

（5）中部和南部葡萄产区新建园秋栽或秋插。

（6）冬季修剪，采集种条。

（7）熬制石硫合剂，萌芽前喷布3～5波美度的石硫合剂加500倍液的五氯酚钠对越冬病原和虫进行铲除。

（8）制定全年的管理计划，购置、准备各种生产资料。

（9）修整架材、道路、水渠。

（10）新建园及苗圃地的准备。

（11）北部地区埋土防寒。

2. 萌芽期的管理

（1）硬枝嫁接，改接换种。

（2）枝蔓绑缚上架。

（3）施催芽肥，灌催芽水。

（4）萌芽期喷布低浓度的铲除剂。

（5）露地扦插育苗。

（6）新建园的架材设置。

（7）第一次抹芽。

3. 新梢生长期的管理

（1）抹芽、定梢、引绑、除卷须、去副梢。

（2）重点防治黑痘病。

（3）开始绿枝嫁接。

（4）追催条肥。

4. 开花期的管理

（1）花期新梢摘心、去卷须、处理副梢、绑蔓。

（2）喷硼、植物生长抑制剂等提高葡萄坐果率。

（3）花序修整。

（4）防治葡萄黑痘病、灰霉病。

（5）无核化栽培的果实处理。

（6）绿枝嫁接。

（7）中耕锄草，停止灌水。

5. 果实生长期的管理

（1）果穗修整、疏粒、顺穗。

（2）施催果肥，灌催果水。

（3）果实套袋。

（4）绿枝嫁接法繁殖苗木或品种更新。

（5）雨后及时喷药，防治葡萄黑痘病、炭疽病、白腐病、浮尘子等。

（6）绑蔓、锄草、处理副梢。

6. 转色期的管理

（1）着色期的施肥（以磷钾肥为主）和灌水。

（2）摘除果实周围的老叶片。
（3）防治炭疽病、白腐病、霜霉病、金龟子等。
（4）锄草。
（5）发育枝和延长枝摘心。

7. 采收期的管理

（1）果实的采收与销售。
（2）锄草。
（3）防治炭疽病、白腐病、霜霉病、金龟子等。
（4）准备基肥。
（5）苗木管理。

8. 采收后的管理

（1）采收后的追肥与灌水。
（2）清除病果，彻底清园。
（3）晚熟果实的贮藏。
（4）施基肥，灌水。
（5）重点防治好霜霉病，保护好叶片。
（6）预防早霜和突然降温对葡萄的危害。
（7）总结全年工作。

附录 10　石硫合剂波美度稀释查对表（容重）

A / B / C	15	17	18	19	20	21	22	23	24	25	26	27	28
0.1	166	191	204	217	231	239	248	264	281	300	315	330	345
0.2	82.0	95.0	101	107	144	121	128	135	142	150	157	165	172
0.3	56.0	64.0	68	72	77	81.5	86	91	96	101	106	110	116
0.4	40.7	47.0	50	53	57	60.5	64	67	70	74	78	82	86
0.5	32.5	37.3	40	42.5	45	48	51	53	56	59	62	65	68

（续）

C \ B \ A	15	17	18	19	20	21	22	23	24	25	26	27	28
3.0	4.4	5.3	5.7	6.1	6.6	7.0	7.5	7.9	8.4	8.9	9.3	9.8	10.3
3.5	3.6	4.3	4.7	5.1	5.5	5.8	6.2	6.6	7.0	7.4	7.8	8.3	8.7
4.0	3.1	3.6	3.9	4.2	4.6	4.9	5.3	5.6	6.0	6.4	6.7	7.1	7.4
4.5	2.6	3.1	3.3	3.6	3.9	4.2	4.5	4.8	5.1	5.5	5.8	6.1	6.5
5.0	2.2	2.7	2.9	3.2	3.4	3.7	4.0	4.2	4.5	4.8	5.1	5.4	5.7

注：表头中A为原药浓度，B为加水倍数，C为稀释后浓度。

主要参考文献

北京农业大学，等.1996. 果树昆虫学［M］. 北京：中国农业出版社.

晁无疾，李德美.2008. 设施葡萄无公害栽培关键技术问答［M］. 北京：中国林业出版社.

晁无疾.2008. 国内外葡萄产业现状与发展趋势［C］. 西安：第十四届全国葡萄学术研讨会论文集.

郭景南，樊秀彩，牛凤民，等.2005. 葡萄新优品种与现代栽培［M］. 郑州：河南科学技术出版社.

郭景南，刘崇怀，潘兴，等.2006. 鲜食葡萄［M］. 郑州：河南科学技术出版社.

郭玉珍，赵亮，丁明元，等.2010. 非耕地半地下式日光温室的建造与应用［J］. 中国蔬菜（11）：52－53.

贺普超.1999. 葡萄学［M］. 北京：中国农业出版社.

姜建福，刘崇怀.2010. 葡萄新品种汇编［M］. 北京：中国农业出版社.

孔庆山.2004. 中国葡萄志［M］. 北京：中国农业科学技术出版社.

李知行.2004. 葡萄病虫害防治［M］. 修订版. 北京：金盾出版社.

刘崇怀，潘兴，孙海生.2001. 葡萄优质高产栽培技术［M］. 北京：中国农业科学技术出版社.

刘崇怀，张亚冰，潘兴，等.2004. 葡萄早熟栽培技术手册［M］. 北京：中国农业出版社.

刘崇怀.2003. 优质高档葡萄生产技术［M］. 郑州：中原农民出版社.

刘捍中，刘凤之，何锦兴，等.2001. 葡萄优质高效栽培［M］. 北京：金盾出版社.

刘三军.2001. 鲜食葡萄新优品种及优质高效栽培技术［M］. 北京：中国劳动社会保障出版社.

马之胜，李良瀚，贾云云.2001. 葡萄施肥新技术［M］. 北京：中国农业

出版社．

孙海生．2010. 图说葡萄高效栽培关键技术［M］．北京：金盾出版社．

田淑芬．2009. 中国葡萄产业态势分析［J］．中外葡萄与葡萄酒（1）：64-66.

王海波，王孝悌，王宝亮，等．2009. 中国设施葡萄产业现状及发展对策［J］．中外葡萄与葡萄酒（9）：61-65.

王世平．2004. 葡萄根域限制栽培技术［J］．河北林业科技，（5）：82-84.

王世平．2006. 不同生态条件下葡萄根域限制栽培模式与管理［J］．中国南方果树，35（2）：52-55.

王忠跃，董丹丹，刘崇怀，等．2010. 葡萄根瘤蚜［M］．北京：中国农业出版社．

王忠跃，孙海生，樊秀彩，等．2011. 提高葡萄商品性栽培技术问答[M]．北京：金盾出版社．

王忠跃，2009. 中国葡萄病虫害与综合防控技术［M］．北京：中国农业出版社．

严大义，门鹏飞，董成祥．1999. 晚红（红地球）葡萄栽培［M］．沈阳：辽宁科学技术出版社．

杨朝选，过国南，陈汉杰，等．2003. 优质高档苹果生产技术［M］．郑州：中原农民出版社．

杨庆山，王锦文，李道德，等．2000. 葡萄生产技术图说［M］．郑州：河南科学技术出版社．

杨治元．2003. 葡萄无公害栽培［M］．上海：上海科学技术出版社．

杨治元．2009. 葡萄营养与科学施肥［M］．北京：中国农业出版社．

袁峰．2001. 农业昆虫学［M］．3 版．北京：中国农业出版社．

赵奎华，陶承光，刘长远，等．2006. 葡萄病虫害原色图鉴［M］．北京：中国农业出版社．